양성평등을 위한

행복한 성과 결혼

정아란 · 유정희

KNOWLEDGE COMMUNITY 공동체

머리말

이제는 양성평등 시대

남자와 여자는 같은 종(種)이다. 그러나 남자와 여자는 다르다. 서로 가치관도 다르고 문제도 다르며 스트레스를 해결하는 방법도 다르다. 누구나 다 아는 사실이다. 그런데도 남녀는 서로 다른 상대방이 자신과 똑같은 생각을 하지 못하는 것에 화를 내고 하루아침에 등을 돌리기도 한다. 이러한 문제는 비단 어른들에게만 일어나는 것이 아니다. 성(性)문제로 고민하는 청소년의 연령이 점차 낮아지고 성에 대한 범죄는 해마다 늘고 있지만 이들에게 올바른 성 지식과 성 도덕관을 심어주는 교육은 너무나 부족하다.

대부분의 청소년이나 대학생은 바람직한 이성 친구를 만나는 것부터 무수한 선택과 갈등을 하게 된다. 남녀가 자신의 짝을 선택하고, 사랑을 하고 가정을 이루어 자녀를 낳아 건강하고 바르게 키우는 부모역할은 이 세상 무엇보다도 중요하고 어렵다. 더군다나 대학입시를 위한 높은 점수를 요구하는 교육을 받다가 대학에 갓 들어온 우리 예비부모들은 올바른 성에 대한 정체성과 사랑, 결혼에 대해 막연한 부담감마저 가지고 있을 것이다. 이는 부부역할과 자녀양육에 대한 좌절감으로 이어져 사랑이나 결혼을 멀리하게 되는 젊은이로 굳어질 염려마저 든다.

이에 본 서는 상대방을 존중하는 올바르고 행복한 성생활이 아름다운 결혼으로 이어질 수 있음을 강조한다. 양성평등 시대에 살고 있는 우리 예비부모들에게 적어도 이것만은 알려주어 상대방을 존중하고 배려하는 행복한 사랑을 시작으로 아름다운 결혼을 꿈꿀 수 있는 초석이 되고자 하는 것이다.

본 서는 1부 '행복한 성(性)'편을 유정희가, 2부 '아름다운 결혼'편을 정아란이 나누어 집필하였다. 가능한 한 젊은 학생들이 친근하게 접할 수 있도록 서체, 스타일, 아름다운 글, 인용문, 체크리스트를 삽입하여 이 책을 이용하여 바로 그 자리에서 과제까지 수행할 수 있도록 하였다.

부모 되기는 쉬워도 부모 노릇 하기는 힘들다. 이 세상에 가장 중요한 것이 부모역할인데 부모자격증은 없지 않은가? 부디 우리 예비부모들이 양성평등시대의 행복한 성을 시작으로 아름다운 가정의 부모자격증을 획득하는 데 도움이 되길 바란다.

2019. 12.

저자 정아란, 유정희

차례

CHAPTER 04 사랑의 기술

CHAPTER 05 이성의 선택

CHAPTER 06 피 임

2부 아름다운 결혼

CHAPTER 07 결혼의 설계

CHAPTER 08 행복한 결혼

CHAPTER 09 함께 성장하는 동반자 부부

CHAPTER 10 부부의 열린 대화

CHAPTER 11 부모 되기

1부

행복한 성

CHAPTER 01

나에 대한 이해

1. 자아개념

2, 자아존중감

01 나에 대한 이해

우리가 사랑하는 사람과 긍정적인 관계 형성을 하고 행복한 성생활과 결혼을 하기 위해서 자신이 어떤 사람인지 아는 것은 매우 중요한 일이다. 그런 연유로 본 장에서는 자신에 대한 이해를 해보기로 한다.

1 자아개념

자아개념과 자아존중감은 나를 이해하는 가장 중요한 개념이다.

자아개념은 개인이 가지고 있는 자기 자신에 대한 견해로서 자기에 대한 인식, 자기 능력, 태도, 느낌을 포함한 자신에 대한 주관적인 인식을 말한다. 자아개념의 용어는 다양한 학자들에 의해서 정의되고 있으며, 자아개념의 용어를 처음 사용한 학자인 윌리엄 제임스(Willam James)는 1890년 자아를 한 개인의 자기 것이라고 말할 수 있는 전체, 즉 신체, 성격, 능력, 가정, 또래 등을 포함하는 것으로 정의하고 있다.

미드(Mead, 2005)는 자아를 사회과정 속에서 타인과 함께 이루어 나가는 관계들의 결과로서 특정한 개인 안에서 발달해 나가는 것이라고 정의하였다(곽영희, 2015).

자아개념은 객관적 자아와 주관적 자아로 구성되어 있다. 객관적 자아는 인간은 자기자아를 형성하면서 외부적인 자극에 의해서 자아가 형성되며, 주관적 자아개념은 인간행동의 핵심적인 영역이며 인간행동을 결정한다고 보고 있다. 객관적 자아가 주관적 자아보다 먼저 형성된다는 견해이며 무수히 많은 외부환경을 통해서 개인이 통제된다는 주장이다(송인섭, 2013). 또한 인간은 많은 결정을 하며 삶을 살아가는데, 인간행동 결정의 심리적 특성인 흥미, 태도, 가치관, 성격 등에 가장 핵심적인 위치를 차지하는 것이 자아개념이다.

자아개념은 세부적으로 긍정적 자아개념, 부정적 자아개념으로 나누어 볼 수 있다. 긍정적 자아개념은 스스로에 대해 주관적인 평가와 타인의 객관적 평가의 조화와 유지되어 있을 뿐 아니라 경험하는 일들에 대체로 긍정적으로 지각하며, 성취욕구가 높고, 대인관계가 원만하게 형성되며, 성장욕구가 높은 특징을 지니고 있다(한국청소년개발원, 2009). 긍정적 자아개념을 갖는 것은 자신의 삶을 보다 행복하게 살 수 있게 한다. 반면 부정적인 자아개념은 스스로에 대한 지각이 부정적이기 때문에 열등감이 높고, 성취욕이 낮으며, 대인관계나 성격 또한 미숙한 특징을 보인다(한국청소년개발원, 2009).

| 그림 1-1 | 나는 누구인가?

출처 : 소향심리상담센터. www.sohyangcenter.com

자아개념은 나를 어떻게 생각하고 인지하는지를 의미하며 나의 행동의 주체가 된다. 자신의 단점과 장점을 온전히 인정하는 사람은 긍정적 자아개념을 갖게 되어 보다 행복한 삶을 살 수 있으며, 타인과의 관계에서 바람직한 인간관계를 가질 수 있다.

2 자아존중감

1) 자아존중감의 정의

자아존중감(self-esteem)은 자신이 사랑받을 만한 소중한 존재이고 어떤 성과를 이루어 낼 만한 유능한 사람이라고 믿는 마음이다. 자아존중감은 학자들에 의해 다양하게 정의되고 있다.

로젠버그(Rosenberg)는 자아존중감을 자신에 대한 긍정적이거나 부정적인 태도이며, 자신에 대한 주관적 평가로 본다. 자아존중감이 높다는 것을 자신을 수용, 존중하여 자신을 좋아하며 스스로를 가치 있는 인간으로 느낀다고 정의한다(이자영, 2009). 매슬로(Maslow, 1954)는 자아존중감을 내적 자아존중감과 외적 자아존중감으로 나누어 설명하고 내적 자아존중감은 자신에 대한 평가를 의미하며, 외적 자아존중감은 '타인이 나를 어떻게 생각하며 나에게 어떻게 반응하는가'에 관련된 개념으로 정의하고 있다(김영숙, 2002).

쿠퍼스미스(Coopersmith, 1967)는 자아존중감은 자기 자신에 대한 인정과 불인정에 관한 것으로 개인이 자신을 능력 있고, 중요하고, 성공적이고, 가치 있다고 믿는 정도를 나타낸다.

2) 자아존중감의 특성

자아존중감은 학습 또는 환경과의 상호작용을 거쳐서 발달한다. 긍정적인 자아존중감은 긍정적인 사고증진 활동을 통해서 이루어진다.

긍정적인 자아존중감을 가진 사람들의 특징으로 송인섭은 아홉 가지를 말하고 있다.

첫째, 효율적으로 현실을 자각할 수 있다. 긍정적 자아존중감을 가지고 있는 사람은 그들 주변에 있는 사람과 사물을 객관적으로 지각할 수 있다.

둘째, 본성, 다른 사람 및 자기 자신에 대해 수용적인 태도를 가진다.

셋째, 자발성, 솔직성 및 자연스러움이 있다.

넷째, 자기 밖의 문제에 몰두한다. 자아존중감이 높은 사람은 자기의 일에 대해서 책임감을 가지고 있다. 자기 일에 몰두하고 충분한 만족감을 갖는다.

다섯째, 프라이버시와 독립을 중시한다. 자아존중감이 높은 사람은 고립과 고독에 대한 강한 욕구를 가지고 있다. 자신의 만족을 위해서 다른 사람에게 의존하지 않으며 행동과 감정은 자기중심적이고 자기 주도적이다.

여섯째, 자율적인 기능이 있다. 자아존중감이 높은 사람은 자기 통제력이 있으며 그들의 가지고 있는 고도의 자율성은 위기와 결핍에 무감각하도록 해준다.

일곱째, 주위 현상과 환경에 대한 지속적인 감상의 신선함이 있다. 새롭게 모든 것을 봄으로써 새로운 감각을 가져 자아존중감이 긍정적으로 변하게 된다.

여덟째, 사회적 관심을 갖는다.

아홉째, 민주적인 사고방식을 갖는다. 자아존중감이 높은 사람은 사회계층, 교육수준, 정치파벌, 종파, 인종, 혹은 피부색에 관계없이 모든 사람을 관대하게 다루고 수용한다(송인섭, 2013).

우리는 자신에 대해 긍정적 자아존중감을 가질 때 자신을 수용하고 현실에 적응하는 삶을 살 수 있고 행복한 삶을 살게 하는 기초가 되게 한다. 그러나 부정적 자아존중감을 가질 때 자신을 거부하고 부적응적인 삶을 살게 하여 자신의 삶을 불행하게 만들게 된다. 우리는 보다 행복한 삶을 살기 위해서 긍정적 자아 존중감을 갖도록 노력해야 한다.

■ 자아존중감을 높이는 방법

① 규칙적인 생활습관을 길러 삶에 대한 성실성을 기른다.
② 무엇보다도 자신에게 중요하고 능력을 발휘할 수 있는 분야를 찾아낸다. 자신의 능력을 최대한 발휘하여 성공 경험을 많이 할수록 높은 자존감을 갖게 된다.
③ 마음을 주고받을 수 있는 정서적 지지망을 찾는다. 이러한 지지망은 부모, 친구, 교사 등이 될 수 있다.
④ 무엇보다 중요한 것은 자신에 대한 장점과 강점을 찾아내는 것이며, 자신에게 긍정적인 피드백을 해주는 것이다.
⑤ 실패, 상실, 이별 등과 같이 삶의 역경에 처해 있을 때 느껴지는 고통스러운 감정을 견뎌내고, 자신을 위안해 줄 수 있는 자기위로 기능(self-soothing capacity)을 키워 나간다.
⑥ 성숙도가 높아지면 자존감도 높아진다.

출처 : 김영희 외(2016). 결혼과 가족.

◇ 나의 자아존중감 체크하기

각 문항에 동의하는 정도의 점수를 넣으세요.
매우 동의한다 : 3점 / 어느 정도 동의한다 : 2점
약간 동의한다 : 1점 / 전혀 동의하지 않는다 : 0점

〈A〉

나는 내 성격이 좋다고 생각한다. ( )
나는 내 IQ가 다른 애들보다 좋다고 생각한다. ( )
나는 매사에 상당한 자신감을 가지고 있다. ( )
나는 무슨 말을 하든지 불안하지 않다. ( )
나는 새로운 것을 익히는 데 시간이 오래 걸리지 않는다. ( )
나의 삶은 매우 행복하다. ( )
나는 어떤 일을 결심하면 그것을 그대로 밀어붙인다. ( )
나는 나 자신이 존재 가치가 있다고 생각한다. ( )
나는 나를 내세우려고 애쓰지 않는다. ( )
나는 나 자신을 잘 알고 있다. ( )
합계 ( )

〈B〉

나는 내가 전에 한 행동 때문에 부끄러울 때가 있다. ( )
나는 나의 외모가 남들에게 빠진다고 생각하지 않는다. ( )
성형수술을 할 기회가 오더라도 나는 하지 않을 것이다. ( )
나는 머리에 염색하는 걸 좋아하지 않는다. ( )
가장 아름다운 미인은 자연스러운 상태이다. ( )
돈이 부족한데도 화장품을 사는 건 옳지 않다. ( )
나는 꾸중을 들어도 별로 개의치 않는다. ( )
나는 하고 싶은 말이 있으면 서슴지 않고 하는 편이다. ( )
나는 거짓말을 거의 하지 않는다. ( )
나는 유행을 잘 타지 않는다. ( )
합계 ( )

〈C〉

나는 친구들 사이에서 인기가 좋다. ( )
나는 다른 사람과 함께 있어도 불안하지 않다. ( )
나는 나의 역할을 잘하고 있다고 생각한다. ( )

나는 많은 사람 앞에서 말하는 게 어렵지 않다. ( )
교수님은 나를 긍정적으로 보는 것 같다. ( )
친구들은 나를 따돌리지 않는다. ( )
나는 내가 다니고 있는 학교에 만족한다. ( )
인간관계는 내가 준 만큼 얻을 수 있다. ( )
나는 다른 사람이 나를 어떻게 평가하는지 별로 개의치 않는다. ( )
나는 이성교제가 원만한 편이다. ( )
합계 ( )

〈D〉
나는 학비나 생활비 때문에 고민하지 않는다. ( )
노력하지 않고 돈을 벌 수 있다는 생각은 잘못된 것이다. ( )
나는 다른 친구들이 입은 옷을 부러워하지 않는다. ( )
다른 사람의 물건을 훔치려고 시도한 적이 거의 없다. ( )
나는 나의 가정형편에 만족한다. ( )
돈은 많을수록 좋은 게 아니라 필요한 만큼만 있으면 된다. ( )
나는 젊은이들이 고급 차와 고급 오토바이를 타는 건 좋지 않다고 생각한다. ( )
나는 용돈이 부족해서 불편할 때도 있지만 큰 문제는 아니라고 생각한다. ( )
나는 지금 내가 살고 있는 동네에 만족한다. ( )
나는 돈을 벌기 위해 복권을 사거나 도박을 하는 사람들을 이해할 수 없다. ( )
합계 ( )

A(심리적 측면)	B(행동적 측면)	C(사회적 측면)	D(경제적 측면)
점수 :	점수 :	점수 :	점수 :

A, B, C, D 모두 20점 이상이라면 자존감이 높고 안정적이다. 네 가지의 평균점수가 10~19점이라면 중간 수준이며 안정적이지 않다. 9점 이하라면 낮은 수준으로 불안하고 우울한 상태이다.

출처 : 임혜경 외(2017). 사랑과 결혼.

CHAPTER 02

성에 대한 이해

1. 성의 의미
2. 남녀의 성 반응 주기
3, 성의 남녀 차이
4. 성적 자기결정권

02 성에 대한 이해

1 성의 의미

성(性)이란 무엇인가? 성에 대해서 누구나 한번 생각해 보지 않은 사람은 없을 것이다. 그렇다면 남성 · 여성의 성에 대한 차이 때문에 힘들어하는 남녀 모두에게 성이란 무엇이며, 성이 인간의 삶에 어떤 부분을 차지하고 있는지, 성을 이해하는 것은 중요한 부분이다.

인간의 성은 신체적, 사회적, 심리적인 여러 가지 차원에서 구성되어 있으며, 개인의 성 특성은 개인이 속한 사회의 제도, 관습 및 문화의 영향을 받아 형성된다. 또한 개인에게 내재된 성에 대한 이해와 태도는 사회의 성의식에 영향을 미쳐 성에 대한 사회적 태도와 규범을 형성하게 된다. 이러한 순환적인 과정을 통해 개인의 성과 사회의 성은 상호작용하면서 변천하게 된다(이정우 외, 2001).

성에 관련된 개념으로 섹스(sex), 젠더(gender), 섹슈얼리티(sexuality), 성적인 자아(sexual self), 성적 정체성(sexual identity) 등으로 다양하다. 각 개념에 대한 정의를 살펴보면, 섹스(sex)는 일반적으로 성적인 행동, 성관계를 의미하기도 하나, 생물학적인 남녀 차이를 구분하는 용어이다. 사회문화적인 성으로 불리는 젠더(gender)는 남녀의 성정체성이 사회적으로 어떻게 구성되는가를 중시하며 사회, 문화에 의해 학습된 후천적인 성을 의미한다. 섹슈얼리티(sexuality)는 성적인 행위, 성적 욕망, 성에 관한 생각이라고 표현하기도 하며, 욕망을 넘어 인간의 성 행동뿐만 아니라 인간이 성에 대해 갖고 있는 태도, 사고, 감정, 가치관, 이해심, 꿈, 행동, 환상, 성의 존재의미 등 모든 것을 포함한 전성(全性)적인 것을 의미한다(윤가현, 1990).

성이란 사회적 산물로 사회 규범과 가치를 통해 학습되고 표출되는 것이며, 인간의 성이 동물적 본능에 의해 단순하게 표출되는 것이 아니라 사회구조 속에서 창조되며 통제된다는 것을 의미한다. 따라서 성규범과 가치체계는 정치, 경제, 사회의 흐름에 따라 변화한다는 것이다(공미혜, 2004).

이 장에서는 성에 대한 이해를 통해서 남녀 모두 성에 대한 올바른 가치관이나 태도와 행동을 가짐으로써 상대방을 이해하고 배려할 수 있으므로 건전한 성 행동으로 이어질 수 있다.

1) 생물학적 성

생물학적 성(sex)이란 유전적 · 해부학적 차이에 기초한 것으로 주로 선천적으로 결정된다. 남성과 여성의 생리적 차이는 성호르몬의 급속한 증가 때문에 나타나며, 이처럼 자신의 생물학적 성에 대해 인식하고 수용하는 것을 성정체감(sex identity)이라고 한다(이여봉, 2010). 남성과 여성은 다음 〈표 2-1〉과 같이 성의 발달 경향을 가진다.

〈표 2-1〉 남녀의 생물학적인 성차

남 성	여 성	특 성
XY 성 염색체	XX 성 염색체	여성 염색체 X와 남성 염색체 Y에 의해 성이 결정
안드로겐, 테스토스테론 음경	에스트로겐, 프로게스테론 음핵	남성, 여성 호르몬 발기성 외부 생식기
한 쌍의 고환 내의 음낭	음문(대음순, 소음순)	예민하고 부드러운 외부 생식기
고환(고환 한 쌍의 생식선)	난소(골반 내 한 쌍의 생식선)	사춘기에서 성인에 이르기까지 남성, 여성의 성세포

정액(사춘기부터 적당한 간격을 두고 계속됨)	난자(사춘기에서 폐경기까지)	각기 새로운 유전학적 성질을 결정하는 DNA와 RNA문자를 포함하는 성세포
정관	난관	정액과 난자가 포함하는 한 쌍의 튜브
전립선(요도위 주위의 내분비선)	바스톨린 내분비선 음문과 질을 매끄럽게 하는 내분비선	남성과 여성의 외부 생식기를 윤활하게 하는 내분비선
사정	월경, 배란, 산고와 출산, 젖의 분비	각 성기관으로부터 생성물 방출
좁은 둔부, 넓은 어깨	넓은 둔부, 좁은 어깨	사춘기에서부터 각 성의 특수한 몸 형태
근육	적은 근육과 피하지방층	사춘기에서부터 각 성의 특수한 몸 형태
사춘기에 확장되는 후두	남성에 비해 적은 후두	사춘기에 남성 목소리는 저음, 여성은 상대적으로 고음

출처 : 옥선화 외(2002). 결혼과 가족 재인용.

(1) 남성의 성기관

남성의 생리적 구조는 미리엄 스토퍼트(Miriam Stoppard, 홍강의 역, 1994), 라이니쉬와 비즐리(Reinisch & Beasley, 이영석 역, 1990)의 내용을 종합하여 정리하며, 남성의 성기관은 눈으로 보이는 기관으로 외생식기로는 음경과 음낭이 있고 음낭 안에는 고환과 부고환이 들어 있다. 내생식기로는 전립선, 정낭, 정관 등이 있다.

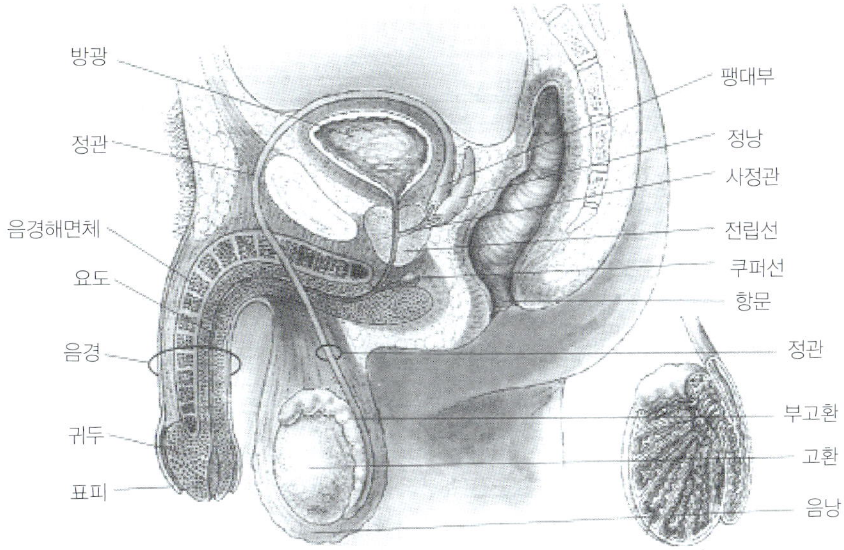

| 그림 2-1 | 남성 생식기 구조

출처 : Rathus, Nevid & Fichner-Rathus(1998). Essential of Human Sexualiy, p. 59.

① 음경

음경은 오줌의 통로이면서 정액을 쏟아낸다는 두 가지 생리적 기능을 한다. 음경의 크기는 다양하다. 음경은 배측 좌우에 있는 2개의 음경해면체와 복측에 있는 1개의 요도해면체로 구성되어 있다. 요도해면체는 음경 끝에서 확장되어 귀두를 이루며, 요도는 귀끝을 열어 정액과 오줌을 몸 밖으로 내보낸다. 발기했을 때는 요도가 압축되어 소변은 나오지 않고 정액만 통과할 수 있게 된다.

음경해면체는 평상시에는 특별한 기능이 없으나 성적으로 흥분되면 혈액이 충만되어 음경 발기를 일으킨다. 피부는 얇고 신축성이 있으며 지방은 전혀 없고, 받쳐주고 있는 조직에 느슨하게 붙어 있다. 음경에는 감각신경이 많이 분포되어 있으며, 골반에서 일어나는 자율신경계로부터 오는 신경들도 많이 있다. 보통 음경은 늘어날 수 있으며(7~8cm) 성적으로 자극을 받으면 딱딱해진다.

마스터스와 존슨(Masters & Johnson, 1988)의 연구에 의하면, 음경의 평상시 길이가 7.5~9cm인 남자가 완전히 발기했을 때의 음경의 길이는 평균 7.5~8cm가 더 늘어났다고 보고하고 있다(정현숙, 2003).

② 음낭

음낭은 피부는 거무스름하고 얇으며 음경의 뿌리 아래에 위치해 있다. 음낭 안에는 고환이 들어 있다. 음낭은 섬유질 판에 의해서 두개로 나누어져 있다. 피부 아래에는 다토스(dartos)라는 마음대로 움직일 수 없는 불수의근이 있으며 이 근육은 추위와 운동에 대해 수축반응을 한다. 수축에 의해 음낭은 작아지기도 하고 음낭 피부에는 주름이 지기도 한다.

③ 고환

고환은 출생 후부터 성장이 이루어지며 12세경에 이르러 급속한 성장이 시작되어 16세에 급격히 커지고 그 후에도 성장이 지속되어 20세경이 되면 성인의 크기에 도달한다(김세철 외, 2008). 고환은 남자를 상징하는 정자를 생산하고 남성 호르몬을 분비하여 남성으로서 외모를 갖추게 하며, 성교 등 남성의 구실을 완성하게 하므로 남성생식기의 중추를 이루는 가장 중요한 성선이라고 할 수 있다. 구조는 부드러운 타원형으로, 대개 왼쪽 고환은 오른쪽 고환보다 낮게 달려 있고 하나의 주머니 안에 각 고환이 들어 있다. 고환의 위치는 그 사람의 성적 자극, 정서, 그리고 음낭의 온도에 따라 변한다. 고환이 신체 바깥에 나와 있는 것은 정자가 정상적으로 성숙하기 위해서는 신체 다른 부분의 온도보다 2~3도 낮은 상태가 쾌적하기 때문이다. 고환에서 정자가 생성되는 데 걸리는 기간은 74일이 소요된다. 고환에서 생산된 정자는 부고환과 고환을 걸쳐 약 20일에 걸쳐서 통과하여 사정 때 배출된다.

④ 부고환

부고환은 고환 뒤에 붙어 있다. 부고환의 길이는 꼬여 있는 관으로 늘려서 재보면 5~7cm가 된다. 부고환의 끝부분은 정관과 연결되어 있으며 가느다란 관을 통해 정자는 부고환관을 통과하면서 운반되어 성숙해지고 운동성을 획득하게 된다. 정관수술 후에도 정자는 계속 생산되지만 부고환에서 소화되어 혈액 속으로 흡수되어 버린다(김세철 외, 2008).

⑤ 정관

정관은 길이가 30~40cm이고 굵기는 가는 국수 정도이거나 이보다 조금 더 굵은 정도이다. 정관의 마지막 부분은 팽대하여 생산된 정자가 이곳에 저장되어 있다가 사정과 함께 밖으로 배출된다. 정관의 내공은 0.5~1mm 정도로 좁기 때문에 정관수술은 간단하게 시행될 수 있지만 정관 복원술은 좁은 내공을 다시 연결해 주어야 하므로 기술적 어려움이 있다.

⑥ 정낭

정낭은 정관이 끝나는 부위에 위치한다. 크기는 4×1.6×0.9cm 크기이다. 정낭은 전립선과 함께 정액을 만드는 곳이다. 사정액의 3분의 2는 정낭에서 나오는 분비액이다.

⑦ 전립선

정낭과 함께 정액을 만드는 곳으로 사정액의 1/3이 이곳에서 나오는 분비물로 구성된다. 전립선은 밤톨만한 크기의 섬유질과 근육, 내분비선으로 이루어진 기관으로 사정할 때에 필요한 정액을 생산한다. 전립선에서 나오는 정액은 사정 시 사정관을 통하지 않고 20~30개 되는 전립선관을 통해 직접 후부 요도에서 배출되고 전립선 분비액은 정자에 영양분을 공급하며 정자의 운동성을 증가시키고 정자를 감염으로부터 보호하여 사정된 정자가 질 속에서 살아남도록 하고, 용해효소를 함유하고 있어 사정 직후 반고체 형태로 응고된 정액을 액화시키고 정자의 운동성을 촉진시켜 자궁경부로 헤엄쳐 올라가도록 도와주는 역할을 한다

(김세철, 2008). 전립선은 남성에게만 있는 부속성선으로서 바로 위로는 방광, 바로 아래는 외요도괄약근이 위치한다. 성인 전립선의 크기는 3×3.5×2cm이고 무게는 20g 정도이다. 남성 내생식기는 모두 하나인데 전립선도 한 개뿐이다.

남성의 요도는 전립선의 중앙을 통제하고 있어 전립선이 확장되면 요도의 출구가 좁아져서 오줌이 통과하기 힘들어지고 약하게 흘러나오는데, 55세 정도 지나가면 특별한 병이 아니더라도 전립선에 이상이 오기도 한다.

(2) 여성의 성기관

여성의 성기관은 몸 안에 있기 때문에 눈으로 보기가 쉽지 않으며 복잡한 구조로 되어 있다. 여성생식기는 외생식기와 내생식기로 구별한다. 외부 성기관인 질 입구와 그 주위를 외음부라고 하고, 몸 안에 위치한 자궁, 난관 및 난소를 포함한 부분을 내생식기로 구분한다.

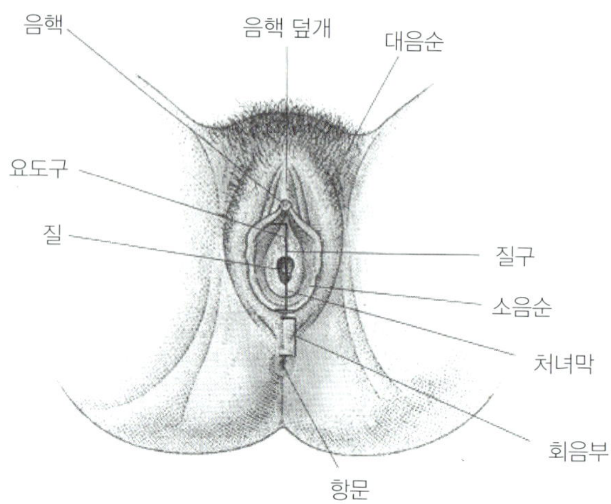

| 그림 2-2 | 여성의 생식기

출처 : Greengerg, J., Bruess, C., & Mullen, K.(1993). Sexuality, p. 91.

① 대음순, 소음순

외생식기는 눈으로 볼 수 있는 생식기로서, 성적으로 매우 민감한 부분이며, 질과 요도 입구를 보호하는 역할도 한다. 외음부의 대부분을 차지하는 대음순은 항문에서부터 앞쪽으로 걸쳐서 계속되며 음부 앞쪽에서 합쳐진다. 대음순은 이차 성징 전에는 대체로 편평하여 오히려 소음순이 더 돌출해 보이지만 이차 성징 후에는 뚜렷하게 발육하며 땀샘, 큰땀샘, 피지샘 등이 많이 분포되면서 특유의 냄새의 근원이 된다. 또 사춘기 이후에는 색소가 침착되어 약간 검은색을 띠게 되지만 내측에 있는 소음순보다는 훨씬 덜하며 인종에 따라 차이가 있다(김세철 외, 2008). 대음순은 섬유조직과 지방조직으로 이루어져 있으며, 모낭과 피지선, 아포크린선을 가지고 있다. 아포크린선은 특이한 냄새를 분비하여 남성에게 성적, 화학적 유인제가 되기도 한다.

소음순은 대음순 안쪽에 있는 주름진 피부로 털이 없고 지방이 없는 피부주름이다. 대음순과는 달리 피부에 윤활제 역할을 하는 분비물을 생산하는 피지샘을 많이 가지고 있다. 소음순은 사람에 따라 크기나 형태가 다르고 대음순과 같이 일반적으로 한쪽이 다른 쪽보다 더 크다. 소음순은 대음순에 의해 가려져 있거나 앞쪽으로 튀어나와 있는데, 혈관과 신경이 많이 분포되어 있어 민감한 성감대 중의 하나라고 할 수 있으며, 성적으로 흥분했을 때는 충혈되고 색이 짙어지며 두꺼워지면서 이때 크기는 평상시의 두세 배까지 커지기도 한다. 소음순의 모양이나 크기, 색깔은 여성에 따라 크게 달라 엷은 주름 같은 형태로부터 닭벼슬 모양으로 크게 돌출되어 있는 것까지 다양하다(김세철 외, 2008).

② 음핵

음핵(clitoris)은 클리토리스로 불리며 외음부에서 가장 성감도가 높은 기관이다. 여성 외음부 상부에 있는 작은 돌기라고 할 수 있으며, 남성의 음경에 해당하는 기관이다. 귀두부는 6~8cm 정도이며 흥분하면 발기한다. 해부학적 · 생리학적으로 독특한 기관으로 성적 흥분을 일으키고 성적 흥분도를 상승시키기 위해 오로지 성적 자극을 수용하고 전달하기만 하는 기관이다. 음핵의 크기는 보통 2~3cm이고, 음핵의 꼭대기는 수많은 감각 말단신경이 분포되어 있으며 성교 시에는 음핵의 크기가 두 배로 발기된다. 질 성교 시 음핵의 발기부족 상태에서는 쾌감이 오기 힘들며 아직 많은 여성들은 오르가슴을 느껴보지 못했다고 불평하기도 하는데, 음핵을 따로 자극하면 얼마든지 오르가슴을 얻을 수 있다(김세철 외, 2008).

③ 전정부

음순을 양쪽으로 벌릴 때 그 사이에 보이는 부위로 질 입구가 보이고 그 위쪽에 요도 입구가 보인다. 질 입구에 얇은 막으로 되어 있는 처녀막은 아동기에는 질의 입구를 지키는 역할을 한다. 처녀막의 두께와 강도는 여성마다 다르며, 일반적으로 운동이나 자전거 타기, 말타기 놀이 등 아동기의 활동 중에 손상되거나 탐폰 사용 시 찢어지기도 한다(정현숙, 2003).

④ 질(vagina)

질은 섬유질 근육으로 된 관으로 길이가 8cm 정도이나 그 크기는 사람에 따라 다르다. 질은 자궁경부부터 요도가 열리고 있는 양쪽 소음순 사이의 틈새인 질 전정까지 이르는 근육과 막으로 이루어진 관이다. 월경 때 피가 배출되며 성교 시 음경이 삽입되고 사정이 이루어짐으로써 임신을 가능하게 하며 출산 시에는 태아가 만출되는 부위로서 역할을 한다. 질 점막의 색깔은 적홍색을 나타내고 사춘기 전에는 6~8겹의 상피 세포층으로 구성되어 있으나 사춘기가 지나면 이보다 더 많은 세포층으로 이루어진다. 질의 벽에는 내분비선이 없지만 질 입구는 자신이 원하는 방식으로 성적으로 자극을 받으면 극도의 쾌감을 느낄 수 있으며 불과 10~30초 정도에 마찰을 감소시킬 수 있는 분비물이 나오게 된다. 질 벽은 두껍고 돌출된 주름이 발달되어 있으며, 질 벽의 세포는 주로 전분의 일종인 글리코겐으로 되어 있는데, 이것에 붙어 사는 박테리아의 발효작용이 락토스산을 만들어 낸다. 이 락토스산은 질 내의 정상적인 산도를 유지하게 하며 이러한 산성 환경은 질의 건강을 유지하고 박테리아의 성장을 막는 데 필수적이다. 질 세척 같은 행위로 섬세한 생태학적 균형을 깨트리면 가려움증, 염증, 손상, 알레르기 반응 등을 일으킬 수 있다. 질은 주로 세로로 된 근육층으로 되어 있으며, 이 근육층은 주로 질의 내부 공간을 열거나 닫는 역할을 한다. 질의 꼭대기 안과 골반뼈 바로 뒤에는 100원 동전 크기의 부위로 G지점(G spot)이라고 알려져 있는 발기 조직이 있는데, 이곳을 자극받으면 쾌감을 느끼며 오르가슴에 도달하기도 하고 요도를 통하여 사정을 하기도 한다(김세철 외, 2008).

⑤ 자궁

자궁은 앞에는 방광, 뒤에는 직장이 위치한다. 자궁의 벽은 3개의 층인 자궁외막, 자궁근육층, 자궁내막으로 나뉜다. 자궁의 내막은 많은 혈관과 분비샘으로 되어있으며 안에 수정란이 착상되도록 된 조직이다. 임신이 되지 않으면 자궁내막은 월경의 형태로 탈락되어 나온다. 자궁의 길이는 약 8~9cm, 폭이 6cm이고 두께는 4cm 정도가 된다. 자궁 내막의 두께는 개인에 따라 다르며 일반적으로 월경기 직후 가장 얇고 점차적으로 두께가 증가하여 다음 월경 시작 전까지 증가한다. 자궁경관 외구는 출산 경험이 없는 여성에게는 직경이 5mm 정도 다소 둥글거나 횡으로 된 틈새와 같이 개구되어 있으나 출산의 경험이 있는 여성에게는 넓게 횡으로 열려 있다. 자궁 주위에는 인대가 자궁을 붙들고 있는데 임신 후 아랫배가 아픈 것은 인대가 당겨지기 때문이다.

⑥ 난관(자궁관, 나팔관)

자궁에서 좌우로 뻗어있는 두개의 관이 난관인데 이것은 남성의 정관에 해당하는 기관이다. 난소에서 배출된 난자가 자궁으로 운반하며, 이 기관으로 들어오면 끝쪽의 약 1/3 지점에서 수정이 이루어진다. 난관의 길이는 11~12cm이며 악기의 나팔관처럼 생겼다고 하여 나팔관이라고 불린다. 임신이 나팔관에서 착상하여 이루어지는 경우 자궁외 임신이라고 표현한다.

⑦ 난소

난소는 자궁의 좌우에 1개씩 존재하며 난소의 크기는 2.5×2×1.5cm이나 사람에 따라 상당한 차이가 있으며 무게는 약 7g 정도이다. 남성의 고환과 같은 역할을 한다. 난소는 두 가지 기능을 하는데 난자를 보관 및 난포의 성숙과 황체 형성을 하며, 다른 기능으로는 에스트로겐과 프로게스테론과 같은 여성호르몬 및 남성호르몬도 분비하는 기능을 한다. 난소의 외표면은 둔탁한 백색을 띄고 어린아이 때는 매끄러운 표면을 이루고 있으나 성인이 되면 전에 일어난 배란에 의해 흠집이 생긴다. 또 노인이 되면 난소가 줄어들어 표면이 마치 복숭아씨처럼 주름이 잡힌다.

보통 여아는 약 200만 개의 미성숙 난자인 원시난포(primary follicle)를 가지고 태어나며, 이 중 약 40만 개 정도가 사춘기까지 생존하여 뇌하수체의 자극의 성자극호르몬에 의해서 난포로 자랄 수 있는데 실제로 여성이 생식능력을 가지고 있는 가임기 약 35년 동안에는 단지 400개의 난포만이 성숙되고 배란하게 된다(김세철 외, 2008). 난소는 수정에 필요한 성숙한 난자를 제공할 뿐만 아니라 스테로이드를 합성하여 난소에서 배출된 난자가 수정을 이루고 나아가서 착상에 성공하여 임신이 지속될 수 있도록 주위 조직의 환경을 적절하게 조성하는 기능을 가지고 있다.

⑧ 전정선(바르톨린선)과 요도

질의 입구 양쪽에 있는 전정선은 비교적 큰 내분비선으로 질 입구와 외음부 안쪽에 윤활제를 전달한다. 요도는 질 앞 벽의 아래쪽 아주 가까이에 있어서 이 벽을 다치게 되면 요도에 염증이 생기고 방광에 감염을 일으킬 수 있다.

생리(월경)

1. 월경전 증후군(PMS : Premenstrual Syndrome)

월경이 시작되기 며칠 전 또는 일주일 전에 월경이 시작한다는 신호를 보낸다. 가슴이 답답하고 기분이 가라앉으며 아랫배 주위가 무겁고 붓거나 때로는 아랫배가 땅기는 생리통을 겪는 현상이다. 매달 자궁내벽을 만드는 데 많은 영양분이 필요하기 때문에 월경전 증후군에는 극복에 도움이 되는 몸에 좋은 음식을 먹는 것이 중요하다(칼슘, 철분, 섬유질, 비타민 음식 섭취 중요).

2. 생리대의 역사

일회용 생리대는 제1차 세계대전을 계기로 처음 등장했다. 이전까지 여성들은 풀이나 천, 섬유 등 흡수성 있는 재료로 된 다양한 생리대를 사용했다. 제1차 세계대전 중 미국의 킴벌리-클락사는 전쟁으로 인해 면으로 만든 붕대가 부족해지자 대용품으로 셀루코튼(Cellucotton)을 개발했다. 셀루코튼은 목제 펄프로 제작한 인공 섬유로, 천연 면직물보다 흡수력이 뛰어나고 가격이 저렴한 것이 특징이다. 일회용이라 위생 면에서도 안전해 전쟁 중 외과 수술용 붕대로 활용되었다.

제1차 세계대전이 끝난 뒤 1920년 킴벌리-클락사는 셀루코튼을 소재로 한 일회용 생리대 코텍스(Kotex)를 만들어 출시했다. 흡수력이 뛰어난 셀루코튼의 특성을 활용한 것이다. 그러나 초기 생리대는 부피가 크고 가격이 비싸 큰 매출을 올리지는 못했다. 1921년에는 셀루코튼을 사용해 상자 속에서 뽑는 화장지(티슈)인 크리넥스(Kleenex)를 판매하기 시작했다.

초기 생리대는 사각형으로 현대 생리대처럼 접착하지 못하고 가터벨트 등에 따로 고정하는 방식이라 생리대 위치가 움직이는 등 불편함이 있었다. 이후 접착면을 만들어 속옷에 붙이는 형태의 생리대가 등장했으나 여전히 두께가 2cm 정도로 두껍고 흡수력이 떨어져 작용 시 생리혈이 새는 경우가 많았다.

1980년대 들어 일회용 생리대가 급격히 발전했다. 생리대의 '날개'가 등장한 것도 이 무렵이다. 생리대 양 옆에 붙은 날개를 속옷에 붙이는 방식으로 생리대를 고정하기 쉽게 만들어 활동성을 높였다. 흡수체를 제외한 표면에는 폴리프로필렌을 씌워 생리혈이 새는 것을 막았다. 또한, 폴리아크릴 흡수체를 사용해 흡수 기능이 향상하면서 생리대의 두께도 전보다 얇아지게 되었다(Daum 백과사전).

3. 탐폰

면과 원기둥 모양 제품으로 월경혈을 흡수하는 용도로 사용되며 탐폰을 뺄 때 잡아당길 수 있도록 긴 줄이 연결되어 있다.

◇독성쇼크증후군(TSS)

탐폰을 사용할 때 규칙적으로 갈아주는 것이 중요하다. 탐폰을 8시간 이상 또는 밤새 두는 경우 독성쇼크증후군(TSS : Toxic Shock Syndrome) 발병 위험이 커지는데 매우 드문 세균성 감염이다. 감염되면 아프고 어지러움증, 구토, 설사, 발열, 화상 같은 증상이 있으므로 이 경우 즉시 탐폰을 꺼내고 바로 의사의 진찰을 받아야 한다.

4. 생리컵

의료용 실리콘으로 만든 생리용품이다. 종 모양의 작은 컵으로 탐폰처럼 질 내에 삽입하여 사용한다. 섬유를 사용해 혈액을 흡수하는 생리대나 탐폰과 달리, 몸 안에 컵을 넣어 생리혈을 모으는 방식이다. 삽입 후 일정 시간이 지나면 몸 밖으로 꺼내어 세척한 뒤 다시 사용한다.

다른 생리용품과 달리 재사용이 가능하다. 월경이 완전히 끝나면 끓인 물에 넣어 소독한 뒤 다음 월경 기간에 다시 사용한다. 생리컵 하나의 사용 기간은 제조사마다 차이가 있으나 5~10년 정도가 일반적이다. 생리양이나 개인 특성에 따라 크기가 다른 생리컵을 사용할 수 있다.

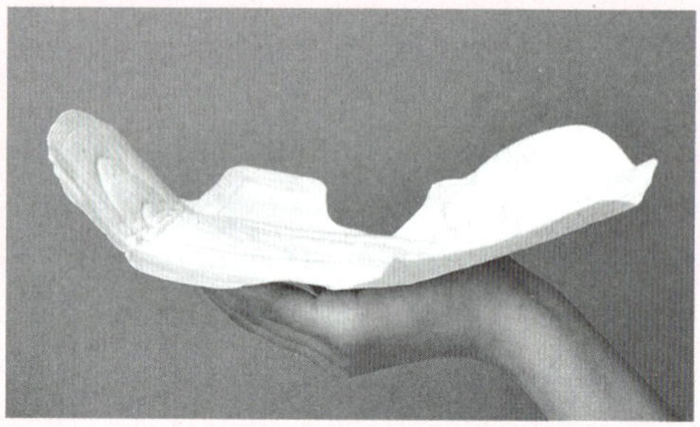

| 그림 2-3 | 일반 생리대의 형태

출처 : 소냐 르네 테일러(2019).

2 남녀의 성 반응 주기

마스터스와 존슨(Masters & Johhson)은 1960년에 남성과 여성의 성행위 중에 일어난 반응에 대한 광범위한 연구결과를 발표하였다. 남녀 모두에게 나타나는 뚜렷한 성 반응 주기를 제시하였으며, 성 반응 주기(sexual response cycle)란 성적 자극이나 만족을 경험하는 동안에 나타나는 생리적 및 심리적 변화의 단계 또는 주기를 말한다. 남녀 모두 성 반응 주기를 흥분기, 고조기, 절정기, 해소기의 4단계로 구분하고 있다. |그림 2-4|를 참고하여 각 단계의 특징을 살펴보고 정리하면 다음과 같다.

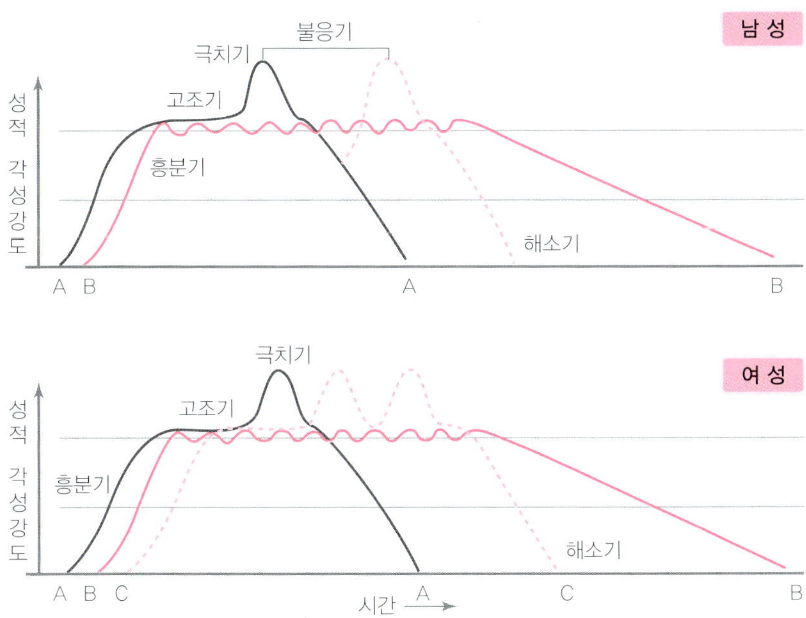

|그림 2-4| 남녀의 성 반응 주기

출처 : Olson, D. H., & Defrain, J.(1994). Marriage and the Family : Diversity and Strengths. Mayfield Pub., p. 411.

1) 흥분단계

성 반응 주기의 첫 번째 단계는 흥분단계(excitement)로서 남녀 모두 심장박동수와 혈압이 높아지며, 근육이 긴장되는 시기를 말한다. 특히 남성은 여성과 달리 눈에 보이는 자극에 대해 민감하게 반응하고 흥분할 수가 있다. 성적 환상이나 소리, 냄새, 신체 접촉 등이 성적인 자극을 불러일으킬 수 있다. 성적인 자극에 대한 신체적 반응은 주로 근육이 단단해지고 심장박동수와 혈압이 증가하며, 신체의 여러 부분에서 성행위 전의 흥분상태가 표현된다. 발기된 상태라도 다른 자극, 예를 들어 아이의 울음소리, 전화소리, 조도나 온도의 변화 혹은 불안감이나 죄책감 같은 것들이 있을 때 성적인 흥분이 줄어들거나 사라지기도 한다(홍강의 역, 1994 : 38).

여성의 경우 유방이 커지고 골반 부근 등에서 성적인 흥분이 일어나며 음핵이 길어지고 질은 넓어지며, 질에서 분비물이 나온다. 여성은 흥분하면 대표적인 증상으로 숨이 가빠오고 심장이 빨리 뛰게 되며 입술이 붉어지고 눈동자는 팽창하며 젖꼭지가 단단하게 발기된다.

2) 고조단계

고조단계(plateau)는 흥분단계에서 시작한 과정이 계속되고 강화되는 것으로 나타난다. 고조기 동안 여성과 남성은 모두 성적인 흥분상태가 극에 달한다. 이 단계의 특징은 마스터스와 존슨(Masters & Johnson)이 말하는 오르가슴대의 변화가 나타나며, 이는 질의 외부를 감싸는 조직이 팽창하는 것을 뜻한다.

남성의 경우 음경이 완전히 발기되어 최대의 길이로 되며, 고환근의 끌어올리는 반사와 정관의 수축으로 고환이 상승하며 고환의 혈액 충혈로 보통 때보다 50%가 커진다. 여성의 경우 소음순의 색깔이 변하고, 음핵은 음핵 표피 속으로 숨어들며, 질 내면은 분비물이 나와 매끄러워지고 질 입구는 음경이 질 내로 들어올 수 있도록 팽창된다. 남녀 모두 피부혈관 충혈로 전신에 반점이 생기기도 한다. 그러나 성적인 자극이 주어지지 않는다면 성적 긴장은 점점 줄어들기도 한다.

3) 절정단계

절정단계(orgasm)는 성 반응 주기의 제3단계로서 남녀의 신체반응이 최고에 달하면 쾌감을 느끼는 단계이다. 남성은 0.8초 간격으로 3~7회 정액을 배출하게 된다. 성적 긴장이 갑자기 방출되고 따라서 성적인 흥분상태가 급작스레 감소하기도 한다. 여성의 오르가슴의 감각은 주로 골반 부근에서 느껴지나, 몸 전체를 통해서 느껴지기도 한다. 남녀 모두 성기 부근 근육이 불수의적으로 수축한다. 여성의 경우, 근육의 수축은 질과 소음순의 수축을 말하며, 남성의 경우 오르가슴이 가까워짐에 따라 골반 아랫부분에서 근육의 수축을 느낀다. 쾌감의 정점과 성적인 긴장의 방출은 사정을 통해 극에 달하며, 남성의 오르가슴은 보통 사정을 통해 이루어지지만, 오르가슴을 위해 반드시 사정이 필요한 것은 아니다. 남성은 보통 한 번의 오르가슴을 경험하지만, 일부 여성은 한 번의 성행위 동안 여러 번의 오르가슴(multiorgasm)을 경험할 수 있다.

남성이 여러 날 동안의 금욕생활을 했다면 성생활을 자주 한 사람보다는 많은 양의 사정을 하게 된다. 사정하는 양이 많을 때 더욱 큰 쾌감을 느끼기도 한다. 남성은 성관계 시 사정이라는 과정을 통해 강도의 차이는 있으나 절정단계를 경험하고 다음 오르가슴이 가능해지기까지는 기간 중 무반응기라 하여 전혀 성적 자극을 느낄 수 없는 기간이 있다. 여성은 성반응의 개인차가 있으나 여성의 경우 두 번째, 세 번째 오르가슴이 가장 기분 좋다고 보고되고 있다(정현숙, 2003).

4) 회복단계

회복단계(resolution)는 '폭풍 후의 고요'와 같은 상태로서, 여성과 남성 모두 성적인 흥분상태와 홍조 현상이 사라지며, 근육의 긴장이 감소하고 심장박동이나 혈압 등이 정상으로 돌아오고, 남성과 여성의 성 반응은 차이보다도 유사성이 더 많고 평안한 상태가 된다. 남성의 경우 사정 후에는 발기된 음경이 이완된다. 남성의 회복기는 연령에 비례해 길어지는 반면, 여성은 회복의 간격이 없어 오르가슴 후 즉시 자극해도 또다시 오르가슴에 도달할 수 있다.

마스터스와 존슨(Masters & Johnsons)은 남녀 간 성 반응의 차이는 남성보다 여성이 성적 자극에 대해서 훨씬 다양성을 보이고 있으며, 대부분의 남성들은 성관계 시 오르가슴을 경험하고 정액이 방출되며 곧바로 회복단계에 이르고 오랜 회복단계 이후 흥분이 가능하다고 보고 있다. 반면 여성은 짧은 기간 내에 원상복귀 후에도 일련의 오르가슴을 연속적으로 경험할 수 있다고 말하고 있으나 이러한 차이도 결국 각각의 여성에 따라 달라지므로 오르가슴을 전혀 느끼지 못한 여성도 있고 30~40대에 가서 경험하기도 한다고 말하고 있다. 그러므로 남녀 간의 성 반응의 차이는 절대적이지는 않음을 알 수 있다.

| 그림 2-5 | 장 레옹 제롬의 〈피그말리온과 갈라테이아〉

출처 : http://cafe.daum.net/Wineholic

남자와 여자의 성 차이에 대해서 각자 생각대로 나열하기

☞ 남자 :

☞ 여자 :

3 성의 남녀 차이

1) 일반적인 남녀 성 차이

일반적으로 남녀의 성 차이를 다음 〈표 2-2〉에서 살펴보면 남성과 여성은 성욕구, 성행동, 성심리, 성자극에서 확연히 다르다는 것을 알 수 있다. 여성은 남성보다 정서적 욕구, 애정적 욕구를 중요시하므로 성교 전에 애정을 주고받으며 확인하기를 원하는 것을 알 수 있다. 성행동에서도 남성은 방출충동, 접촉충동이 강한 반면 여성은 접근욕구가 강함을 알 수 있다. 성자극면에서 남성은 그림, 영화, 포르노와 같은 시각적인 내용에 자극을 많이 받으며, 직접적인 시각적 자극이 의해 성욕이 없다고 하더라도 과거 경험에 의해, 환상으로 그린 시각적 자극에 의해 성욕이 일어날 수 있다고 본다(윤가현, 1998; Cox, 1999). 여성은 남성과 달리 청각적, 촉각적인 부분에 더 자극을 받으므로 여성들은 부드러움이나 따뜻함, 편안함, 신뢰감, 안정감 등을 통해서 사랑의 감정을 얻게 되며, 남성으로부터 얻는 언어적 및 비언어적 자극에 의해 성적 관심과 흥분이 생겨난다(윤가현, 1998). 남녀의 성에 대한 차이를 인정하고 대화를 통해서 상대방을 이해하는 것이 좀 더 건강한 남녀관계가 될 수 있다.

성행위에 대한 고정관념

① 성관계란 삽입에 의한 성교를 의미하며, 키스나 포옹과 같은 그 밖의 신체접촉은 단지 성교를 위한 준비과정일 뿐이다.
② 성관계를 가지면 항상 오르가슴을 느껴야 한다.
③ 남녀는 항상 동시에 오르가슴에 도달해야 한다.
④ 성행위 중 다른 남성이나 여성을 상상하는 것은 불결하고 비정상이다.
⑤ 정상적인 성행위는 일정한 순서와 원칙에 의해 진행되어야 한다.

출처 : 정현숙 외(2000). 직장인을 위한 성교육.

〈표 2-2〉 남녀 간의 성 차이

<table>
<tr><th>구 분</th><th>남 자</th><th>여 자</th></tr>
<tr><td rowspan="2">성욕구</td><td>• 생물학적 욕구가 크다.
• 접근욕, 성교욕
• 육체적으로 성숙하게 되면서 성욕이 매우 예민하고 강해진다.
• 때와 장소에 관계없이 충동적으로 급격하게 나타난다. 이때 음경이 발기되며, 때로는 사정하고 싶다는 욕망이 생긴다.</td><td>• 생물학적 욕구, 가정환경, 교우관계 및 이성관계 등과 해당 사회의 성적 개방 정도(더 큰 영향)
• 정서적 욕구, 애정적 욕구(성교와 함께 따뜻한 애정을 주고받고 확인하기를 원한다)
• 부드럽고 천천히 일어나며 한번 그 감정이 고조되면 성적 욕구가 매우 강해진다.</td></tr>
<tr><td colspan="2">• 남녀 모두 이성과의 접촉을 바라는 욕구가 강렬해지지만, 동시에 그것을 부끄럽게 여기는 수치심도 강해져서 자기 갈등에 빠지기도 한다. 그러나 이러한 심리적 불안과 갈등을 체험하면서 성적 욕구는 더욱 강화되고 구체화된다.</td></tr>
<tr><td>성행동</td><td>• 방출충동, 접촉충동</td><td>• 접근욕구</td></tr>
<tr><td>성심리</td><td>• 능동적, 자연발생적</td><td>• 감정적, 수동적
• 성은 사랑의 표현이며 낭만적인 감정도 포함된다.
• 성행위 자체에 대한 욕구보다는 다분히 환상적이고 로맨틱한 연애 감정에 관심이 많다.</td></tr>
<tr><td>성자극</td><td>• 시각적, 후각적
• 여자들에 비해 자극적인 행동, 성적인 그림, 영화, 소설과 같은 다양한 범주의 자극에 대해 쉽게 흥분한다.</td><td>• 청각적, 촉각적</td></tr>
<tr><td>성숙 과정</td><td>• 유정, 몽정 ⇒ 쾌감</td><td>• 초경 ⇒ 불쾌, 놀람</td></tr>
<tr><td>성의 절정기</td><td>• 18세
• 청소년기의 최고조에 달한다(발기, 자위, 행위를 통한 사정빈도가 이 시기에 절정).</td><td>• 35~40세
• 부드럽고 천천히 성욕구가 일어나며 30대에 강한 성욕구를 느낀다.</td></tr>
<tr><td>성관계</td><td>• 오르가슴을 목표로 하고 친밀감은 부차적인 목표</td><td>• 가장 중요하게 생각하는 것은 친밀감, 파트너의 만족, 오르가슴의 순이다.</td></tr>
<tr><td>성관계 후</td><td>• 만족감, 정복감, 무책임</td><td>• 새로운 관계 시작, 집착</td></tr>
</table>

출처 : 김수경 외(2011). 결혼준비교육 프로그램. 신정.

2) 성욕의 차이

남녀 간 성욕의 차이에 대한 많은 논의가 이루어지고 있고, 일부 생물학자들은 선천적인 남녀 간 차이에서 기인한다고 하는 반면, 대다수의 사회학자와 심리학자들은 사회화 과정으로부터 비롯된다고 보고 있다.

마스터스와 존슨(Masters & Johnson, 1988)은 남녀의 성반응의 네 단계를 거쳐 진행하면서 남자보다는 여자가 다양한 반응패턴이 발견되고 있다고 보고 있다. 구체적으로 남자는 한번 오르가슴대에 달한 다음 다시 오르가슴에 도달하기까지 오랜 시간이 걸리지만 여자는 쉬지 않고 여러 번의 오르가슴을 느낄 수 있다는 것이 발견되고 있으며 이러한 차이를 통해 여성의 성행동이 사회적으로 많이 억압되어 있음을 알 수 있다(정현숙, 2003). 남녀 간의 성욕의 차이는 생물학적 시각과 사회화 과정의 중간에 이르고 있음을 알 수 있다.

이종인(2000)의 연령에 따른 남성과 여성의 성충동을 다음 |그림 2-6|을 통해 살펴본 결과 남녀 간의 일생 동안의 성 반응은 남성은 여성에 비해서 성충동이 높은 경향을 보이고 있으며 남성의 성충동은 19세에 최고조에 달하고 그 후에는 감소를 보이고 있다. 그러나 여성의 경우에는 10대 후반부터 서서히 증가하여 36~38세에 이르러 성에 대한 욕구가 최고로 높아짐을 알 수 있다. 남녀 간의 성충동의 차이는 다르게 나타나므로 서로에 대해서 이해하지 못하면 성욕의 차이로 갈등이 생길 수 있다. 이런 성욕의 차이는 더욱 중요한 부분은 '남자', '여자'의 차이보다는 각 개인의 차이가 있음을 이해하는 것이 더욱 중요하다(김명자 외, 2011).

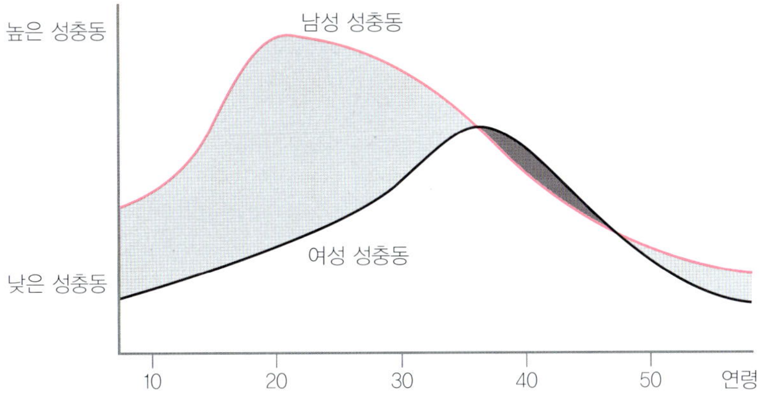

| 그림 2-6 | 연령에 따른 남성과 여성의 성충동

출처 : 이종인 역(2000). 말을 듣지 않는 남성, 지도를 읽지 못하는 여성.

4 성적 자기결정권

성적 자기결정권은 각자의 성적 가치관을 확립하고, 사생활 영역에서 스스로 내린 성적 결정에 따라 자기 책임하에 상대방을 선택하여 성관계를 가질 수 있는 권리로 정의한다. 남녀 간의 사랑의 관계에서 성행동에 대한 요구수준이 다를 때 자신의 의도와는 관계없이 성행동을 허용할 수밖에 없는 상황이 될 수 있다. 성적 자기결정권에 대한 가치관 확립이 되지 않으면 자기 주장을 하지 못하고 원치 않는 관계를 가지게 되며 후회와 실망감, 자아존중감의 저하와 같은 정서적인 문제를 경험하게 된다. 성적 자율성이 높은 사람은 내·외적인 조건에 영향을 받지 않고 자신의 성적 욕구나 충동을 통제하고 조절하여 안전한 성 건강을 유지하게 된다.

■ 성행동 전에 고려해야 할 사항

1. 성관계에서의 자신의 역할을 분명히 인식하는 것이다.
2. 자신의 신체이미지와 성행동에 대한 왜곡과 편견을 극복해야 한다.
3. 성에 대한 긍정적인 개념 정의가 필요하다.
4. 성에 대하여 올바른 지식을 습득할 필요가 있다.
5. 성에 대한 남녀의 신체적 차이를 이해한다.
6. 자신의 성행동이 건강한가를 점검해 보아야 한다.

출처 : 김영희 외(2015).

◇ 성적 자기결정권 체크리스트

* 다음 문항에 대해서 5점 척도로 답해보세요.
1점 : 매우 그렇지 않다　　2점 : 다소 그렇지 않다
3점 : 보통이다　　4점 : 다소 그렇다　　5점 : 매우 그렇다

문 항	점 수
1. 좋아하다가도 싫어지는 감정이 생길 수 있다는 걸 인정하고 받아들일 수 있다.	
2. 나는 나의 성적 욕망이나 지식에 대해 상대에게 이야기할 수 있다.	
3. 상대에게 화났을 때, 고마울 때 나의 감정을 상대에게 표현할 수 있다.	
4. 상대가 어떻게 반응할지 걱정되더라도 감정을 감추거나 왜곡하지 않는다.	
5. 상대의 일방적인 요구에 대해 '부당함'을 이야기할 수 있다.	
6. 나는 원하지만 상대가 싫다고 하면 강요하지 않고 상대의 의사를 존중한다.	
7. 나는 여전히 좋아하는데, 상대는 헤어지려 할 때, 억지로 붙잡지 않는다.	
8. 나는 나의 성적 욕망에 대해 그대로 인정한다.	
9. 나는 나에게 맞는 안전한 피임법에 대해 알고 있다.	
10. 성적 욕망이 생기면 나름대로 해소할 수 있는 방법을 알고 있다.	
11. 성관계 의사 없이도 상대와 여행을 함께 할 수 있다.	
12. 내 감정과 느낌이 소중한 만큼 상대의 상태를 충분히 고려할 수 있다.	
13. 상대의 감정을 통제하기 위해 내 감정을 과장, 왜곡 표현하지 않는다.	
14. 합의된 신체적 접촉(예 키스)을 하는 중에 내 마음대로 다른 행동을 하지 않는다.	
15. 상대의 신체적 접촉에 대한 제안을 내가 원하지 않을 경우에는 거절할 수 있다.	
16. 연애하고 싶은 사람이 생길 때, 상대에게 제안해 볼 수 있다.	
17. 나는 사람을 사귈 때 '이 사람은 내 거다'라는 생각을 우선하지 않는다.	
18. 내가 고백했을 때 상대가 관심 없다고 말해도, 자존심 상하지만 받아들일 수 있다.	
19. 상대가 취해서 정신없을 때를 기회로 평소에 원했던 접촉을 시도하지는 않는다.	

20. 성적으로 끌리는 대상이 있으면, 상대방의 동의를 구하면서 성관계를 제안할 수 있다.	
위 문항의 총점이, 93점 이상 : 파란불! 비교적 안전합니다. 실전에서도 잘할 수 있으면 좋겠습니다. 80점~92점 : 노란불! 잘하고 있지만 좀 더 노력합시다. 80점 미만 : 빨간불! 위험! 훈련이 필요합니다. 원치 않는 임신이 될 수도 있습니다.	

출처 : 한희선 외(2015).

성적 의사소통 방법(한국여성민우회)

(1) 서로의 욕구에 대해서 나누기
- 성생활 및 성에 대한 정확한 지식을 갖는다.
- 남녀 간의 성차와 성 심리에 대하여 이해한다.
- 남녀 성은 동등한 관계에서 시작한다.

(2) 나의 욕구를 구체적인 언어로 표현하기
(3) 상대방의 욕구와 결정을 구체적인 언어로 듣기
(4) 너와 나의 결정이 다를 때 서로를 존중하기

출처 : 한국여성민우회 홈페이지. www.womenlink.or.kr

CHAPTER 03

양성평등

1.성역할이란?

2.성역할 이론

3. 성역할 사회화

4. 성역할 고정관념

5. 양성평등

03 양성평등

1 성역할이란?

성역할이란 한 개인이 그가 속한 문화권에서 여자 또는 남자로서 특징지어질 수 있는 여러 자질 혹은 성유형화 과정을 통해서 성별에 따라 습득하게 되는 성격, 특징, 태도, 선호경향, 행동 등을 총체적으로 일컫는 말이다(옥선화 · 정민자, 1992). 성역할에 의해 기대되는 남녀의 역할은 사회에 따라 달라진다. 사회적 성(gender)은 교육과 학습을 통해 얻어진 문화적 습득의 결과로 구성된다. 즉, 해당 사회에서 남성다움 혹은 여성다움으로 규정된 역할유형을 학습하고 규범에 따르는 성장과정을 통해 만들어진 기대와 행동을 젠더로 명명한다. 전통적 성역할 고정관념은 서로 다른 성역할 사회화과정을 통해서 남성과 여성에게 서로 다른 성역할 고정관념을 갖게 된다. 전통적으로 남성과 여성은 고유한 특성의 차이가 있다고 보는 고정관념을 가지고 있다. 대표적 학자로 파슨스와 베일스(Parsons & Bales, 1955)의 견해는 성 고정관념에 관한 전통적인 견해의 대표적인 예이다. 그들은 남성과 여성의 특질을 일직선상의 양극에 위치하는 양립적 특성군으로 보았다. 이들은 남성의 주요 특성을 수단적이며 이성적, 객관적 독립적 목표지향적인 특징을 지닌다고 말한다. 반대로 여성은 남성과 달리 표현적이며 감성적, 주관적, 의존적 수동적인 것으로 설명하고 있다(허혜경 외, 2015).

한편 성역할 사회화는 사회의 구성원으로서 필요한 성역할을 학습하는 과정이며, 이 과정을 통하여 남자나 여자에게 필요한 행위나 태도는 권장되고 그렇지 못한 것은 제재를 받게 된다. 즉, 무엇이 남성적인 또는 여성적인 자질로서

적합한 것인가에 관한 문화적 기대치가 사회화를 통해 전달되는 것이다(앤더슨, 1987). 사회화는 특정의 사회적 지위에 있는 사람이 자신의 역할을 수행하는 데 필요한 기술, 태도, 행위, 가치를 습득하는 과정을 말한다.

남성과 여성의 성차이가 본성에 기인한다고 보는 입장과 인간의 성역할 행동을 결정하는 것은 양육의 결과로 보는 시각으로 나뉜다.

본성론에서는 남자와 여자는 태어날 때부터 다른 성향을 지니고 있기 때문에 그 차이를 생물학적인 차이에서 찾고 있다. 그래서 동일한 환경이나 양육방식을 제공하더라도 남자와 여자는 서로 다른 행동 패턴을 보인다는 주장이다. 본성론의 대표적인 학자로 정신분석학자인 프로이트(Freud)는 인간의 잠재된 무의식에 대한 분석을 체계화하였다. 프로이트는 어린아이가 6세를 전후하여 겪는 성적 욕망과 정서적 반응이 성인에 이르러서 성격적인 특성을 결정할 뿐 아니라 특히 남성에게 우월성을 부여하고 여성은 심리적으로 열등한 존재임을 말하고 있다. 그에 비해서 양육론은 성역할을 결정하는 것은 본성이 아니라 양육의 결과로 보고 있고 태어나면서부터 남자와 여자는 사회문화적 환경 속에서 자라기 때문에 성에 따라 다른 성역할을 습득한다고 설명하고 있다.

2 성역할 이론

1) 사회학습이론

사회학습이론(social learning theory)은 행동주의 학파에서 입각하며 아동이 자신의 성에 적합한 행동을 했을 때 보상을 받고 부적합한 행동을 했을 때는 처벌을 받는다는 이론이다. 유년기 초부터 여아와 남아가 자기에게 적합한 행동을 배우게 되고 이렇게 정형화되어 행동은 변경하기 어렵다고 본다. 같은 성의 부모를 모방하는 과정을 통해 아동은 부모와 사회가 기대하는 행동을 자연스럽게 배우게 된다(Bandura, 1977). 사회가 생물학적 성에 따라 강화와 모델링을 차별적으로 제공하기 때문에 남자아이와 여자아이는 성역할을 상이하게 습득한다는 것이다. 남자아이가 '남자다운' 행동을 하면 칭찬하고 여자아이가 '남자다운' 행동을 하면 질책을 한다. 또한 남자아이가 '여자다운' 행동을 하면 비웃거나 야단을 치고, 여자아이가 '여자다운' 행동을 하면 칭찬을 한다.

사회학습이론은 성별에 따라 보상과 처벌을 다르게 적용하는 차별적 강화를 통해 여자아이는 여성성을 남자아이는 남성성을 터득하게 된다고 말하고 있다. 사회학습이론에서 긍정적 강화란 어떤 행동을 더 자주 더 많이 하도록 하고 부정적 강화는 어떤 행동을 하지 않도록 하는 것으로 분류된다. 남자아이는 아버지의 행동, 여자아이는 어머니의 행동을 그대로 따라 함으로써 칭찬을 받게 된다. 사회는 아이들에게 동성의 모델을 보고 따라 하게끔 유도하고 강화하는 경향이 있다. 그런데 이는 아이의 성에 따라 역할 모델을 차별적으로 제공하는 결과를 낳고, 아이들은 주어진 동성의 모델을 관찰하고 모방하면서 점차 해당 사회의 성역할을 답습하게 된다. 사회학습이론에서는 성역할습득이 전적으로 후천적인 환경에 대해 인간이 학습된 결과로 보고 있다.

| 그림 3-1 | 사회학습이론의 대표적 학자 반두라와 그의 이론

2) 인지발달이론

인지발달이론(cognitive-development theory)은 아동의 성정체감이나 성역할은 다른 사람에 의해 직접적으로 학습되는 것이 아니라 아동 자신의 경험에 의해 구조화된다고 보고있다. 이 이론의 대표적인 학자인 피아제(Piaget)와 콜버그(Kohlberg)는 인간의 사회화를 인지적 성숙과정으로 설명한다.

피아제는 아동의 인지발달 단계를 순차적으로 감각운동기(0~2세), 전조작기(2~6세), 구체적 조작기(6~11세), 그리고 형식적 조작기(11세~성인)의 네 단계로 구분한다. 이를 전제로 하여 인간은 자신의 발달단계에 맞추어 일련의 사물이나 사건에 대한 전체적 윤곽, 즉 도식을 형성하게 되고, 이에 따라 주변 환경을 해석한다고 설명하였다. 새로이 입력된 정보는 아동이 지니고 있는 도식에 동화되거나 조절되는데, 이 과정에서 아동은 환경에 적응해 간다는 것이다(임정빈 · 정혜정, 1997). 구체적 조작기(5~6세)에 부모와 친구 및 대중매체의 영향에 의해 남성과 여성에 관한 도식을 형성하게 된다. 그리고 자아중심적 사고를 하는 구체적 조작기의 특성상 반대편 성역할보다는 자신의 성역할을 선호하게 됨에 따라, 동성 부모를 모방하고 동성 부모에게 애착을 갖게 된다고 설명한다.

콜버그는 아동이 2세 반~3세 정도면 자신의 성별을 알게 되고, 다른 사람의 성을 구분 짓는 성정체감이 형성되며, 5~6세가 되면 성에 관련된 가치, 태도,

| 그림 3-2 | 피아제와 콜버그

행동 등에 관한 고정관념이 형성된다는 데 주목한다(이영찬, 2005). 아동의 자아중심적 사고로 인하여 자신의 성과 성역할을 선호하는 경향이 있고, 그 결과 동성 부모 및 동성의 성인과 동일시하며 동성 성인의 행동을 모방하게 된다고 설명하는 점에서는 콜버그 역시 피아제의 설명과 일치한다.

인지발달이론은 성정체감 및 성역할 정체감이 먼저 안정되고 난 이후에 동성부모를 모방하게 된다고 설명한다.

3) 동일시 이론

동일시 이론(identification theory)은 아동은 동성부모의 행동이나 태도를 보고 같은 행동을 동일시한다는 이론이다. 생물학적 결정론의 대표자인 프로이트(S. Freud)는 동성부모와의 동일시 과정을 통해 남아와 여아가 각각 자신의 성역할 정체감을 형성하고, 각각의 성역할 정체감을 토대로 하여 동성의 부모를 모방함으로써 자신의 성에 부합하는 성역할을 습득해 간다고 설명하고 있다. 프로이트에 의하면 인생 초기 발달단계에 따라 성적 에너지(libido)는 구강에서 항문 그리고 남근으로 옮겨간다. 그런데 남근기(3~5세경)에 이르러 남자아이는 오이디푸스 콤플렉스(Oedipus Complex), 즉 아버지를 죽이고 어머니와 동침하고자 하는 욕망을 느낀다. 그런데 이는 자신과 아버지가 공통적으로 지닌 돌출된 성기 그리고 어머니의 거세 사실(함몰된 성기)을 인식하면서 극복된다. 다시 말해서 어머니와 동침을 금지하는 아버지의 명령을 따르지 않을 경우 어머니처럼 거세될 것이라는 불안 때문에 어머니에 대한 성적 욕망을 포기하고 아버지와 자신을 동일시하는데, 이러한 방어적 동일시(defensive idenfication)를 통해 남자아이의 인성이 발달한다는 것이다(Frieze, et al., 1978; Lerner, 1978). 남자아이는 동일시 대상인 아버지를 내면화하면서 아버지의 행위, 태도, 감정을 받아들여 초자아를 확립하며 자아 이상을 발달시킴으로써 남성성을 학습한다.

한편 여자아이는 4세경에 엘렉트라 콤플렉스를 경험하게 되는데 여아 자신이 음경이 없다는 것을 알게 되면서 이것은 어머니 때문에 없다고 생각한다. 이를 보복하기 위해서 아버지에게 집중하게 되고 아버지의 사랑을 얻기 위해서 자신은 어머니처럼 행동해야 한다고 믿고, 어머니를 동일시하면서 성역할을 시작하게 된다(이정우 외, 2001). 또한 남근 선망은 아이를 낳고자 하는 욕망으로 대치되고, 자신과 마찬가지로 함몰된 성기를 지녔으나 출산과 양육 역할을 하는 어머니와 자신을 동일시하는 또 하나의 이유가 된다. 그래서 결혼을 통해 남성에게 의존하고 출산을 통해 어머니가 되면서 비로소 남근 선망을 극복하게 된다고 설명한다.

| 그림 3-3 | 나도 아빠처럼 해야지…오이디푸스 콤플렉스(Oedipus Complex)

출처 : 네이버 지식백과 - 상식으로 보는 세상의 법칙(심리편), 두산백과.

4) 대상관계이론

대상관계이론은 초도로우(Chodorow)에 의하며 무의식적 심리과정을 강조하고 동일시 이론의 성역할 획득과정을 인정한다. 대상관계이론은 성별에 따라 다르게 형성되는 성역할의 사회화가 현대자본주의 사회구조에서 분업체계 및 부모역할 구조의 비대칭 구조에 기인한다고 설명하고 있다. 즉, 남성과 여성의 역할분담에서 성별 분리 현상이 나타나고 아버지의 역할은 사회적인 활동에 초점을 두고 있으며 어머니는 가사 및 육아를 분담하는 구조에서 나타난다고 보고 있다. 영아기에 일차적 동일시를 하는 대상은 아이의 성별에 상관없이 어머니인 경우가 대부분이며 성장하면서 어머니로부터 분리되는 과정을 거치게 되는데 남아는 어머니로부터 분리되어 아버지로부터 동일시 과정을 통해 남성성을 터득하게 된다. 그런데 남아의 동일시 대상인 아버지는 아이와 함께 있는 시간이 저녁에만 이루어지는 경우가 많으므로 남아는 아버지 개인이 가지고 있는 행동이나 인성, 가치관 등을 직접 관찰하지도, 애정적 관계에 기초하여 아버지를 모방하거나 내면화하지도 못한다. 이처럼 아버지와의 동일시가 감정적 욕구 및 애정적 관계를 경험하지 못하고 일어남으로써 간접적이고 지위적인 동일시여서 남아가 확립하게 되는 동일시의 남성상은 독립적이고 경쟁적인 성향을 지니게 된다(이영찬, 2005). 반면에 여자아이는 늘 곁에 있으면서 돌보는 어머니와의 관계에서 심리적인 분리과정을 경험하지 못하므로 완벽히 독립적인 개체화를 이루지 못한다. 여자아이에게 어머니는 그리고 어머니에게 딸은 확장된 자아로서 의존적 애정관계가 지속된다. 이처럼 여아는 대인적 동일시를 지속하게 되어 어머니의 성격과 행동 특성 및 가치와 태도를 받아들이게 된다. 따라서 여자아이는 의존성 및 타

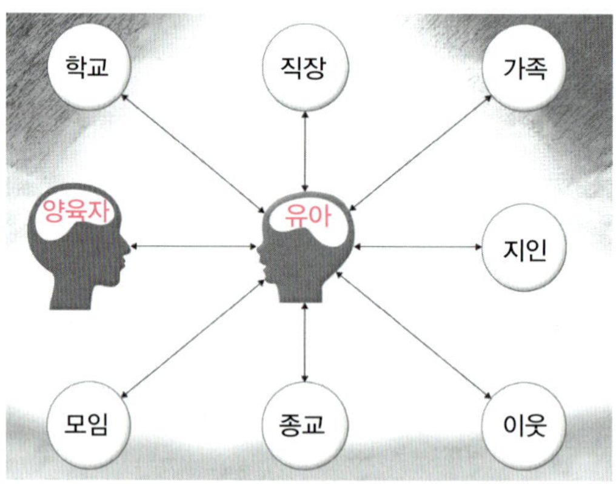

| 그림 3-4 | 대상관계이론의 체계

나의 성역할 척도는?

아래의 성격 특성들이 여러분의 성격을 얼마나 잘 반영하고 있는가를 1에서 5까지의 척도를 써서 답해 주시기 바랍니다. 척도를 통해서 여러분의 성역할 척도를 알아볼 수 있는 시간입니다.

1	2	3	4	5
전혀 나의 성격과 같지 않다.	대체로 나의 성격과 같지 않다.	어느 정도 나의 성격과 같다.	대체로 나의 성격과 같다.	거의 나의 성격과 같다.

예 '전혀 나의 성격과 같지 않다' 고 생각하면 빈칸에 '1'을 기재한다.

1. 공격적인		12. 진심 어린	
2. 이해성 있는		13. 주장이 강한	
3. 도움이 되는		14. 부드러운	
4. 결단력 있는		15. 변덕스러운	
5. 양육적인		16. 지배적인	
6. 행복한		17. 인정이 있는	
7. 위험을 무릅쓰는		18. 예측할 수 없는	
8. 수줍은		19. 독립적인	
9. 조직적이지 않은		20. 동정심이 있는	
10. 강한		21. 믿음직한	
11. 자애로운			

나의 여성성 점수 : (   )점 = (2번+5번+8번+11번+14번+17번+20번)/7
남성성 점수 : (   )점 = (1번+4번+7번+10번+13번+16번+19번)/7
평등성 점수 : (   )점 = (남성성 점수−여성성 점수)

평등성 점수가 0에 가까울수록 평등적이다.
(점수가 +로 높을수록 남성적이고, 점수가 −로 높을수록 여성적)

출처 : Strong & Devault(1992). The Marriage and Family Experience, p. 113.

인과 감정적 관계 맺기를 중시하는 성향을 지닌다(이여봉, 2010). 대상관계이론에서는 남녀 간의 인성 차이를 줄이기 위해서는 사회구조의 분업체계와 가족구조에서 아버지와 어머니가 함께 양육에 참여해야 하고 사회적 역할 분담에서도 똑같은 역할 모델을 보여주는 것이 바람직하다고 보고 있다.

3 성역할 사회화

성역할 사회화는 일생 동안 가족 · 학교 · 대중매체 등에 의해 진행된다. 가족, 학교, 대중매체는 성역할에 대한 전통적인 고정관념을 가지고 있고, 아이들에게 성정형화된 물리적 환경을 조성하거나 행동을 가르치고 유도하기도 한다. 또한 성별에 맞는 행동을 할 경우 보상을 주지만 그렇지 않을 경우에 처벌을 하는 등 상이한 반응양식을 통하여 성별에 맞는 행동이나 태도를 형성하도록 하며, 스스로 성역할 고정관념의 모델로서 기능하기도 한다. 현재 우리사회에서는 남녀의 평등을 위해서 노력하고 있지만 사회제도나 대중매체에서 아직까지도 고정된 남녀 성역할의 강화시키는 역할을 하고 있다.

남녀 간의 다른 성역할 사회화 과정을 이해함으로써 자신과 파트너를 보다 잘 알 수 있고 바람직한 이성관계를 확립할 수 있다. 성역할 사회화과정에 영향을 미치는 요인들 중 가족, 학교, 대중매체를 중심으로 살펴보고자 한다.

1) 가 족

가족은 아동이 태어난 순간부터 그 사회의 가치와 규범을 전수받는 일차적인 장소이다. 부모는 아동의 성역할 사회화에 일차적 담당자이다. 부모의 성의식이나 태도는 아이에게 성별에 따라 성역할을 학습시킴으로써 고정적인 성역할을 갖게 한다. 아이의 활동과는 관계없이 가족을 비롯한 주위 사람들이 아이의 성별을 어떻게 인식하고 또 기대하고 있는가가 반영된다. 두 살 이전의 유아에 대한 부모들의 상호작용을 연구한 결과 부모들은 주로 여자아이와는 언어적 접촉을, 남자아이와는 신체적 접촉을 하는 것으로 보고되고 있다(조복희 외, 1995). 남아는 좀 더 적극적이고 활동적인 측면을, 여아는 수동적이지만 귀엽고 예쁜 모습을 사람들이 기대하기 때문이다. 한편 부모는 남아에게 보다 적극적이고 활발한 행동을 기대하고 장려한다.

자녀들의 감정표현에 대해서도 부모는 다르게 반응하는 경향이 많다. 하버드 대학의 연구 결과에 의하면 부모들은 여자아이와 남자아이에게 다르게 행동할 뿐 아니라 말도 다르게 쓴다는 점이다. 여자아이에게는 "넌 얌전하구나", "넌 정말 귀여운 애로구나", "정말 예쁜 아기네"라고 말하는 반면, 남자아이에게는 큰 목소리로 "어이, 덩치 큰 녀석!", "야, 이놈 봐라, 되게 튼튼하게 생겼네!" 하고

| 그림 3-5 | 양성평등의 걸림돌인 성역할 고정관념

출처 : 서울특별시 청년여성문화원.

말한다는 것이다(앨런 피즈 & 바바라 피즈, 2000).

가족에서 아버지와 어머니의 성역할 행동이 남자와 여자에게 바라는 태도에 따라서 결국 자녀들의 성역할 발달에 중요한 영향을 미치는 것을 알 수 있다.

2) 학 교

학교는 가정과 더불어 아동과 청소년의 사회화를 담당하는 중요한 기관이다. 학교의 교과과정, 학교의 조직, 교사들의 학생들에게 대하는 성역활 태도에 따라서 아이들은 성역할 습득을 하고 성역할 태도를 배우게 된다. 과거에 비하면 교육목적이나 교과내용들이 성평등적인 방향으로 교육이 진행되고 있다고 보여진다. 그러나 아직까지도 교과과정에서의 성차별, 남녀에 대한 교사의 태도, 학교 행정과 운영은 대개 남성이 담당하고 있거나 진로 지도 시에 전통적인 성역할 고정관념 등이 남아 있어서 학생들의 성역할 발달에 남녀 역할에 대한 편견을 심어주기도 한다.

| 그림 3-6 | 제7차 교육과정 개정 시에 바뀐 초등학교 교과서의 양성 평등

3) 대중매체

대중매체는 성역할 모델링이나 동일시 대상이 됨으로써 성역할 사회화의 많은 부분에 영향을 미친다. 대중매체에서 남녀역할과 관계를 어떻게 정의하고 묘사하는가에 따라 개인의 성역할에 영향을 미치는데 건강하고 평등한 성역할을 수행하는 모델을 제시하는 것에 소홀한 경향이 있어서 대중매체를 통한 성역할 모델에 대한 문제점이 보인다. 광고에서도 성역할 고정관념이 묘사되고 있는데, 이영자(2000)의 연구에 의하면, 광고는 여성의 외모 지향적 성향과 성적 대상화를 강조할 뿐 아니라 이것을 기꺼이 수용하여 즐기는 왜곡된 여성상을 제시하고 있다(김용미 외, 2011). 양성평등교육의 영향으로 대중매체에서 다양한 남녀 평등한 모습을 비춰주고 있지만 아직까지도 남녀 성역할 고정적인 모습은 여전히 존재하고 있다.

4 성역할 고정관념

성역할 사회화를 통해서 남성과 여성은 서로 다른 성역할 고정관념을 가지게 된다. 성역할 고정관념은 남녀 모두에게 스트레스가 될 뿐 아니라 어떤 것에 강하게 집착하게 하는 성향인 이른바 성역할 콤플렉스를 갖게 한다(여성을 위한 모임, 1992). 여성을 위한 모임에서 발간한 『남성연구』라는 책에 의하면 성역할 콤플렉스에 의해 여성뿐 아니라 남성도 스트레스를 경험하고 있다고 밝히고 있다.

성역할 콤플렉스에 의해서 여성이 받는 스트레스는 사회적인 불평등을 경험하기도 하고 취업이나 승진 시 불평등한 처우를 받기도 한다. 이러한 억압과 불평등으로 인해 여성들은 자율성이 상실되기도 하고 우울증, 좌절감, 낮은 자존감, 그리고 자아정체감의 혼란을 경험하기도 한다(김애순 · 윤 진, 1997). 또한 남성은 남자라는 이유로 가정 안에서도 사회적 역할을 수행해야 하고 역할을 잘못했을 때 많은 스트레스를 받게 된다. 성역할 고정관념에 의해 남성은 감정을 억제함으로써 다른 사람과의 공감능력이 떨어지게 되는 형태로 나타나기도 하며 또한 권력 및 경쟁의 문제에서 다른 사람에게 영향을 미치고 주도권을 갖는 데 지나치게 집착하는 모습을 보인다.

성역할 콤플렉스는 성역할 사회화를 통해서 끊임없이 교육되고 보통 의식하지 못하는 사이에 이루어지며 대부분 무의식 속에 잠재해 있기 때문에 자신이 콤플렉스를 가지고 있는지 잘 알지 못하는 경우도 많다. 여성을 위한 모임(1992)에서는 다음 〈표 3-1〉과 같이 우리나라 여성과 남성이 가지고 있는 일곱 가지 콤플렉스에 대해서 소개하고 있다.

〈표 3-1〉 남성과 여성의 7가지 콤플렉스

남 성	여 성
• 사내대장부 콤플렉스 • 온달 콤플렉스 • 외모 콤플렉스 • 장남 콤플렉스 • 성 콤플렉스 • 지적 콤플렉스 • 슈퍼맨 콤플렉스	• 착한 여자 콤플렉스 • 신데렐라 콤플렉스 • 외모 콤플렉스 • 장녀 콤플렉스 • 성 콤플렉스 • 지적 콤플렉스 • 슈퍼우먼 콤플렉스

출처 : 여성을 위한 모임(1992). 7가지 여성 콤플렉스. 현암사.

1) 여성 콤플렉스

여성들의 일곱 가지 콤플렉스 중 첫째, 착한 여자 콤플렉스는 어떤 일이든 참고 남에게 싫은 소리를 못하는 경우를 말하며 착한 여자로 살기 위한 고정관념에 사로잡혀 주변으로부터 인정과 칭찬을 받으려 하는 것이다. 위리엄 패즐러와 엘레노어 필드(William Fezler & Eleanor Field, 1991)는 착한여자 콤플렉스를 그들의 저서『착한 여자 콤플렉스』에서 '타인의 눈에 비치는 자신을 의식하면서 주변 사람들로부터 좋은 여자라는 칭찬을 받고 싶어 하며, 착하고 귀여운 여자라는 인상을 심어주기 위해 줄곧 자신의 욕망과 개성을 희생하려는 심리상태'라고 정의하고 있다(김용미 외, 2011). 그러나 착한 여자 콤플렉스에 빠진 여성들은 스스로가 열등감이나 의존심, 무기력으로 내면에 분노를 갖게 되는 경우가 많다. 둘째, 신데렐라 콤플렉스는 멋지고 능력 있는 남성을 만나서 편안한 결혼생활에 안주하려는 의식을 말한다. 신데렐라 콤플렉스에 빠진 여성들은 스스로가 독립하려는 의지가 점점 희박해지는 경우가 많으며 결혼을 통해서 모든 것을 성취하려고 하는 데 집착하게 된다. 셋째, 여성은 예쁜 것이 최고라고 생각하는 외모 콤플렉스이다. 넷째, 장녀 콤플렉스는 장녀로서 집안과 동생들을 위해 무조건적인 희생을 해야 하는 책임감, 의무감을 갖게 되면서 장녀의 역할을 못 했을 때 부모나 주위로부터 비난을 받을까 봐 스스로에게 책임이 있다고 생각하여 스트레스를 받게 된다. 다섯째, 성 콤플렉스는 사회는 여성이 성에 대해서 적극적인 성적 표현을 하는 것을 보이지 않게 금기시하여 성은 밝히지 않는 것이 순결한 여성으로 내면화시킨다. 성 콤플렉스에 빠진 여성은 성적 욕망과 성적 표현, 성에 대한 흥미를 억제시키고 여성이 남자에게 먼저 성관계를 요구하거나 성적으로 적극성을 보이면 여성이 정숙하지 못하다는 비난을 받을 것을 두려워하여 여성 스스로가 성에 대해서 무관심해야 한다고 내면화한다. 여섯째, 여성이 남성에 비해서 지적 능력이 열등하다는 지적 콤플렉스이다. 일곱째, 기혼 취업여성에서 많이 나타나는 슈퍼우먼 콤플렉스로 직장인, 주부, 어머니, 아내, 며느리라는 여러 역할을 완벽하게 해내야 한다는 강박관념에서 벗어나지 못하고, 신체적 · 심리적으로 갈등하며, 모든 것을 완벽하게 하지 못하면 심한 불안감, 초조함, 죄책감 등으로 고통받는 콤플렉스를 말한다(여성을 위한 모임, 1992).

2) 남성 콤플렉스

남성 중심 사회에서 여러 가지 콤플렉스로 심리적 압박감을 갖고 있다. 첫째, 사내대장부 콤플렉스는 남성 중심의 사회에서 대표적으로 나타나는 모습이다. 사회적 인정을 받아야 하고 남보다 우월해야 한다는 강박관념으로 인해 성공한 남자, 사회적 지위를 획득하려는 욕심에 지나치게 자신을 과장하기도 하고 우월감을 갖기도 한다. 둘째, 온달 콤플렉스는 아내 덕을 보고자 하는 남성의 의존심리를 말한다. 그러나 아내를 통해 성공을 꿈꾸는 것이 남자답지 못하다는 자괴감에 빠지기도 한다. 셋째, 체격 콤플렉스는 남성은 체격이나 키가 커야 한다는 생각으로 심각한 열등감에 빠지기도 한다. 넷째, 성 콤플렉스는 남성의 성에 대해 용인된 사회에서는 남성의 표면적인 성적인 표현이나 욕망이 남성다움을 나타낸다고 생각하므로 성을 통해 남성다움을 과시하고 성적 욕구와 능력에 집착하는 심리를 말한다. 다섯째, 지적 콤플렉스는 남성이 여성보다 지적으로 우월하다는 생각으로 남성은 주위로부터 자신의 지적인 우월감이 손상되었을 때 상대방을 이기려는 강박관념을 갖는다. 또한 상대방에게 지적으로 남자답지 못하다고 비판을 듣거나 하게 되면 폭력을 사용하여 육체적 힘을 과시함으로써 남자다움을 과시하는 경우도 있다. 여섯째, 남성들도 여성의 장녀 콤플렉스와 마찬가지로 장남 콤플렉스에 시달리고 있다. 장남은 특히 우리 사회에서는 가장으로서 인정과 관심을 받고 책임감과 강박관념을 가지게 된다. 장남의 부모에 대한 기대감과 동생들에게 대한 책임감이 지나치게 되면 동생들에게 무조건적인 복종으로 이어지기도 하며 이런 자의식이 충족되지 않으면 장남으로서의 피해의식을 갖게 된다. 일곱째, 여성들이 슈퍼우먼 콤플렉스를 가지는 것과 마찬가지로 많은 남성들도 슈퍼맨 콤플렉스를 갖는다. 남성은 사회에서 유능해야 하며 가정에서도 자상한 아버지로 인정받아야 한다는 강박관념을 가지고 있다.

◇ 남성 성역할 스트레스 척도

나는 다음 경우에 스트레스를…

0	1	2	3	4	5	6
전혀 느끼지 않는다			중간이다			대단히 많이 느낀다

문 제	점 수
(1) 폭력 앞에서 무기력할 경우	
(2) 의지가 약할 경우	
(3) 흔히 여성적이라고 여겨지는 전공이나 직업을 갖고 있는 경우	
(4) 여자 형제보다 능력이 없을 경우	
(5) 아픈 아이를 돌보느라 낮에 집에 있는 경우	
(6) 실직자가 되었을 경우	
(7) 스포츠를 못하는 경우	
(8) 여성상관 아래에서 근무하는 경우	
(9) 성행위에서 상대방을 만족시키지 못하는 경우	
(10) 어떤 상황을 여성이 주도하도록 할 경우	
(11) 자기보다 키가 큰 여성을 만날 경우	
(12) 다른 남성보다 능력이 떨어질 것으로 평가될 경우	
(13) 승진의 기회를 놓친 경우	
(14) 돈을 잘 벌지 못하는 경우	
(15) 직장에서 여성동료보다 일을 잘 못하는 경우	
(16) 슬픈 감정을 억제하지 못하는 경우	
(17) 직장에서 부하에 대한 지도력이 부족할 경우	
(18) 가족들이 원하는 것을 충분히 해주지 못하는 경우	
(19) 학력 등 자신의 개인적 배경이 출세에 장애가 될 경우	
(20) 빨래, 식사준비 등 자취생활을 해야 하는 경우	
(21) 여성들이 흔히 하는 일이나 취미생활을 하고 싶어 하는 경우	
(22) 소극적 성격을 갖고 있을 경우	
(23) 일을 처리할 때 주위 사람에게 의존하는 경우	
(24) 토론에서 남에게 기선을 제압당하는 경우	
(25) 돈이 없어 술이나 담배를 못하는 경우	
(26) 수줍음을 타는 경우	
(27) 말이 너무 많아서 지적을 받는 경우	
(28) 가문을 빛내고 부모님을 기쁘게 해드려야 하는데 여의치 않을 경우	
(29) 두려움이나 겁이 많은 경우	

(30) 여성과 데이트를 할 때 돈이 없을 경우	
(31) 가정문제와 직장문제가 동시에 있을 때 그 우선순위로 아내와 다툴 경우	
(32) 아프거나 피곤해도 남성이기 때문에 힘든 일을 해야 하는 경우	
(33) 아내에게 인정받지 못할 경우	
(34) 자기보다 아내의 사회적 지위가 더 높을 경우	
(35) 가장으로서의 권위가 떨어질 경우	
(36) 처가의 도움으로 살아갈 경우	
(37) 가장으로서 또는 아들로서 능력이 없다는 평을 들을 경우	
(38) 아내가 당신을 다른 남성과 비교하여 불평을 할 경우	
(39) 군 입대 및 병역의무를 수행해야 할 경우	
(40) 자기보다 아내의 학력이 높을 경우	

※ 이 척도의 점수범위는 0~240점이다. 척도 제작 당시 연구에서 나타난 한국 남성 성역할 점수의 평균은 3.67(7점 척도)로 중간 이상이었다.

출처 : 허혜경 외(2015). 현대사회와 젠더.

5 양성평등

남성과 여성은 성역할의 사회화에 의해서 자연스럽게 여성과 남성의 역할에 익숙해지고 성역할 고정관념을 갖게 된다. 우리는 성역할 고정관념에서 탈피하기 위해서 양성평등에 대한 정의와 양성평등의식에 대해서 인식하는 노력이 필요하다.

헌법 제11조 제1항에서 "모든 국민은 법 앞에 평등하며, 누구든지 성별 · 종교 또는 사회적 신분에 의하여 정치적, 경제적, 사회적, 문화적, 생활의 모든 영역에 있어서 차별을 받지 않는다고 명시되어 있다. 이와 같이 우리나라는 실질적인 평등을 헌법으로 보장하고 있다. 양성평등기본법은 2015년 대한민국 헌법의 양성평등 이념을 실현하기 위한 국가와 지방자치단체의 책무 등에 관한 기본적인 사항을 규정함으로써 정치 · 경제 · 사회 · 문화의 모든 영역에서 양성평등을 실현하는 것을 목적으로 한다. 이 법은 개인의 존엄과 인권의 존중을 바탕으로 성차별적 의식과 관행을 해소하고, 여성과 남성이 동등한 참여와 대우를 받고 모든 영역에서 평등한 책임과 권리를 공유함으로써 실질적 양성평등 사회를 이루는 것을 기본 이념으로 한다. 여성가족부에서 정의한 양성평등이란 여성과 남성을 똑같이 대우하는 것이 아니며, 여성과 남성의 서로 다른 요구를 고려하지 않는 평등으로 인해 차별적 상황이 지속되는 것으로부터 벗어나고자 하는 노력 전반을 의미한다고 보고 있다(여성가족부, 2015).

양성평등을 이해하기 위해서는 기회의 평등, 조건의 평등, 결과의 평등으로 나누어 볼 수 있다. 첫째, 기회의 평등은 모든 남녀에게 동등한 기회를 의미하며 주어진 기회를 누릴 수 있는 여부는 개인의 역량과 역할에 의해서 이루어지는 것이다. 둘째, 조건의 평등은 상대적 평등의 관점에서 접근하는 것으로, 즉 평등의 기본 원칙을 여성과 남성이 동등한 권리를 누릴 수 있도록 가사노동과 자녀양육의 사회화에 존재하는 불평등을 극복하기 위해 선결조건을 제공할 것을 요구한다(장유화, 2016). 셋째, 결과의 평등이다. 기회와 조건이 평등하더라도 불평등한 상황이 발생할 수 있는 가능성은 여전히 남아있을 수 있다. 결과의 평등을 위해 불평등한 결과 자체를 인위적으로 조정할 수도 있다. 단순히 직종분리금지나 차별금지조치만으로 실질적인 평등을 성취하기 어려운 집단에게 이를 극복할 수 있게 지원하려는 의도를 반영한 개념이라고 볼 수 있다(김선욱, 1997).

양성평등은 남녀가 생물학적 특성은 다를 수 있지만 인간의 존엄성과 삶의 기회의 본질적인 측면에서는 남녀가 평등하다는 것을 뜻한다.

우리는 생활 속에 양성평등을 실천하기 위해서 양성평등의식을 갖는 것이 중요하다. 양성평등의식이란 양성평등에 대한 이해와 의식이나 가치 등을 인식하는 의미를 말한다. 양성평등의식은 첫째, 양성 중 어느 특정 성에 대하여 부정적인 감정이나 고정관념, 차별적인 태도를 가지지 않고, 둘째, 생물학적 차이를 사회, 문화적 차이로 직결시키지 않으며, 셋째, 남녀 모두에게 잠재되어 있는 특성을 충분히 발현하여 자신의 자유 의지로 삶을 계획하고 세상을 볼 수 있도록 촉진하는 것이라 정의하였다(장순아, 2002). 양성평등의식은 성별을 근거로 성역할이나 고정관념이나 차별적인 태도를 갖지 않고, 여성, 남성 모두에게 권한과 의무를 공정하게 부여하게끔 가정, 사회에서 인식할 수 있도록 계속적인 교육이 필요하다. 진정한 양성평등이란, 남녀의 경쟁구도가 아닌 양성 모두가 차별받지 않고 조화로운 삶을 위한 노력이며, 양성평등의식은 단기간의 교육이나 제도를 통해서 생겨날 수 있는 것이 아니라 가정, 학교, 사회의 끊임없는 노력과 교육이 필요하다.

| 그림 3-7 | 양성평등교육은 어릴 때부터 실시되어야 한다

젠더 체크리스트				
		내 용	예	아니요
배우자	1	주택이나 자동차 구입 등 규모가 큰 지출은 남편이 결정한다.		
	2	처자를 부양하는 것은 남자의 보람이다.		
	3	남편을 주인이라 부르는 것은 당연하다.		
	4	자산(저축이나 집, 보험)등 남편의 이름으로 해야 한다.		
	5	아내는 남편의 문중에 뼈를 묻는다.		
		예 합계 ( )점		
집안일	6	마실 차는 스스로 준비한다.		
	7	남자도 쓰레기 분리수거 방법을 알고 있고 실천한다.		
	8	남자에게 집안일을 맡기고 집을 비운 채 외출할 수 있다.		
	9	간단한 식사 정도는 남자 스스로 마련한다.		
	10	가족의 여건에 따라 세탁이나 청소를 한다.		
		아니요 합계 ( )점		
육아	11	여자아이는 얌전하게 남자아이는 씩씩하게 키운다.		
	12	아버지는 유사시에만 육아에 참여하는 것이 좋다.		
	13	'여자라서, 남자니까'라는 말을 한다.		
	14	여자아이는 디자인과 색상, 남자아이는 기능성과 활동성을 고려하여 옷을 고른다.		
	15	남자아이보다 여자아이는 언어표현에 신중해야 한다.		
		예 합계 ( )점		
간호·돌보기	16	남성이 집안일이나 간호를 하고 있는 것을 보면 안되어 보인다.		
	17	여성이 가족을 위해 자신을 희생하는 것은 어쩔 수 없다.		
	18	식사 · 대소변 받기 등 노부모 시중을 남성이 들기는 힘들다.		
	19	식사나 손님접대는 언제나 여성이 하는 편이 좋다.		
	20	부모가 쓰러지면 여성(딸이나 며느리)이 간호해야 한다.		
		예 합계 ( )점		

직장과 가정	21	여성은 집안일이나 자녀양육에 지장을 주지 않고 일하는 것이 좋다.		
	22	여성이 직업을 가지면, 가정일을 소홀히 하게 된다.		
	23	자녀가 어릴 때는 어머니는 일을 하지 않는 것이 좋다.		
	24	남성의 육아휴직은 별로 바람직하지 않다.		
	25	여성의 직업과 가정의 양립문제로 고민하면, 아쉽지만 퇴직하라고 권한다.		
		예 합계( )점		
여가사회활동	26	데이트 비용은 대체로 남성이 부담한다.		
	27	가족이 쉬는 휴일, 여성은 오히려 바쁘다.		
	28	남성은 휴일에도 취미라든지 직장동료와의 만남이 중요하다.		
	29	남성은 노후에도 계속 할 수 있는 취미를 가지고 있지 않다.		
	30	지역활동, 자원활동은 여성이 적합하다.		
		예 합계 ( )점		

젠더 체크리스트 점수

- 0~5점 : 성역할에 구애받지 않고 객관적이시군요. 양성평등한 사회를 만드는 데 힘을 발휘해 보세요.
- 6~15점 : 일상생활에서 성역할 고정관념이 발휘되는군요. 젠더 관심을 기준으로 일상생활에 관심을 가져 보세요.
- 16~30점 : 성역할 고정관념이 있습니다. 일상생활에서 성역할 고정관념이 얼마나 있는지 어떻게 나타나는지 점검해 보세요.

출처 : 한국여성정책연구원. 성인지적 교육 프로그램 개발.

CHAPTER 04

사랑의 기술

1. 사랑의 의미
2. 사랑의 이론
3. 사랑의 기술

04 사랑의 기술

1 사랑의 의미

사랑이란 과연 무엇일까? 사랑을 정의하고 사랑에 관해서 설명하기는 쉽지 않다. 그러나 많은 사람들은 인생을 살면서 사랑을 하고 싶어 하고 사랑을 통해서 결혼을 결심하게 되는 중요한 동기가 되며, 사랑은 모든 사람의 삶을 풍요롭고 행복하게 해준다는 것은 의심할 여지가 없다.

많은 학자들은 사랑에 대한 정의를 내리고 있으며, 프롬(Fromm)은 "인간이란 근본적으로 고독한 존재이며, 그 고독과 공허함을 극복하기 위하여 사람은 사랑을 한다"고 하였다. 그의 저서 『사랑의 기술』을 통해서 사랑은 저절로 이루어지는 것이 아니라 기술이라는 측면을 강조하였다. 또한 페르(Fehr)는 사랑의 특성으로 신뢰감, 지지, 충실성, 존중, 돌봄, 상대방과 함께 있기를 원하는 것, 헌신, 정직성, 상대방이 잘되도록 마음 쓰는 것, 상대방에 대한 관심, 상대방의 방식을 받아들이는 것, 우정 등 12가지를 말하고 있으며, 그중 가장 중요한 요소가 신뢰감이라고 하였다. 루빈(Rubin, 1973)은 일반적으로 사람들이 사랑이라고 밝히는 네 가지 감정을 다음 참고자료와 같이 설명하고 있다.

최혜경(2004)의 연령대에 따른 사랑의 의견을 조사한 결과를 살펴보면 세대마다 사랑에 대한 정의를 다르게 해석하고 있는 것을 알 수 있었다. 10대는 사랑에 대한 환상과 기대가 표현적이고 추상적인 묘사가 대부분이며, 20대의 사랑은 열정적이고 낭만적인 사랑의 의미가 강하게 나타났다. 30~40대는 과정으로서의 사랑과 동시에 책임감을 강조하며, 20대와 달리 서로 아껴주는 것에 대한 의미

루빈(Rubin, 1973)이 사랑이라고 밝힌 네 가지 감정

① 상대방이 도와주기를 원하고 돌보는 것
② 상대방이 나를 생각해 주고 나에게 마음 쓰기를 갈망하는 것
③ 서로 속 깊은 이야기를 털어놓을 수 있을 만큼 상대방을 신뢰하는 것
④ 결점을 포함해서 상대방을 너그럽게 받아들이는 것

출처 : Rubin, Z.(1973). Liking and Loving : An Invitiation Social Psychology. NY : Holt, Rincebart and Winston.

와 책임감에 포함된 친밀감을 중요시하고 있다. 50대는 책임감의 의미 속에 친밀감이, 60대는 인생을 관조하는 입장에서 열정보다는 책임감과 친밀감의 의미를 강하게 나타내고 있다고 조사되었다(최혜경, 2004).

많은 사람들은 사랑을 하면서도 각자의 사랑의 의미와 기술의 차이로 사랑하는 사람들 간에 오해를 하고 미워하기도 하며 결국 헤어지는 경우도 많다.

그렇다면 사랑의 의미를 한마디로 규정할 수는 없지만, 각자가 생각하는 사랑의 의미를 파악하는 것이 중요하며, 사랑하는 사람의 사랑의 의미를 이해함으로써 보다 성숙한 사랑으로 나아가는 것이 중요하다고 생각된다.

2 사랑의 이론

1) 스턴버그의 사랑의 삼각형 이론

스턴버그(Sternberg)는 사랑의 삼각형 이론에 대해서 사랑은 친밀감, 열정, 헌신이라는 세 가지 요소로 구성되어 있다고 말하고 있다(Sternberg, 1993). 사랑의

삼각형이 정삼각형일수록, 크기가 클수록 완전한 사랑에 가깝다고 말하고 있다. 스턴버그는 사랑의 3요소는 시간의 변화에 따라 각기 다르게 발달함을 |그림 4-1|을 통해서 설명하고 있다. 열정은 처음에는 절정에 이르렀다가 시간의 흐름에 따라 감소하고 있음을 알 수 있고, 친밀감과 헌신은 다른 속도로 발전하지만 시간이 흐름에 따라 점점 증가함을 알 수 있었다.

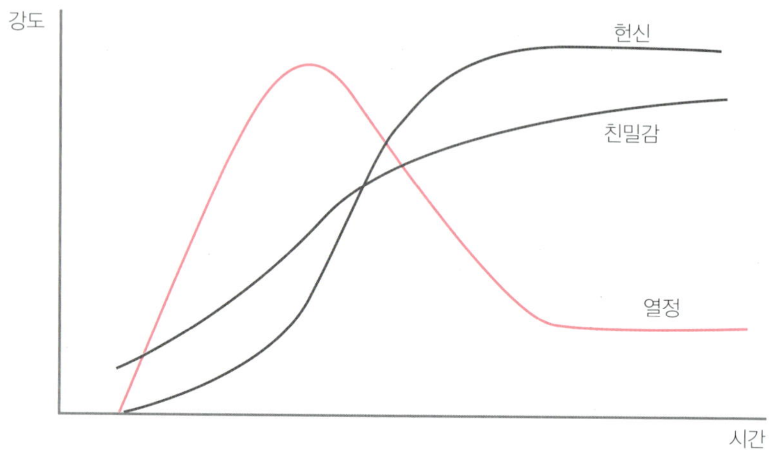

|그림 4-1| 시간 경과에 따른 사랑의 과정

출처 : Welten, W., & Lioyde, M. A.(1977). Applied Psychology to Modem Life, p. 254.

(1) 사랑의 3요소

① 친밀감(intimacy) : 사랑하는 이와 느끼는 정서적인 일체감을 말한다. 관계가 가깝고, 따뜻하게 연결되어 있다는 느낌을 표현하며 연인이나 가족, 친구 사이에도 느낄 수 있는 따뜻한 감정이다.

스턴버그가 말하는 친밀감을 나타내는 10가지 징표는 다음과 같다.

- 사랑하는 사람의 행복을 증진시키고자 하는 열망

- 사랑하는 사람과 함께 있을 때 느끼는 행복
- 사랑하는 사람을 존중하는 마음
- 어려울 때 사랑하는 사람에게 기댈 수 있는 것
- 사랑하는 사람과 서로 이해하는 것
- 자신 및 자신의 소유물을 사랑하는 사람과 함께 나누고 갖고 싶은 것
- 사랑하는 사람으로부터 정서적 지지를 받는 것
- 사랑하는 사람에게 정서적 지지를 주는 것
- 사랑하는 사람과 친밀한 의사소통을 하는 것
- 자신의 생활에서 사랑하는 사람의 가치를 높이 평가하는 것

② 열정(passion) : 사랑하는 관계에서 나타나는 낭만이나 육체적 측면에서의 강한 매력이나 욕망이다. 그러나 열정은 친밀감과는 달리 금방 뜨거워지고 얼마 못 가서 식어버리는 경우도 많다. 학자들은 이런 열정의 시기를 900일로 말하면서 1년이 지난 후에는 열정의 50%가 감소하게 된다고 말하고 있다(김양희 외, 2011). 많은 경우 이와 같은 성적 욕구가 열정의 주요 부분을 차지하지만, 자존감, 타인과의 친화, 타인에 대한 지배나 복종 같은 욕구들이 열정을 일으키기도 한다. 사랑하는 사람과 관계하기 위해서는 생리적 차원에서의 욕구나 흥분의 정도가 높아야 한다.

③ 결심(decision)/ 헌신(commitment) : 결심/ 헌신은 인지적 속성으로 단기적인 것과 장기적인 두 측면으로 구성되어 있다. 사랑의 단기적인 요소는 결심이며 장기적인 요소를 헌신이라고 할 수 있다. 헌신은 관계의 초기부터 빠르게 발달하지만, 시간이 지날수록 그 비중이 더 커지며 헌신은 오랫동안 사랑을 지속시키겠다고 약속하는 장기적인 측면이고 책임감이다. 자녀에 대한 부모의 사랑이나 오랜 기간 동안에 걸친 부부간의 사랑도 헌신에 해당한다. 그러므로 사랑의 이 요소를 인지적 요소라고 한다(김용미, 2011).

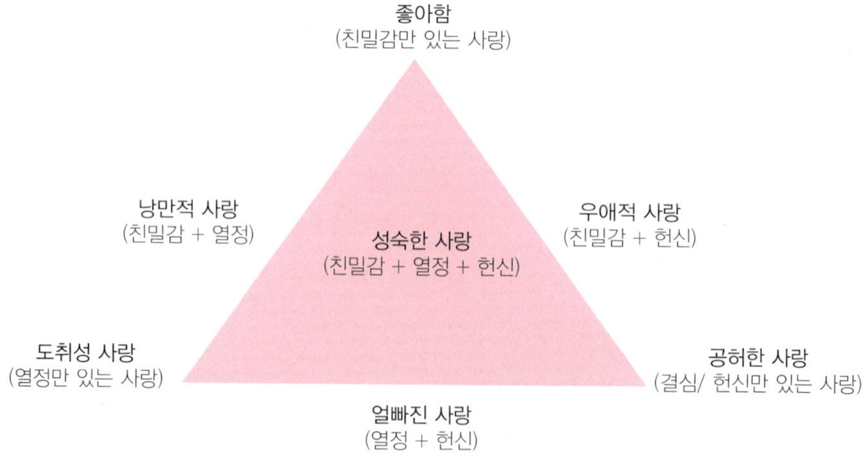

| 그림 4-2 | 세 가지 사랑의 요소를 조합하여 나타낸 사랑의 종류

출처 : Sternberg, R. J.(1986). A Triangular Theory of Love. Psychological Review, 93, 119-135.

스턴버그는 사랑의 3요소가 조합하여 각기 다르게 발달하여 여덟 가지 사랑의 유형이 나타남을 설명하고 있다(이기숙 외, 2001; 정현숙 · 유계숙 · 최연실, 2003).

① 사랑이 아님(비사랑) : 사랑도 우정도 아닌 단지 피상적이며 단편적인 관계로 사랑의 세요소가 없는 상태를 말한다.

② 좋아함 : 열정과 결심/ 헌신 요소가 결여된 채 친밀감 요소만 있는 경우를 말하며 친구들과의 관계에서 경험하는 것 같은 감정들로 강한 열정이나 장기적인 헌신 없이도 상대에 대한 친밀감이나 따뜻함 같은 것을 느낄 수 있는 관계를 말한다.

③ 도취성 사랑 : 열정 요소만 있는 경우를 말하며 이 사랑은 '첫눈에 반한 사랑' 또는 상대를 이상화시켜서 보기 때문에 홀린 듯한 상태가 되어 다른 일에 투자해야 할 시간과 정력, 동기 등을 잃게 한다. 도취성 사랑은 사랑의 관계가 비대칭적이라는 것이다. 비대칭적이 클수록 그 관계가 더욱더 긴장에 노출되기 쉽고 사랑에 빠진 사람은 스트레스에 빠지기 쉽다.

④ 공허한 사랑 : 친밀감이나 열정이 전혀 없이 상대를 사랑하겠다는 결심/ 헌신만 있는 유형을 말하며, 예를 들면 중매결혼을 할 경우 상대방에 대한 친밀감은 없지만 서로 간에 헌신하겠다는 결심으로 관계를 시작하는 경우가 전형적으로 공허한 사랑의 유형이다.

⑤ 낭만적 사랑 : 친밀감과 열정의 요소가 결합되어 있고 헌신의 요소가 없는 유형이다. 보통 이성관계의 첫 번째 단계에 경험하는 사랑의 유형일 경우가 많다. 육체적 매력이나 그 밖의 매력이 첨가되어 서로에게 육체적 · 감정적으로 밀착되어 있으나, 그 관계의 지속성에 대해서는 의심할 수 있다.

⑥ 우애적인 사랑 : 친밀감과 결심/ 헌신의 요소만 결합되어 있고 열정의 욕구가 없는 사랑의 유형은 우애적인 사랑이다. 대부분의 낭만적 사랑은 차츰 열정이 없어지기 시작하나 친밀감은 남아 있어서 우애적 사랑으로 변하는 경우를 들 수 있다.

⑦ 얼빠진 사랑 : 열정과 결심/ 헌신의 요소가 결합되면 사랑의 유형으로 여기에는 친밀감 요소가 결여되어 있다. 즉, 남녀가 어느 날 만나 곧 서로 약혼하고 또 곧 결혼하는 경우, 상대에 대한 친밀감을 형성할 겨를도 없어서 헤어지기 쉽다. 도취적 사랑과 비슷하다.

⑧ 성숙한 사랑 : 친밀감과 열정과 결심/ 헌신의 요소가 모두 존재할 때 성숙한 사랑을 의미한다. 사랑의 세요소가 균형 있게 존재할 때 가능한 사랑이며, 낭만적 관계에 있는 사람들이 도달하려고 노력하는 종류의 사랑이고, 지키기는 더욱 어려운 사랑이다.

〈표 4-1〉 사랑의 삼각 이론에 대한 유형

사랑의 종류	친밀감	열 정	결심/ 헌신
1. 사랑이 아님(비사랑)	−	−	−
2. 좋아함	+	−	−
3. 도취성 사랑	−	+	−

4. 공허한 사랑	−	−	+
5. 낭만적 사랑	+	+	−
6. 우애적 사랑	+	−	+
7. 얼빠진 사랑	−	+	+
8. 성숙한 사랑	+	+	+

※ 주 : + 는 요소가 있음. −는 요소가 없음. 실제 대부분의 사랑은 여덟 가지 사랑의 범주들 사이에 놓이게 될 것이다. 이는 실제 사랑은 어떤 사랑의 요소가 단순히 있고, 없다는 차원이 아니라 어느 요소가 많고 적다로 나타나기 때문이다.

출처 : Sternberg, R. J.(1986). A Triangular Theory of Love. Psychological Review, 93, 119−135.

> 사랑의 손길이 가장 적게 닿는 곳에
> 가장 많은 사랑이 필요하다.
> 사랑은 전율할 수밖에 없는 행복이다.
>
> −칼릴 지브란−

나의 사랑의 삼각형 척도는?

☞ 각 문항을 읽고 자신의 경우와 일치하는 정도를 아래의 척도 1~9 중 알맞은 번호에 V표 하시오.

1	2	3	4	5	6	7	8	9
전혀 그렇지 않다		대체로 그렇지 않다		보통 그렇다		대체로 그렇다		전적으로 그렇다

1. 나는 그(녀)의 행복을 적극적으로 지지한다.	1 2 3 4 5 6 7 8 9
2. 나는 그(녀)와 다정한 관계를 맺고 있다.	1 2 3 4 5 6 7 8 9
3. 그(녀)가 필요할때 그(녀)에게 기댈 수 있다.	1 2 3 4 5 6 7 8 9
4. 그(녀)는 내가 필요할 때 나한테 기댈 수 있다.	1 2 3 4 5 6 7 8 9

5. 나 자신과 내가 소유한 것들은 그(녀)와 기꺼이 나누고자 한다.	1 2 3 4 5 6 7 8 9
6. 나는 그(녀)에게서 정서적으로 많은 지지를 받고 있다.	1 2 3 4 5 6 7 8 9
7. 나는 그(녀)를 정서적으로 많이 지지하고 있다.	1 2 3 4 5 6 7 8 9
8. 나는 그(녀)와 의사소통이 서로 잘된다.	1 2 3 4 5 6 7 8 9
9. 나는 삶에서 그(녀)를 매우 소중하게 생각한다.	1 2 3 4 5 6 7 8 9
10. 나는 그(녀)를 친밀하게 느낀다.	1 2 3 4 5 6 7 8 9
11. 나는 그(녀)와의 관계를 편안하게 느낀다.	1 2 3 4 5 6 7 8 9
12. 나는 그(녀)를 진실로 이해한다고 느낀다.	1 2 3 4 5 6 7 8 9
13. 나는 그(녀)가 나를 진실로 이해한다고 느낀다.	1 2 3 4 5 6 7 8 9
14. 나는 그(녀)를 정말로 믿을 수 있다고 느낀다.	1 2 3 4 5 6 7 8 9
15. 나 자신의 극히 사적인 부분까지도 그(녀)에게 털어 놓는다.	1 2 3 4 5 6 7 8 9
16. 나는 그(녀)를 보기만 해도 흥분이 된다.	1 2 3 4 5 6 7 8 9
17. 나는 하루에도 몇 번씩 그(녀)를 생각하고 있는 자신을 발견하곤 한다.	1 2 3 4 5 6 7 8 9
18. 나와 그(녀), 우리 둘의 관계는 매우 낭만적이다.	1 2 3 4 5 6 7 8 9
19. 나는 그(녀)가 나에게 매우 매력적인 사람이라고 생각한다.	1 2 3 4 5 6 7 8 9
20. 나는 그(녀)를 나의 이상형으로 생각한다.	1 2 3 4 5 6 7 8 9
21. 세상에서 그(녀)처럼 나를 행복하게 만드는 사람은 아마 없을 것이다.	1 2 3 4 5 6 7 8 9
22. 나는 다른 어떤 사람보다도 그(녀)와 함께 있고 싶다.	1 2 3 4 5 6 7 8 9
23. 그(녀)와의 관계보다 더 중요한 것은 이 세상에 없다.	1 2 3 4 5 6 7 8 9
24.나는 그(녀)와 신체적으로 접촉하는 것을 특히 좋아한다.	1 2 3 4 5 6 7 8 9
25. 그(녀)와의 관계에는 뭔가 마법에 걸린 듯한 점이 있다.	1 2 3 4 5 6 7 8 9
26 나는 그(녀)에게 흠뻑 빠져 있다.	1 2 3 4 5 6 7 8 9
27. 그(녀)없는 인생은 나는 상상할 수 없다.	1 2 3 4 5 6 7 8 9
28. 나는 그(녀)와 열렬한 관계에 있다.	1 2 3 4 5 6 7 8 9
29. 낭만적인 영화나 책을 보면 그(녀)를 생각하게 된다.	1 2 3 4 5 6 7 8 9

30. 나는 그(녀)에 대한 환상에 사로잡히곤 한다.	1 2 3 4 5 6 7 8 9
31. 내가 그(녀)에게 마음을 쓰고 있다는 것을 나는 안다.	1 2 3 4 5 6 7 8 9
32. 나는 그(녀)와의 관계를 지속시키기 위해 최선을 다하고 있다.	1 2 3 4 5 6 7 8 9
33. 나는 그(녀)와의 사랑을 지키기 위해 다른 사람이 우리 사이에 끼어들지 않도록 할 것이다.	1 2 3 4 5 6 7 8 9
34. 나는 그(녀)와 헤어지지 않을 자신이 있다.	1 2 3 4 5 6 7 8 9
35. 어떠한 것도 그(녀)에 대한 나의 사랑을 막을 수 없다.	1 2 3 4 5 6 7 8 9
36. 그(녀)에 대한 나의 사랑은 확고하다고 생각한다.	1 2 3 4 5 6 7 8 9
37. 나는 그(녀)에 대하여 언제나 강한 책임감을 가질 것이다.	1 2 3 4 5 6 7 8 9
38. 그(녀)에 대한 나의 사랑은 확고하다고 생각한다.	1 2 3 4 5 6 7 8 9
39. 그(녀)와 헤어진다는 것은 상상도 할 수 없다.	1 2 3 4 5 6 7 8 9
40. 나는 그(녀)에 대한 나의 사랑을 확신한다.	1 2 3 4 5 6 7 8 9
41. 나는 그(녀)와의 관계가 영원할 것이라고 생각한다.	1 2 3 4 5 6 7 8 9
42.그(녀)를 사랑하기로 결심한 것은 잘한 결정이라고 생각한다.	1 2 3 4 5 6 7 8 9
43. 나는 그(녀)에 대해 책임감을 느낀다.	1 2 3 4 5 6 7 8 9
44. 나는 그(녀)와의 관계를 계속 유지할 생각이다.	1 2 3 4 5 6 7 8 9
45. 설혹 그(녀)와 갈등이 생긴다 해도 나는 우리의 관계를 계속 유지할 것이다.	1 2 3 4 5 6 7 8 9

계산방법 : 1~15번, 16~30번, 31~45번까지의 점수를 각각 합산하여 15로 나눈 평균값 세 개가 자신의 친밀감 점수, 열정 점수, 그리고 결심/ 헌신 점수이다. 이 세 점수를 이용하여 삼각형의 중심이 되는 한 점(0)점을 기준으로 120도 간격으로 세 방향으로 각 요소의 점수만큼 선을 그리고, 그리고 세 선분이 끝나는 바깥쪽의 세 점들을 연결하면 자신의 사랑의 삼각형이 완성된다. 삼각형의 크기와 모양을 살펴보고 사랑의 삼각형 이론을 근거하여 자신의 사랑을 진단할 수 있다.

2) 리(Lee)의 사랑의 유형

캐나다의 사회학자 리(Lee, 1973)는 사랑을 정의할 때 색깔에 비유하였는데, 다른 색깔을 가진 사랑을 구분할 수 있어야 한다고 말하고 있다. 예를 들면, 빨간색의 옷이 가장 잘 어울리는 사람이 "빨간색만이 진짜 색이다"라고 주장할 수 없는 것처럼 '진정한 사랑'을 이야기할 때도 '이런 사랑이 진짜야'라고 주장할 수는 없다는 것이다(Lee, 1977). 그리고 리는 사랑을 다양한 색깔에 비유하고 있으며 사람마다 색에 대한 선호가 다르듯 사랑 또한 선호하는 유형이 다양하게 나타날 수 있음을 말하고 있다.

사랑을 색깔에 비유한 또 다른 의미는 대인관계적인 차원으로 서로 어울리는 색깔이 있듯이 각자 선호하는 사랑의 유형을 가진 두 사람이 함께 만났을 때 서로 어떻게 배합되고 어울리며, 또 어떻게 서로 어울리도록 배울 것이냐가 중요하다고 보고 있다. 리는 색깔에 삼원색이 있으면 이 색들을 배합하여 다양한 색깔이 만들어지듯이, 사랑도 1차 유형과 2차 유형으로 구분하여 설명하고 있다. 1차 사랑의 세 가지 기본 유형은 에로스(Eros), 루더스(Ludus), 스토르게(Storge)가 있으며, 2차적인 사랑의 유형은 1차적 기본색의 특성이 녹아 있는 마니아(Mania), 프래그마(Pragma), 아가페(Agape)로 만들어진다고 말하고 있다. 일반적으로 사랑하는 두 사람의 사랑 유형이 색환에서 인접해 있을수록 인접성의 원리에 따라 서로 조화를 이루게 된다. 물론 같은 유형끼리 가장 잘 조화를 이루기도 하지만 유형이 비슷하면 서로에 대해 흥미를 잃거나 지루해질 수 있는 점도 있다. 그러나 인접성의 원리에는 한 가지 예외가 있는데 마니아와 루더스는 인접해 있지만 사랑의 정의가 틀려서 행복감을 느끼지 못할 수도 있다. 그러나 유감스럽게도 두 유형은 서로에게 운명처럼 매력을 느끼기 때문에 많은 어려움과 문제를 일으킴에도 불구하고 현실 속에서 두 유형의 만남은 계속 존재하고 있다(최혜경 외, 2004). 사람들은 살아가는 동안 한 종류의 사랑만을 하는 것은 아니며 살아가면서 인생의 발달단계나 성장의 국면에서 다른 모습의 사랑을 할 수도 있다. 또한 어느 시점에서 사람들이 하는 사랑이 순수히 한 유형에 속하는 것이 아니고 대개의 경우는 여러 종류의 성질들이 혼합된 사랑을 하게 된다(김중술, 1992).

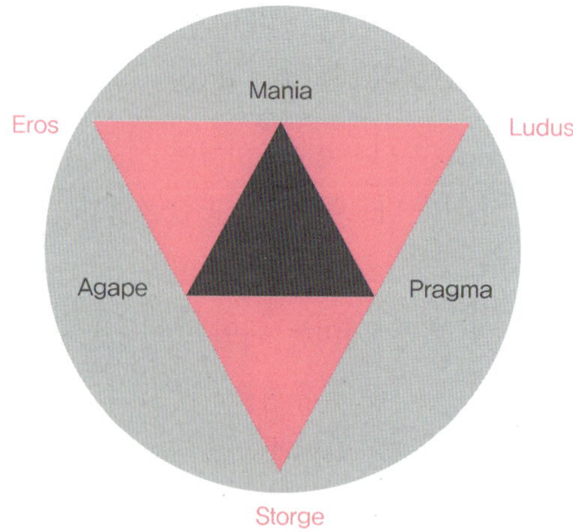

| 그림 4-3 | 사랑의 일차색과 이차색

출처 : Sternberg, et al.(2001). 사랑의 심리학. 하우, p. 24.

(1) 사랑의 1차색

① 에로스(Eros : 낭만적 사랑, Romantic, Passionate Love)

고대 그리스 신화에서 나온 에로스의 화살에 맞은 사람은 처음 보게 되는 상대에게 한눈에 사랑에 빠진다는 신화에서 유래된 사랑의 유형이다. 이 유형의 사랑을 하는 사람은 신체적인 매력에 끌림으로 첫눈에 반해버린 사랑을 한다. 이 유형은 강력하면서도 육체적인 자극을 추구하는 관계를 원하기 때문에 자신과 상대방의 빠른 노출을 원하고 상대방을 자주 만나기를 원하며 이상적인 연인을 만나서 함께 사는 것이 삶에서 가장 중요하다고 생각한다. 이들은 사랑을 위해서는 어떠한 희생이라도 할 수 있는 준비가 되어 있다(Lee, 1988, 정효택, 1988 재인용). 이들은 이상적인 연인을 만나서 함께 사는 것을 삶에서 가장 중요하게 생각하고 상대방을 소유하려 하지 않는다. 낭만적 사랑을 하는 사람은 자신의 어린 시절이 행복했었다고 생각하고 일을 즐기는 타입이며, 사랑을 위하여 위험을 감수할 준비도 되어 있다.

② **루더스(Ludus : 유희적 사랑, Playful Love)**

루더스(ludus)는 라틴어로 '놀이'를 뜻한다. 유희적 사랑을 하는 사람은 정서적 관계란 즐기기 위한 도전이며, 이기기 위한 시합이라고 생각하는 사랑이다. 루더스적인 사랑에서는 사랑하는 연인관계를 성을 즐기는 쾌락의 관계로 생각하기도 한다. 사랑에 깊이 빠지기보다 사랑을 놀이로 생각하며, 사랑을 재미로 하며 사랑에 대해 심각하게 생각할 것은 하나도 없다고 여긴다. 사랑하는 사람을 만나는 데 신중을 기하지 않고 쉽게 만나고 헤어지고 사랑을 위해 헌신할 생각이 없는 유형이다.

그들은 여러 명의 파트너들을 동시에 사랑하는 데서 아무 모순도 느끼지 않으며, 삶에서 사랑이 중요하다고 여기지도 않는다. 이 유형의 사랑을 하는 사람은 어린 시절이 평범했었다고 여기지만 어른이 되어서는 좌절을 겪을 때가 종종 있다. 루더스적인 사랑을 하는 사람들은 사랑이 삶에서 중요한 것이라 생각하지 않으며 언제든지 다른 대상을 찾아 떠날 준비가 되어 있는 사람이다. 상대방에게 지나치게 몰입하려 하지 않으며 상대방이 지나치게 몰입하거나 질투에 빠지는 것을 부담스럽게 생각한다.

③ **스트로게(Storge : 친구 같은 사랑, Friendship, Companionate Love)**

고내 그리스어 'Storgay'는 "형제자매 간이나 놀이 친구 사이에 시간이 흐르면서 서서히 무르익은 사랑의 감정"을 뜻한다. 이 사랑은 대개 좋은 친구관계에서 시작하여 사랑으로 발전된 유형이다. 따라서 사랑 때문에 잠 못 이루는 밤을 지내거나 하는 사랑에 대한 열정적인 요소는 매우 약하지만 점차 자연스럽게 사랑으로 발전하는 경우이다. 또한 특별히 좋아하는 신체 유형이 있는 것도 아니고, 애인이 없다는 것에 대해 걱정을 하는 것도 아니며, 시간이 흐르면 만나게 될 것이라고 생각하는 유형이다. 지나친 서로에 대한 감정표출보다는 공유할 수 있는 관심사에 대해 이야기하는 것을 더 좋아하는 편이다. 배우자와 성관계를 갖기 전에 친구로서 알아가는 과정이 중요한 사랑이다. 사랑 자체가 인생의 목표가 아니라 우정과 가정이라는 틀에서 사랑을 보는 관점을 갖는다. 스트로게식 사랑을 하는 사람은 주로 식구가 많고 서로를 격려해 주는 가족에서 자란 경험이 많거나, 안정되고 서로를 격려해 주는 공동체 안에서 성장한 사람들이 대부분이다.

(2) 사랑의 2차색

① 마니아(Mania : 광적 사랑, 소유적 사랑, Possessive, Dependent Love)

고대 그리스 말로, 'theia mania'(신으로부터 내려오는 광기)라는 표현을 가지고 있으며, 광적이면서 중독된 사랑을 의미한다. 이들의 사랑은 자기가 상대를 사랑하는 만큼 사랑을 받지 못할지도 모른다는 두려움을 가지고 있어서 상대를 사랑하는 데 장애가 되기도 한다.

마니아적 사랑을 하는 유형들은 사랑의 자극과 모험을 경험해 보거나 열렬히 소망하는 젊은이들에게서 많이 찾아볼 수 있다. 그러나 중년의 나이까지 마니아적 사랑을 경험하지 못한 경우 스트로게식 결혼에서 흥미를 잃은 후 갖게 된 연애사건에서 마니아를 경험하게 되면 십대보다 더욱 불안할 경우가 많다. 마니아적 사랑은 사랑을 표현하는 행위에 일관성이 없는 경우가 많고 사랑을 증명하기 위해서 극단적인 질투심을 보이거나 상대방에게 더 많은 헌신과 애정을 요구하기도 하며, 대부분 상대방과의 성관계에서 만족하지도 않고 평온을 얻지도 못하면서 자기 스스로의 관계를 끊지 못하여 항상 상대방이 관계를 끊도록 하는 경우가 많다.

마니아적 사랑을 하는 유형들은 어린 시절이 불행했다고 기억되는 경우가 많아서 어른이 되서도 외로움을 많이 타거나 사랑할 필요를 강하게 느끼면서도 사랑하는 것에 대한 두려움을 많이 가지고 있는 유형이다. 어떤 유형을 자신이 좋아하는지에 대한 확신이 없는 경우도 많으며 본인과 잘 어울리지 않는 특성을 지닌 사람을 찾아다니기도 한다.

② 프래그마(Pragma : 실용적 사랑, 논리적 사랑)

그리스어인 'Pragmatic'에 어원을 둔 프래그마는 루더스와 스토르게가 혼합된 형태의 사랑이다. 프래그마적 사랑을 하는 사람들은 자신에게 어울리는 상대를 만나기 위해 목록을 작성하여 상대를 고르는 것에 만족한다. 상대방의 자질에는 육체적인 특성도 포함되지만 정치, 종교, 사회적 배경이 같은 사람이나 취미나 좋아하는 개인적 관심사도 들어 있다.

따라서 자기와 서로 어울리는 배경과 관심사를 지닌 상대를 찾기 때문에 상대를 제대로 알기 전에는 미래에 대한 어떠한 말도 하지 않으며 어울리는 상대를 만난다는 것은 이들에게서 노력을 기울여 해결해야 할 현실적인 문제로 생각한다. 이러한 프래그마식 사랑은 부모님 세대가 이용했던 방법으로 중매결혼이 해당된다. 현대에는 중매결혼보다는 다양한 네트워크를 통해서 자신의 배우자감을 찾게 된다.

③ 이타적 사랑(Agape : All-giving, Selfless Love)

이타적 사랑은 에로스와 스토르게가 결합된 형태로 나타나는 사랑의 유형이다. 실제로 배우자를 찾을 때 가장 드물게 나타나는 유형이며 상대방에게 아무 조건 없이 베풀며 받을 것을 기대하지 않는 사랑이다. 아가페적 사랑을 하는 사람은 사랑하는 감정이 없다고 하더라도 사랑하는 대상에게 보살핌을 베풀어야 할 의무를 강하게 느끼며, 상대가 나와의 사랑보다도 다른 사람과의 사랑이 행복하다고 생각하면 사랑의 경쟁자라 하더라도 그 관계를 단념할 수 있는 희생적인 사랑의 유형이다.

나의 사랑은 어떤 색깔 유형일까?

☞ 나의 사랑의 색깔 유형을 찾아봅시다. 자신과 가장 가깝다고 판단되는 점수를 다음의 5점 척도에서 찾아 답해보세요.

1. 전혀 그렇지 않다 2. 별로 그렇지 않다 3. 중간이다 4. 약간 그렇다 5. 매우 그렇다

1. 우리(나와 애인)는 처음 만나자마자 서로에게 끌리기 시작했다.	
2. 나는 애인에게 헌신하고자(마음을 다하고자)하는 결심을 확실하게 해두고 싶지는 않다.	
3. 나는 한참 지나고 나서야 내가 상대방을 사랑하고 있다는 사실을 알게 되었다.	
4. 나는 애인에게 헌신하기로 결심하기 전에 우선 인생이란 어떻게 살아야 하는가에 관해 깊이 생각한다.	
5. 애인과 나 사이에 일이 잘 풀리지 않으면 속이 뒤집혀 소화가 잘 되지 않는다.	
6. 애인이 어려울 때 나는 언제나 그를 도와주려고 한다.	
7. 우리는 서로에게 금방 신체적으로 흥분한다.	
8. 애인이 비록 나에 관해 잘 모르고 있다고 해도 상처를 받지 않을 것이다.	
9. 진실한 사랑이란 상대방을 먼저 보살펴 주는 것이다.	
10. 내 인생을 주도면밀하게 계획하고 나서야 애인을 선택하고자 한다.	
11. 사랑하는 사람과의 관계가 깨지면 너무 우울해져서 자살하고 싶은 생각까지 든다.	
12. 애인이 고통을 당하도록 내버려 두는 것보다 차라리 내가 고통을 당하는 편이 낫다.	
13. 우리의 사랑은 매우 강렬하고 만족스럽다.	
14. 나는 때로 애인을 둘씩 사귀면서 두 사람이 서로 알지 못하도록 한 적이 있다.	
15. 내가 사랑했던 사람과 언제나 친구처럼 지내기를 바란다.	
16. 배경이 비슷한 사람끼리 사랑하는 것이 가장 좋다.	
17. 때로 나는 사랑에 빠져 있다는 것이 너무 흥분되어 잠을 이룰 수가 없다.	
18. 애인이 먼저 행복해야 나도 행복할 수 있다.	
19. 우리는 서로를 위해 존재한다는 느낌이 있다.	
20. 나는 연애사건을 쉽고 그리고 빨리 벗어날 수 없다.	

21. 최상의 사랑은 오랜 우정에서 시작되어 발전한다.
22. 애인을 선택할 때 매우 중요하게 생각하는 점은 애인이 우리 가족의 일원으로 잘 어울리느냐 하는 점이다.
23. 사랑에 빠져 있을 때 나는 어떤 다른 일에도 집중할 수가 없다.
24. 애인이 소망하는 바를 이루도록 하기 위해 나 자신의 소망을 희생할 용의가 있다.
25. 우리는 만나자마자 얼마 안 돼서 신체적인 접촉을 시작하였다.
26. 만약 애인이 내가 다른 사람들에게 했던 몇 가지 일을 안다면 속상해할 것이다.
27. 우리의 사랑은 우정에서 서서히 발전하였다.
28. 파트너를 선택할 때 중요한 것은 그 사람이 좋은 부모가 될 수 있을까 하는 점이다.
29. 애인이 누군가 다른 사람하고 있다는 의심이 들면 나는 견딜 수가 없다.
30. 내가 가지고 있는 것은 무엇이든 애인이 원하는 대로 써도 좋다.
31. 우리는 진실로 서로를 이해한다.
32. 애인이 나에게 너무 의존적이 되려 할 때, 나는 약간 뒤로 물러서고 싶다.
33. 사랑은 진실로 깊은 우정이지, 신비스럽거나 알기 어려운 감정은 아니다.
34. 파트너를 선택할 때 중요한 것은 내 앞길에 도움이 될까 하는 점이다.
35. 애인이 나에게 관심을 기울이지 않으면 나는 전체가 아픈 것 같다.
36. 사랑하는 사람을 위해서라면 모든 것을 참고 견디겠다.
37. 내 애인의 외모는 나의 이상형에 꼭 들어맞는다.
38. 나는 여러 파트너와 사랑놀이 하기를 좋아한다.
39. 내 경우 가장 만족스러운 사랑의 관계는 우정으로부터 발전되었다.
40. 어떤 사람과 가까워지기 전에 내가 그 사람과의 사이에 자녀를 둘 경우 자녀가 좋은 유전형질을 물려받을 수 있을까를 먼저 알아보고자 한다.
41. 애인이 잠시라도 나에게 무관심하면, 나는 그의 관심을 돌리기 위해 이상한 짓을 할 때가 있다.
42. 애인이 나에게 화를 낼 때도 나는 그 사람을 무조건적으로 한없이 사랑한다.

■ 채점방식 : 각 사랑의 유형별 문항은 다음의 표와 같다. 각 문항에 답한 점수를 근거로 하여 사랑의 유형별로 평균치를 산출하고, 평균치가 가장 높은 유형이 자신의 유형이다.

낭만적 사랑	유희적 사랑	친구 같은 사랑	실용적 사랑	소유적 사랑	이타적 사랑
1	2	3	4	5	6
7	8	9	10	11	12
13	14	15	16	17	18
19	20	21	22	23	24
25	26	27	28	29	30
31	32	33	34	35	36
37	38	39	40	41	42

출처 : Hendrick & Hendrick(1986).

3) 사랑의 수레바퀴 이론

레이스(Reiss, 1971)는 사랑을 수레바퀴에 비유해서 설명하고 있다. 레이스는 사랑은 친밀감 형성–자기표출–상호의존–개인욕구충족 단계로 |그림 4-4|의 바퀴처럼 순환의 과정을 거치면서 끊임없이 발전해 나간다고 설명하고 있다.

(1) 친밀감(Rapport) 형성 단계

친밀감 형성 단계는 두 사람이 서로 마음의 문을 열고 편안해하며, 더 깊이 교제하고 싶어 하는 단계이다. 이 단계를 통해서 서로 마음을 열게 되고 우호적 감정을 느끼게 되는 라포(rapport)를 형성하게 된다. 친밀감이 높아지는 요인으로 사회문화적 배경, 교육 수준, 가정환경 등의 요인에 따라 라포가 형성되기도 하지만 개인의 차이에 따라 라포 형성이 어려운 경우도 있다.

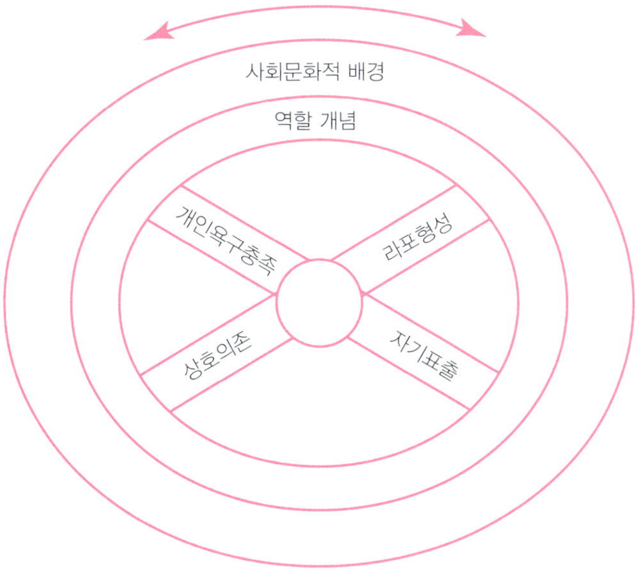

| 그림 4-4 | 레이스의 사랑의 수레바퀴 이론

출처 : Reiss, I. L.(1971). Toward a Sociology of Hetrosexual love Relationship. Marriage and Family Living, 22, 139-145.

(2) 자기표출(Self-revelation) 단계

자기표출 단계는 1단계 친밀감 형성을 한 두 사람이 각자의 생삭이나 감정을 보다 더 노출하는 단계이다. 감정을 나누는 것은 특별한 한 사람에게 국한하기 때문에 자기표출을 통해 관계가 더욱 깊어지고 상대방에 대한 헌신과 상호 간의 신뢰, 그리고 사랑의 느낌을 주고받는 과정에서 자기표출은 증가한다. 루빈(Rubin)은 여성이 남성보다 자기 생각이나 감정을 더 많이 표출하는 경향이 있으며, 보다 더 평등한 성역할 태도를 가진 커플이 자기표출을 더 많이 한다고 하였다(김용미, 2011). 이와 같은 상호 간의 표출이 증가하면 다음 단계인 상호의존의 관계로 발전하게 된다.

(3) 상호의존(Mutual Dependence) 단계

상호의존 단계는 두 사람이 좀 더 많은 시간들을 함께 보내면서 더욱 친밀한 관계를 맺게 되며 상호 의존성의 관계로 발전하게 된다. 두 사람의 관계가 발전하면 서로가 상대방의 정서적 욕구에 반응하게 되며, 상호욕구에 반응하면 친밀감이 크게 향상되고, 서로에게 의존하게 되면 서로의 존재를 필요로 하게 된다. 상호의존 관계가 발전하면 네 번째 단계인 개인욕구 단계로 발전하게 된다.

(4) 개인욕구충족(Fulfillment of Personality Needs) 단계

4단계인 개인욕구충족 단계는 서로 간의 욕구를 만족시켜 주는 단계라고 할 수 있다. 모든 사람은 누구나 사랑하고 사랑받고자 하며, 이해와 지지 그리고 격려받고자 하는 감정적 욕구를 지니고 있다. 서로 간의 관계가 발전함에 따라 두 사람은 각각 상대방의 감정적 욕구에 만족한다는 것을 알 수 있다.

레이스의 수레바퀴 이론 네 단계는 하나의 과정으로 설명할 수 있다. 즉, 두 사람이 라포를 형성하고 자기 자신을 표출하며 서로 의존하게 되고, 결국 개인욕구 실현을 충족시키게 된다. 여기서 수레바퀴의 개념을 적용한 것은 처음에 두 사람이 라포를 형성한 원인은 결국 친밀감의 욕구와 연결되면서 수레바퀴가 돌아가듯이 계속적으로 관계가 진행된다는 것을 의미하기 위해서이다.

수레바퀴 바깥쪽에는 두 개의 원인이 있는데, 맨 바깥에 있는 '사회문화적 배경'의 원과 그 안쪽에 있는 '역할 개념'의 원을 설명하는 배경이 된다. 사랑의 수레바퀴 이론은 사랑을 유지하기 위해서는 자기 자신과 사랑하는 사람에 대한 끊임없는 노력이 계속적으로 필요하다는 것을 보여주고 있다.

사랑의 화학작용

미국 럿거스대 인류학자 헬렌 피셔(Helen Fisher) 교수는 이성 간의 사랑이 3단계를 거치며 인체는 각 단계마다 다른 화학물질의 영향을 받는다고 설명하였다.

갈망→홀림→애착의 3단계 화학작용

- 사랑의 첫 번째 단계는 '갈망'이다. 이때 서로에게 호감을 느끼는 것은 남성호르몬인 테스토스테론과 여성호르몬인 에스트로겐이 많이 분비되기 때문이다. 이 같은 성호르몬은 뇌와 생식기에서 분비되며 생식기능과 성적 욕구에 관여한다.
  이탈리아 피사대 도나텔라 마라치티(Donatella Marazziti) 교수 연구팀은 사랑에 빠진 커플 12쌍의 테스토스테론 수치를 6달 동안 측정한 결과 남성은 테스토스테론 수치가 정상보다 낮았고, 여성은 정상보다 높았다. 마라치티 교수는 "남성은 어느 정도 여성화되고, 여성은 어느 정도 남성화된 것"이라며 "본능적으로 남녀가 서로 간의 차이를 없애려는 것처럼 보인다"고 말했다. 그러나 1~2년쯤 지나자 이들의 테스토스테론 수치가 정상 수준으로 되돌아왔다.
- 두 번째 단계는 '홀림'이다. 이때는 밤낮으로 온통 연인 생각뿐이다. 페닐에틸아민, 엔돌핀, 노르에피네프린, 세로토닌, 도파민 등이 주로 분비된다. 도파민이 많으면 만족감과 자신감이 생기고, 페닐에틸아민이 뇌를 자극하면 마치 상대방에게 홀린 듯한 느낌을 갖는다.
  엔돌핀은 안정적이고 평온한 기분을, 노르에피네프린은 육체적인 쾌감을 느끼게 한다.
  "초콜릿을 먹을 때도 뇌에서 사랑할 때와 비슷한 반응이 일어난다"고 피셔 교수는 밝혔다. 더군다나 사랑의 느낌을 표현하면 반응이 더 활발해졌다. 연인에게 자주 사랑한다고 속삭일수록 애정이 깊어진다는 것이 증명된 셈이다.
- 세 번째 단계는 '애착'이다. 이성 간의 홀림 단계가 영원히 지속되는 못하고 그 후에는 오래된 연인이나 아기를 낳는 부부처럼 서로의 관계가 더욱 끈끈해지는 '애착' 단계로 넘어간다. 영국 런던대 대학원생 안드레아스 바텔스(Andreas Bartels) 연구팀이 젊은 엄마에게 아기와 남편 사진을 보여줬더니 뇌에서 비슷한 부위가 활성화됐다.
  사랑이 성숙할수록 로맨스와 모성애의 경계가 사라지는 것일지도 모르겠다.

사랑에 관여하는 화학물질은?

- 도파민 : 성적 욕구에 관여하는 가장 중요한 신경전달물질, 도파민을 분비하는 신경세포는 섹시한 분위기도 기억한다.
- 세로토닌 : 중뇌와 뇌간에서 분비하며 만족감을 느끼게 하고 성욕을 증가시킨다.
- 멜라닌 세포자극호르몬 : 뇌하수체에서 분비하며 성에 대한 호기심을 유발하고 발기를 일으킨다.
- 옥시토신 : 뇌하수체, 난소, 고환에서 분비되는 호르몬으로 출산 또는 수유할 때, 오르가슴을 느낄 때 분비된다.

- 페로몬 : 이성에게 성적 자극 신호를 보내는 물질로, 동물에서는 발견됐지만 인간에서는 아직 추출되지 않았다. 과학자들은 겨드랑이에 있는 내분비선에서 분비된다고 추측한다.
- 에피네프린과 노르에피네프린 : 부신, 척수, 뇌에서 분비되며 심장 박동을 빠르게 하고 성적 자극과 육체적 쾌감을 촉진한다.
- 에스트로겐 : 난소와 뇌에서 분비되는 여성호르몬으로 배란을 조절하며 도파민의 분비를 촉진시켜 성욕을 느끼게 한다.
- 산화질소 : 성적 흥분 시 생식기 세포에서 분비되며 혈관을 팽창시키고 혈액의 흐름을 증가시킨다. 비아그라나 레비트라 같은 약물은 인공적으로 산화질소 분비를 촉진한다.

출처 : 과학동아(2004. 6). 러브사이언스.

3 사랑의 기술

1) 친밀감

연구에 의하면 친밀감은 사랑의 기술로서 가장 중요한 부분으로 우리가 타인과 친밀하게 지내는 방법을 학습함으로써 사랑하는 사람과 친밀하면서도 건강한 관계를 유지할 수가 있다고 한다. 친밀감(intimacy)은 자신의 내면을 다른 사람과 나누고자 하는 능력이며, 약간의 희생이 있더라도 그 사람에게 헌신하고자 하는 능력으로서 사랑의 전제 조건이다(Lamanna & Riedmann, 1988). 친밀감을 통해서 대다수 사람들과 가깝다는 느낌을 가지며, 사랑하고 사랑받는다는 느낌을 경험할 수 있다.

2) 친밀감의 차이

미국의 심리학자 존 그레이(John Gray, 1995)는 이혼 직전에 있는 수만 쌍의 부부들을 대상으로 상담한 결과를 기초로 쓴 『화성에서 온 남자, 금성에서 온 여자』라는 책에서 남자와 여자는 모든 영역에서 차이점을 보이고 이런 차이점 때문에 남녀 간의 충돌이 일어나며, 이런 충돌을 피하기 위해서는 서로 다르게 자라온 환경의 법칙을 이해하고 상대방을 변화시키는 것보다는 자신과 다르다는 것을 기억할 때 남녀는 조화롭게 지낼 수 있다고 설명하고 있다. 존 그레이는 여성과 남성이 서로 다르게 사회화한 결과 의사소통이나 갈등 해결 방법뿐 아니라 사랑의 욕구에서도 남녀 간에 차이가 있다고 확신하였다.

존 그레이가 말하는 남성과 여성이 생각하는 사랑에 대한 남녀의 차이를 〈표 4-2〉를 통해서 알 수 있다. 남성은 사랑에서 신뢰, 인정, 감사, 찬미, 찬성, 격려를 필요로 하고, 여성은 상대방으로부터 관심, 이해, 존중, 헌신, 공감, 확신을 받고 싶어 함을 알 수 있다.

〈표 4-2〉 사랑의 남녀 차이

남성의 사랑	여성의 사랑
■ **신뢰** 자신이 최선을 다하고 있고 노력하고 있음. 그리고 자신의 능력과 진심에 대한 믿음 ■ **인정** 자신을 변화시키려 하지 않고 있는 그대로의 자신을 받아들이는 것이 인정이며, 인정을 받을 때 사랑을 받는다고 느낌	■ **관심** 자신의 감정에 관심을 보이고 자신의 행복을 진심으로 염려해 주는 것 ■ **이해** 감정표현에 대해 비판하지 않고 공감과 호응을 나타내는 것

■ **감사**

자신의 노력 덕분에 도움을 받고 있고 이익을 얻었음을 인정하는 것. 상대가 감사를 표하면 남성은 자기 노력이 헛되지 않았음을 알고 상대를 보다 존중하게 됨

■ **찬미**

경이와 기쁨, 그리고 즐거움으로 자신을 바라보고 인정해 주는 것. 자신의 독특성을 받아들이고 재능으로 생각해 주는 것

■ **찬성**

자신의 좋은 점을 인정하고 자신에게 전반적으로 만족하고 있음을 표현하는 것. 자신의 어떤 행동에 대해 충분히 그럴 만한 이유가 있었으리라고 생각하고 믿어주는 것

■ **격려**

자신의 능력과 인격을 염려하기보다 신뢰를 표현함으로써 희망과 용기를 불어넣어 주는 것

■ **존중**

자신의 권리와 욕구와 바람을 인정하고 그 해결을 우선적으로 배려하는 것. 상대방의 행동이 자신의 생각과 감정을 고려하는 것

■ **헌신**

상대방이 일이나 공부, 취미생활 같은 자신의 관심사보다 여성의 감정이나 욕구를 중요시하고 우선 순위에 두는 것

■ **공감**

자신의 감정에 이의를 제기하거나 시비를 걸지 않고 그 타당성을 기꺼이 인정해 주고, 그렇게 느낄 권리가 있음을 인정하는 것

■ **확신**

자신에게 지속적으로 관심과 이해, 존중과 공감을 보여주고 기꺼이 헌신할 때 얻게 되는 것

출처 : John Gray(1996) 재정리; 김용미(2011).

사랑과 성에 대한 시각에서도 남녀 간에 차이가 있다. 에리히 프롬(Erich Fromm)은 “사랑은 성적 만족의 결과가 아니며, 오히려 성적인 행복은 성적인 기교가 아닌 사랑의 결과이다”라고 했지만, 사랑과 성을 바라보는 시각에서 남녀 간에 차이가 있다고 보고되고 있다. 남성은 애정과 성을 분리시키려는 경향이 여성보다 더 강한 반면, 여성은 대개 성을 관계적 시각에서 바라본다. 그리하여 성행위를 갖기 전에 관계의 질이나 친밀감의 정도는 남성보다 여성에게 더 중요한 의미를 갖는다. 여성에게 사랑은 또한 자존감과 밀접한 연관이 있다(Strong & DeVault, 1994).

3) 친밀감의 장애요인

자신을 상대방에게 드러내 보이고 상대도 그러할 것이라고 기대하는데, 상대

방이 자신을 드러내지 않으면 어떻게 할 것인가? 다른 사람에 의해 행동이 구속된다는 불안, 사랑하다가 버림받게 되는 것에 대한 불안, 다른 사람에 의해 소유된다는 불안 등 모두 친밀한 관계를 갖고 싶다고 하지만 다른 사람과 아주 친밀해지는 데 대해 강한 공포를 가지고 있는 사람들도 많이 있다. "친밀한 관계에서 가장 위협이 되는 것은 상처받고 그 사람과 헤어지게 되지 않을까 하는 두려움이다(Galvin & Brommel, 1990)." 친밀한 관계, 특히 사랑으로 시작된 결혼관계가 흔히 불행하게 되는 경우가 많은데, 그 까닭은 남들과 친밀감을 유지하고 발전시키는 데 필요한 기술을 습득하지 못했기 때문이다. 친밀감의 형성과 발전은 다음과 같은 몇 가지 요인에 의해 방해를 받을 수 있다(Cox, 1999; Galvin & Brommel, 1999).

친밀감을 방해하는 요인으로 첫째, 거부에 대한 두려움은 친밀감을 방해하는 가장 중요한 요인 중에 하나이다. 사랑하는 사람에게 자신의 마음을 열고 자신의 감정을 표현했을 때 상대방의 마음이 같지 않다면 누구나 거부당할 가능성이 있다. 누구나 친밀해지려고 노력할 때 상대방이 친밀함에 불편을 느껴 거부를 확실히 나타내면 상처를 입게 되고 한번의 상처로 인해 새로운 대상을 만날 때도 마음의 문을 닫게 됨으로써 친밀감이 감소되는 경우가 많다. 특히 아동기의 발달과정 동안 친밀한 관계로부터 거부를 낭한 경험으로 억압된 불안과 두려움이 해소되지 않았을 때 이것은 성인기에 친밀한 관계에 대해 방어적 행동을 하게 하는 잠재적인 요인이 된다(김용미, 2011).

둘째, 낮은 자존감이 친밀감을 방해하는 요인 중 하나이다. 낮은 자존감을 가진 사람은 자기가 불안전하고 자신의 정체성을 잃을 것에 두려움이 큰 경우가 많다. 또한 자신이 부적절하고 약한 존재로 보이지 않을까 하는 두려움 때문에 자신을 방어하는 행동을 하게 되기도 한다. 사랑하는 사람과 친밀한 관계를 갖기 위해서는 낮은 자존감을 높일 수 있도록 자존감 높이는 훈련을 하여 자신의 모습을 사랑할 수 있도록 하는 것이 우선적으로 선행되어야 한다고 본다.

셋째, 친밀감을 방해하는 요인으로 자신의 분노를 조절하는 것이 우선되어야 한다. 분노를 조절하지 못할 때는 사랑하는 사람에게 적대감으로 변하고 친밀감의 장애요인으로 등장하게 된다. 각자 자신의 분노를 잘 조절하고 상대방을 배려하는 입장에서 사랑하는 사람과의 관계를 진전시킨다면 친밀감은 향상될 것으로 생각된다.

4) 친밀감의 기술

▪ 명확한 대화 하기

여성과 남성의 명확한 대화는 남녀 간의 친밀감을 높일수 있다. 명확한 대화를 하기 위해서는 첫째, 말하기 전에 자신의 입장을 구체적으로 정리한다. 둘째, 상대방에게 요구할 때는 중요한 것부터 시작한다. 셋째, 자신의 요구사항은 항상 간결하고 구체적으로 표현한다. 넷째, 상대방에게 명령식으로 말하지 않는다. 다섯째, 상대방을 비난하거나 비판하는 말투로 시작하지 말라(허혜경 외, 2015).

▪ 자신을 있는 그대로 받아들이기

사람은 누구나 장점과 단점을 가지고 있으며 자신을 그대로 받아들이고 인정함으로써 보다 긍정적으로 타인에게 자신을 건강하게 노출시킬 수 있다. 자신을 있는 그대로 받아들이고 사랑하는 것이 우선적으로 선행되었을 때 친밀감의 기술은 향상될 수 있다.

▪ 자기노출 하기

자기노출은 친밀한 관계 형성에 필요하다. 자신에 대해서 보다 정직하게 표현하는 것이 중요하고 상대방과의 관계에서 자신의 감정을 노출했을 때 상대방은 친밀감을 더욱 느낄 수 있다. 갈빈과 브롬멜(Galvin & Brommel, 1990)에 의하면 대부분의 사람들은 자기의 말이 긍정적으로 받아들여질 때, 그리고 즐거운 내용에서 자기노출을 나눌 때 더 높은 수준의 친밀감을 경험할 수 있다고 말한다.

■ 상대방을 있는 그대로 받아들이기

상대방을 있는 그대로 인정하는 자세는 친밀한 관계에 가까이 가게 할 수 있다. 인정하는 메시지는 네 가지 기준을 갖는다. 첫째, 상대방의 존재를 알아주고, 둘째, 상대방의 이야기에 적절하게 반응함으로써 잘 들었음을 알리고, 셋째, 상대방의 자아 경험을 받아들이고, 넷째, 상대방과 기꺼이 관계를 갖고자 함을 표하는 것이다.

■ 상대방을 이해하기

항상 타인의 입장을 잘 살펴보고 상대의 반응에 대해서 다시 반응해 주는 것이 필요하며 상대의 반응에 귀 기울여야 하고 상대의 반응에 관심을 갖도록 지속적으로 노력했을 때 친밀감이 높아질 수 있다.

◇ 사랑에 대한 나의 생각

다음 문항을 읽고 나의 생각의 동의 정도를 표시해 봅시다.
매우 그렇다 : 5점　그렇다 : 4점　보통이다 : 3점　그렇지 않다 : 2점　전혀 그렇지 않다 : 1점

문 항	점수
1. 진정한 사랑은 인생에 딱 한 번 온다.	
2. 운명적인 사랑은 신이 맺이준 사랑이다.	
3. 파트너에 대해 많은 부분(성장환경, 성격, 능력 등)을 점검해 보아야 한다.	
4. 오랫동안 사귀었어도, 파트너가 싫어지게 되면(계속 실망시킨다면) 관계를 깨끗이 정리하는 것도 괜찮다.	
5. 주변에서 파트너와 나와의 만남을 말려도, 내가 사랑한다면 문제될 것이 없다.	
6. 나의 완벽한 이상형은 반드시 나타날 것이다.	
7. 파트너와 나의 모든 의견이 일치해야 한다.	
8. 파트너는 나 외에 다른 것(일, 취미생활 등)보다 나를 가장 소중히 생각해야 한다.	
9. 사랑하는 사이라면 많은 시간을 함께 있는 것이 좋다.	
10. 진정으로 사랑한다면 성관계는 문제되지는 않는다.	
합 계	

채점 및 해석 : 문항별로 표시한 점수를 모두 더한다. 일반적으로 32점 이상이면 사랑에 대한 잘못된 생각을 가지고 있는 것으로 해석할 수 있다.

출처 : 김종운 · 박성실(2016). 인간관계 심리학, p. 154.

MBTI를 통한 나의 사랑 유형 찾기

☞ 당신이 질문에 대한 두 가지 대답 모두에 해당되는 것으로 보인다 하더라도 당신을 가장 잘 설명해 주는 대답 하나를 선택하세요.

1. 나는

E) 다른 사람들에게서 더 많은 에너지를 얻는 경향이 있다.
I) 나 자신의 생각들에서 더 많은 에너지를 얻는 경향이 있다.

2. 사교모임에 있을 때 나는

E) 시간이 지날수록 에너지를 더 많이 얻고, 일단 모임에 참석하면 가장 마지막까지 남는 경향이 있다.
I) 처음에는 에너지를 얻지만 곧 피곤해져서 집에 가려고 하는 경향이 있다.

3. 어떤 표현이 더 끌리는가?

E) 데이트 상대와 함께 나이트클럽이나 파티와 같이 사람들이 많고 사회적 상호작용이 많은 곳으로 간다.
I) 데이트 상대와 함께 집에서 비디오를 보거나 좋아하는 음식을 시켜 먹는 것과 같은 뭔가 특별한 일을 한다.

4. 데이트할 때 나는 대게

E) 전반적으로 말을 많이 하는 편이다.
I) 조용하고 내가 편안하다고 느낄 때까지 말을 하지 않는다.

5. 과거에 나는

E) 파티나 나이트클럽, 직장, 우연한 만남과 같이 바깥에서 무엇인가 하고 있을 때, 혹은 친구들이 나를 자신들의 친구에게 소개시켜 줄 때 나의 데이트 상대들을 만나는 경향이 있었다.
I) 개인적인 소개, 동영상 데이트와 같은 비공식적인 방법을 통해서, 혹은 때때로 가까운 친구와 가족의 개인적인 소개에 의해서 나의 데이트 상대들을 만나는 경향이 있었다.

6. 나는

E) 아는 사람이 많고, 친한 친구가 많다.
I) 소수의 친한 친구가 있고, 아는 사람이 많지 않다.

7. 과거에 내가 사랑했던 사람들과 동료들은 나에게 이렇게 말하는 경향이 있었다.

E) "잠시라도 조용히 있을 수 없나요?"
I) "좀 터놓고 말씀을 해보세요, 네?"

8. 나는 정보를

N) 가능한 것에 대한 나의 상상과 기대를 통해서 더 많이 얻는다.
S) 지금 여기에 대한 나의 현실적인 감각을 통해서 더 많이 얻는다.

9. 나는

N) 나의 직관의 비약을 신뢰하는 경향이 있다.
S) 나의 직접적인 관찰과 실제 경험을 신뢰하는 경향이 있다.

10. 나는 관계를 맺을 때

N) 언제나 개선의 여지가 있다고 믿는 경향이 있다.
S) '만약 그것이 깨어지지 않았다면 바꾸지 말라'고 믿는 경향이 있다.

11. 데이트 상대를 편하게 느낄 때 나는

N) 미래의 발전적이거나 창조적인 것들과 삶의 가능성에 대해 말하는 것을 좋아한다. 예를 들면, 나는 새로운 과학적 발견이나 나의 느낌을 표현하는 더 좋은 방법에 대해 얘기한다.

S) 실제적이고 구체적이며 '지금 여기서'의 주제들에 대해 말하는 것을 좋아한다. 예를 들면, 나는 와인을 맛보는 좋은 요령들이나 내가 가려는 흥미진진한 여행에 대해 말한다.

12. 나는

N) 먼저 큰 그림을 보는 것을 좋아하는 유형의 사람이다.

S) 먼저 세부적인 것들을 파악하는 것을 좋아하는 유형의 사람이다.

13. 나는

N) 현실보다는 상상의 세계에 사는 것을 좋아하는 유형의 사람이다.

S) 상상의 세계보다는 현실 속에 사는 것을 좋아하는 유형의 사람이다.

14. 나는 대개

N) 내가 계속 하려고 하는 데이트에 대해 환상의 나래를 펼치는 경향이 있다.

S) 별로 공상을 하지 않고 단순히 데이트가 예정된 방식으로 진행되도록 하는 경향이 있다.

15. 나는

F) 먼저 내 감정으로 결정하고, 그 다음에 내 논리로 결정하는 경향이 있다.

T) 먼저 내 논리로 결정하고, 그 다음에 내 감정으로 결정하는 경향이 있다.

16. 나는

F) 사람들이 정서적인 지지를 필요로 할 때 그것을 더 잘 알아채는 경향이 있다.

T) 사람들이 비논리적일 때 그것을 더 잘 알아채는 경향이 있다.

17. 누군가와 관계가 깨졌을 때

F) 나는 종종 내 감정이 흘러가는 대로 놔둔다. 그리고 그것을 잊는 것은 나에게 매우 힘든 일이다.

T) 비록 상처로 느낄 수도 있지만, 나는 일단 마음을 정하면 대개 바로 마음에서 그 사람을 정리한다.

18. 누군가와 데이트할 때 나는

F) 감정을 표현하고 다른 사람의 필요에 민감한 것과 같은 정서적 적합성을 중요시하는 경향이 있다.

T) 중요한 생각을 나누고 문제를 객관적으로 토론하고 논쟁하는 것과 같은 지적인 적합성을 중요시하는 경향이 있다.

19. 상대방에게 동의하지 않을 때 나는

F) 그 사람의 감정을 상하게 하는 것을 피하기 위해서 할 수 있는 모든 것을 하고, 그것이 많이 상처가 되더라도 아무런 말을 하지 않을 수 있다.

T) 대개 그것을 말하고 옳은 것은 옳은 것이기 때문에 상대방에게 분명히 전달한다.

20. 나를 아는 사람들은 내가

F) 마음이 따뜻하고 민감하다고 말하는 경향이 있다.

T) 논리적이고 솔직하다고 말하는 경향이 있다.

21. 나는 사람들과의 대부분의 만남을

F) 그 자체로 우호적이고 중요하다고 본다.
T) 목적이 있는 것이라고 본다.

22. 만약 나에게 시간과 돈이 있고 친구가 나를 색다른 곳으로 초대한다면, 나는

J) 먼저 나의 일정을 확인해야만 한다.
P) 두말할 것 없이 가방을 싼다.

23. 첫 번째 데이트에서

J) 만약 데이트 상대가 늦는다면 나는 심란해질 것이다.
P) 보통 나 자신이 늦기 때문에 그것에 대해 염려하지 않는다.

24. 나는

J) 데이트에서 어떤 일이 진행되는지 미리 아는 것을 선호한다. 예를 들어, 어디로 가는지, 그곳에 누가 있는지, 그곳에 얼마나 있을지, 어떤 옷을 입어야 하는지…
P) 데이트가 미리 계획된 것 없이 자유롭게 진행되도록 하는 것을 선호한다.

25. 나는

J) 일정과 조직을 중심으로 돌아가는 삶을 선호한다.
P) 자유로움과 융통성을 중심으로 돌아가는 삶을 선호한다.

26. 이런 경우가 더 많다.

J) 나는 시간에 맞춰 오고, 다른 사람들이 늦는다.
P) 다른 사람들은 시간에 맞춰 오고, 나는 늦는다.

27. 나는

J) 심사숙고해서 분명한 결론을 내리는 것을 좋아하는 유형의 사람이다.
P) 선택의 여지를 남겨 두고 계속 정보를 모으는 것을 좋아하는 유형의 사람이다.

28. 나는

J) 일이 끝날 때까지 한 번에 한 가지 일을 하는 것을 좋아한다.
P) 한꺼번에 여러 가지 일을 하는 것을 즐긴다.

채점하기

각각의 문제에 대해 답하고 아래 빈칸에 그 숫자를 기록하시오. 그리고 각 쌍에서 보다 높은 숫자에 해당하는 글자에 동그라미를 치시오.

E( ) N( ) F( ) J( )
I( ) S( ) T( ) P( )

높은 점수에 해당하는 각 쌍의 글자들이 당신의 가장 강한 네 가지 선호성을 나타내고, 그것들을 결합하면 당신의 사랑유형이 된다. 예를 들어, 당신은 ENFP, 혹은 ISTJ, 혹은 네 가지 글자의 조합에 따라 열여섯 가지 사랑유형 가운데 어떤 것이 될 수 있다.

출처 : 김수경 외(2011).

※ MBTI 사랑유형 찾기(Avila, 2005)의 해석

INFP	INTP	ISFJ	ISFP
INFJ	INTJ	ISTJ	ISTP
ENFP	ENTP	ESFJ	ESFP
ENFJ	ENTJ	ESTJ	ESTP

위의 8개의 알파벳 중 4개의 조합으로 당신의 사랑유형이 결정된다.

- 이상주의적 철학자형(INFP) : 내향 직관 감정 인식형
  "사랑은 조용하고, 평화롭고, 쾌적한 성채다."
- 신비감을 주는 작가형(INFJ) : 내향 직관 감정 판단형
  "사랑은 나의 마음이요, 가슴이요, 영혼이다."
- 사회 철학자형(ENFP) : 외향 직관 감정 인식형
  "사랑은 신비롭고, 영감을 불러일으키고, 즐거운 것이다."
- 성장을 돕는 선생님형(ENFJ) : 외향 직관 감정 판단형
  "사랑은 나의 사랑하는 사람에 의해 소모되는 것이다."
- 학자형(INTP) : 내향 직관 사고 인식형
  "사랑은 단지 또 하나의 관념이다."
- 전문가형(INTJ) : 내향 직관 사고 판단형
  "사랑은 분석되고 완성될 수 있다."
- 혁신가형(ENTP) : 외향 직관 사고 인식형
  "나는 먼저 내 마음속에 사랑을 만들어 낸다."
- 장군형(ENTJ) : 외향 직관 사고 판단형
  "사랑은 힘과 영향력, 성취에 의해 강화된다."
- 돌보는 사람형(ISFJ) : 내향 감각 감정 판단형
  "사랑은 그것을 위해 희생할 만한 가치가 있는 목표다."
- 관리자형(ISTJ) : 내향 감각 사고 판단형
  "사랑은 의무와 책임에 기초한다."
- 성실한 주인형(ESFJ) : 외향 감각 감정 판단형
  "사랑은 다른 사람들을 섬기는 것에 기초한다."
- 전통주의자형(ESTJ) : 외향 감각 사고 판단형
  "사랑은 가족과 전통, 충성이라는 확고한 가치들을 토대로 한다."
- 친절한 예술가형(ISFP) : 내향 감각 감정 인식형
  "사랑은 친절, 자연스러움, 헌신이다."
- 장인형(ISTP) : 내향 감각 사고 인식형
  "사랑은 행동이다."
- 연예인형(ESFP) : 외향 감각 감정 인식형
  "사랑은 현재의 열정을 음미하고 즐기는 것이다."
- 활동가형(ESTP) : 외향 감각 사고 인식형
  "사랑은 항상 흥미진진하고 자극적이어야만 한다."

05 CHAPTER

이성의 선택

1. 이성교제란?
2. 이성교제의 기능
3. 이성교제의 문제
4. 배우자 선택 이론
5. 배우자 선택에 영향을 미치는 요인
6. 배우자 선택을 위한 고려사항

05 이성의 선택

1 이성교제란?

이성교제란 '서로를 알게 되는' 과정에서 하게 되는 다양한 활동과 단계를 뜻하는 일반적인 용어이다. 이성교제를 통해서 이성과의 친밀한 관계를 발달시켜서 결혼동기가 되기도 하지만 이성교제를 통해서 결혼에 대한 기대치가 달라지기도 한다. 남녀에게 이성교제는 사회화의 중요한 역할을 하게 되고 이성을 대하는 데 중요한 기술을 발달시키고 연습시키는 기회를 제공하기도 한다. 남녀가 교제하는 양상이나 태도는 사회마다 그 문화적 배경이 다르기 때문에 일정하지 않다. 서구 사회에 있어서도 1920년 이전의 여자들은 가정 내에서 폐쇄된 생활을 해왔고 남자들과의 공식적인 교제도 없었다. 그러나 산업혁명 이후 대량 생산을 필요로 했던 공장이나 사회에서 여자들의 취업을 요구하였고, 기계 문명의 발달로 인한 사회의 변화는 가족 중심의 생활 형태로 전환시켜 개인 대 개인의 접촉이 증가하였다. 남녀공학 제도나 전화, 텔레비전, 영화, 소설 등 매스컴의 발달은 남녀의 접촉을 보다 쉽게 만들었고 이성에 대한 낭만적 의식을 자라게 하였다(유영주 외, 1996).

최근에는 이성교제를 하는 연령대는 점차 낮아지고 있는 추세를 보이고 있으며 미성년자인 아동이나 청소년기의 이성교제는 친구관계와 함께 대인관계의 한 측면으로서 중요한 의의를 가지게 된다. 청년기의 이성교제에 대한 연령별 분화 과정을 보면 다음 〈표 5-1〉과 같다(김양희 외, 2011).

〈표 5-1〉 연령별 이성교제 특성

연령	특성
12~15세	• 아직 이성교제에 대한 낭만적 관계를 수용하지 못하는 시기이기 때문에 절대적인 관심을 끌지 못한다. • 이성교제도 남학생과 여학생이 단체로 학교나 학교 외부에서 큰 부담과 걱정 없이 함께 시간을 보내는 방식으로 진행된다.
16~18세	• 이성교제가 상당히 일반화되는 시기이다. 이성과 반드시 친밀한 관계는 아니며 우발적으로 이루어지는 경우가 많은데, 즉 근거리에 관심을 보이는 이성을 좋아할 확률이 높아진다. • 또한 이 시기는 이성교제의 가능성만으로도 쾌감을 갖는 경우가 많아 실제로 이루어지는 이성교제의 유형은 격식을 차리지 않는 경우가 많다. • 교제의 형태는 짝으로 이루어진 2인이 시간을 보내는 경우가 많아지며, 점차 외모를 치장하는 등 격식을 갖추는 방향으로 전환되어 간다. 그러나 동성친구와 이성친구의 분화가 확립되지 않는 경우가 많다.
19~22세	• 점차 둘의 관계가 친밀해지고 성적인 안정을 보이며, 자기에 대한 비판력이 증가하여 자신에게 부족한 부분을 이성 및 동성친구에게 찾기를 희망하는 '이성적 연인'을 찾으려 한다. • 애정의 대상은 1인이 되고 영속적인 이성관계를 획득하게 된다. 교제의 횟수는 독립성이 인정될수록 증가하게 된다.

출처 : 미래가족 연구회 편(2011), p. 83.

스티넷과 월터스(Stineett & Walters, 1977)는 이성교제의 의의를 다음과 같이 설명하고 있다. 첫째, 이성교제는 가능성이 있는 많은 결혼상대자들과 인간관계를 형성하고 발전시킬 수 있는 기회를 제공한다. 둘째, 자기의식과 자기이해를 증진시킬 수 있으며 자신을 상대방에게 투사하여 스스로를 성찰하는 자기평가의 중요한 계기가 될 수 있다. 셋째, 자신의 인간관계 기술을 발전시키는 촉진제 역할을 한다. 넷째, 이성과의 사귐을 통해 만족을 증진시킨다. 다섯째, 이성과의 조화를 경험할 수 있는 기회를 제공한다(김정옥 외, 2002 재인용). 이성교제는 배우자 선택의 한 과정이다. 다양한 이성교제를 통해 자신에게 맞는 배우자를 선택하는 토대가 될 수 있다. 즉, 미혼 남녀는 이성교제를 하면서 본인에게 가장 적절한 사람을 선택하고 고르는 방법과 피해야만 하는 상대를 인지하는 방법을 배우게 된다.

2 이성교제의 기능

1) 사회화 기능

이성교제를 통하여 남녀 간의 유사점과 차이점을 배우게 되고 대화의 방법, 공감의 필요성 등 깊은 인간관계에 대해서 배울 수 있으며, 동성 친구들과 다르게 행동하는 이성과 상호작용하는 방법을 배운다. 또한 이성교제를 통해서 사회에서 기대되는 자신의 성에 대한 역할을 습득하고 이성과 친밀하고 깊이 있는 만남을 유지하는 방법을 알게 된다.

2) 오락의 기능

이성교제를 통한 데이트를 기대하면서 활기를 갖게 되고 둘의 만남을 통해서 활력을 주게 되며 긴장을 풀고 영화 보기, 음악회 혹은 스포츠 관람 등을 함께 즐기면서 그 자체로 하나의 즐거움을 느끼므로 오락의 기능을 하게 된다.

3) 인격의 성장 기능

이성과의 만남과 소통을 통해서 자신에 대한 평가와 자아의식을 나타낼 수가 있다. 상대방의 행동에 자신이 영향을 받고, 자신의 행동이 이성에 영향을 주는 것을 인지하고 다른 상태나 사회생활에 적응할 수 있도록 성장해 간다. 이성으로부터 관심과 사랑을 통해서 자존감을 갖기도 하고 갈등 및 관계의 해소 등을 통해서 자기반성을 하기도 함으로써 자기의식과 정서적인 평정을 발달시키며 또한 정상적인 인격형성을 꾀할 수 있다(유영주 외, 2000).

이성교제에 대한 자신의 생각은?

1) 이성교제를 시작할 때 만남의 방법은?

2) 이성교제 대상자에 꼭 바라는 조건이 있다면?

3) 이성교제에 실패한 경험이 있다면 그 이유는 무엇이라고 생각하는가?

3 이성교제의 문제

1) 실 연

실연은 사랑의 상실 경험으로 인해 여러 가지 후유증을 가져온다. 첫째, 정서적 후유증 현상으로 슬픔과 우울감을 가져오게 된다. 자신에 대한 부정적인 생각에 빠지면서 무절제한 생활을 하게 되면서 두통, 소화불량, 불면증 등 정서적인 후유증에 빠지게 되며 결국 신체적 후유증으로 연결된다. 둘째, 인지적 후유증 현상으로 대인관계에 대한 인지적 오류에 빠지기 쉽다. 다시는 사랑을 할 수 없을 것이라는 오류를 가져오기도 하고, 기억력과 판단력도 일시적으로 저하되며, 정신집중이 잘 되지 않아 업무수행능력이 떨어지기도 한다. 셋째, 헤어진 연인에 대한 미련과 후회, 거부당한 것에 대한 분노와 적개심, 복수심 등이 복합적으로 나타나기도 한다. 실연의 후유증이 극단적으로 바뀔 때에는 성급한 치유책으로 충동적인 연애나 결혼을 해 나중에 후회하기도 한다. 넷째, 극단적인 경우 사회적 부적응, 자살을 택하고, 자신의 분노를 범죄로 표출하는 등의 역기능적인 행동이 나타날 수도 있다. 다섯째, 방어적 노력으로 실연의 조짐이 보이며 먼저 상대와의 관계를 끊는 경우도 있고, 상대방을 평가 절하 하는 행동을 보이기도 한다. 이러한 방어적인 노력들을 의식적으로, 또는 무의식적으로 하게 된다. 실연의 극복은 쉽지 않으나 실연을 현실로 받아들일 때 직시하게 되면 고통은 견딜 수 있는 수준이 되고 충분히 아파한 후에 일상의 궤도로 돌아와 본연의 인간관계와 일에 복귀할 수 있게 된다(이혜영 · 이혜림, 2005).

2) 데이트 폭력

데이트 폭력은 미혼의 남녀의 교제 단계에서 일어나는 신체적, 정서적, 성적, 경제적 폭력을 의미한다. 데이트 폭력은 명백한 동의가 없는 상태에서 한쪽의 일방적인 강요에 의해 일어나는 폭력으로 가해자와 피해자가 이것을 폭력으로 인식하지 못하는 경우가 많다. 이러한 데이트 폭력의 유형은 폭행, 상해, 체포, 감금, 협박, 살인미수, 스토킹 등 다양한 유형으로 나타나고 있다. 데이트폭력은 주로 질투심, 음주행동에 대한 의견 차이, 성적 거부에서 오는 분노 등 우발적으로 발생한다. 발생장소는 집이나 자동차 안, 야외 등 데이트가 일어나는 장소 어디에서나 발생할 수 있다. 최근에는 리벤지 포르노(보복성 음란물)로 이성교제 중 동영상을 유포하는 폭력의 형태로 변화되고 있다.

이성교제 단계에서 일어나는 성적 폭력의 대상자는 여자가 피해자가 될 확률이 높은 편이다. 그러나 최근에는 남성도 데이트폭력의 피해 사례가 빈번하게 발생하여 데이트 폭력의 대상자는 남녀 모두가 된다. 이성교제 중 남자에 비해 여자들이 자신의 의지와 어긋나게 성적 접촉을 경험했다고 보고되고 있으며, 호감을 가진 이성 사이에서 일어나는 일이기 때문에 책임을 묻기가 어려워지고 피해가 재발하는 경우가 많다. 이성교제 시 데이트 폭력이 지속되면 결혼 후에도 부부 사이의 폭력을 예고하는 전조가 되기도 하고, 가정폭력의 전형적인 모습으로 발전하는 경우가 많아서 상습적인 폭력이 지속된다면 상대방과의 관계를 정리하는 것이 바람직하다.

우리나라는 데이트폭력법안이 2017년 8월 발의되었지만 1년 넘게 국회에 방치된 상태이다. 영국은 클레어법에 따라 데이트 상대의 가정폭력 전과 또는 폭력과 관계된 전과를 조회할 수 있게 한다. 호주는 타인을 따라다니거나 주변을 어슬렁거리는 등의 행위를 2회 이상 반복하는 것을 스토킹으로 엄격하게 금지하고 3년 이하의 징역이나 금고구류에 처한다. 우리나라는 스토킹 처벌은 벌금 '10만 원'이다. 미국은 여성폭력 방지법을 제정해 데이트 폭력 가해자를 피해자와

격리할 수 있도록 한다.

데이트 폭력에 대한 잘못된 통념을 살펴보면 다음과 같다(데이트폭력 상담소).

첫째, 남자들만이 폭력을 행사한다.

둘째, 연인들이 결혼하면 폭력은 덜해지거나 사라진다.

셋째, 만약 남자친구/ 여자친구가 미안하고 다시는 그런 일이 생기지 않을 것이라는 말을 하면 다시 폭력을 하지 않을 것이다.

넷째, 폭력을 당하고서도 관계를 유지하는 여자들은 그것을 즐기기 때문이다.

다섯째, 질투는 사랑의 표시 중 하나이다.

여섯째, 데이트 폭력은 나에게는 일어날 일이 아니다.

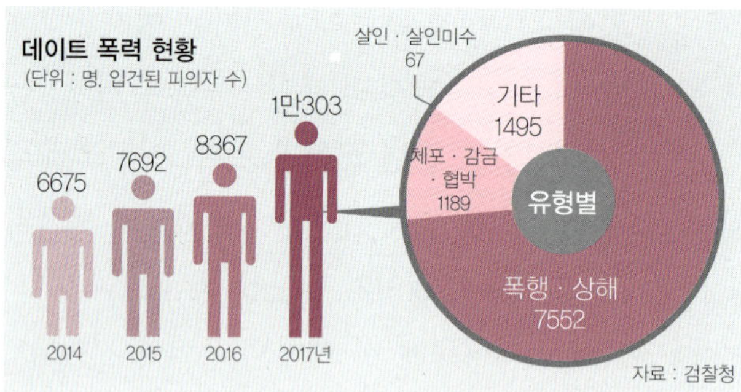

데이트 폭력 실태조사

- 한국여성의전화 성폭력상담소가 2009년 9~10월 서울지역 11개 대학 재학생 800여 명을 대상으로 대학 입학 후 데이트 폭력 실태조사를 실시한 결과 상당수가 '데이트 폭력을 당한 경험이 있다'고 응답했다.
- 데이트 경험이 있는 여학생들 중 77.8%가 정서적 폭력을 경험했다고 답했다. 주요 내용은 ▲ 상대방이 자신의 핸드폰, 이메일, 개인 블로그, 홈페이지를 자주 점검한다(59.7%, 이하 응답률) ▲ 누구와 함께 있는지 항상 확인한다(40.9%) ▲ 다른 이성을 만나는지 의심한다(32.1%) 등이었다.
- 언어적 폭력을 경험한 여성 응답자는 61.4%였다. 주요 사례는 ▲ (상대방이 자신에게) 위협을 느

낄 정도로 소리를 지른 적이 있다(10.6%) ▲ 결별 후 자주 집이나 학교 앞으로 찾아와 다시 만나자고 한다(16.3%) ▲ 죽이겠다거나 가만두지 않겠다고 협박한 적이 있다(2.3%) 등으로 나타났다.

- 데이트 중 당한 성적 폭력은 ▲ 나의 기분에 상관없이 키스를 한 적이 있다(24.2%) ▲ 원하지 않는 성관계를 강요했다(12.1%) ▲ 몸을 만진다(15.2%) ▲ 애무를 하도록 강요한 적이 있다(8.1%) ▲ 강제로 성기삽입을 하려다 삽입 직전에 그만뒀거나 강압적으로 성기삽입을 했다(7.9%) 등이었다.
- 신체적 폭력의 주요 사례는 ▲ 집에 못 가게 막은 적이 있다(24.6%) ▲ 발로 문을 차거나 주먹으로 벽을 친 적이 있다(11.3%) ▲ 자해하거나 흉기로 위협한 적이 있다(기타) 등이었다.
- 근본적인 책임은 가해자인 남성들에게 있지만 한국 여성들의 인식 역시 데이트 폭력이 증가하는 데 일조하고 있다. 데이트 폭력 피해여성들은 폭력이 발생한 후에도 관계를 유지하는 데 중점을 두는 것으로 드러났다.
- 피해여성들이 성적 폭력 후에도 연인을 용서하고 관계를 유지한 이유는 ▲ 항상 그러는 것은 아니어서 ▲ 헤어질 만큼 심하지 않아서 ▲ 사귀는 사이에서 자연스러운 일이므로 등으로 확인됐다. 신체적인 폭력 후에도 관계를 유지한 이유는 ▲ 헤어질 만큼 심하지 않아서 ▲ 나도 잘못한 부분이 있어서 등으로 나타났다.

출처 : 한국여성의전화.

데이트 폭력 사례

① 리벤지 포르노(보복성 음란물)

2019년 6월 5일 경찰에 따르면 광주 남부경찰서는 「성폭력범죄의 처벌 등에 관한 특례법」 위반 등 혐의로 A(24)씨를 구속했다. A씨는 지난 1월 23일 광주 남구의 한 모텔에서 전 여자친구 D(21)씨의 옷을 강제로 벗기고 사진을 찍은 혐의를 받고 있다.

헤어진 연인의 신체 사진이나 성관계 등 장면이 담긴 동영상을 가지고 협박하는 리벤지 포르노 범죄가 계속 발생하고 있다.

피해자들은 대부분 심각한 정신적 고통을 호소하며 심할 경우 극단적 선택으로 이어지는 경우까지 있다. 수사기관에 적발되어 법적 처벌을 받는 사례가 잇따르고 있지만, 처벌 수위가 미약한 탓에 비슷한 범죄가 되풀이되고 있다는 지적이 나온다.

리벤지 포르노 피해자가 미성년자인 경우도 있었다. 인천지법 형사6단독 오창훈 판사는 지난 4월 27일 협박 혐의로 재판에 넘겨진 C(21)씨에게 징역 1년을 선고했다. C씨는 지난해 8~10월 사이 12차례에 걸쳐 전 여자친구인 D(15)양에게 '성관계 동영상을 유포하겠다'는 내용의 카카오톡 메시지를 보낸 혐의로 기소됐다. 그는 D양이 새 남자친구와 찍은 사진을 보고 범행을 저지른 것으로 조사됐다.

② "남자친구의 집착이 너무 심해서 두 달 전 헤어졌어요. 처음에는 밤마다 울면서 전화해 매달렸는데 전화도 안 받고 만나주지도 않자 '성관계 사진과 동영상을 인터넷에 올리겠다'는 협박 문자 메시지를 보내오더군요. 정말 온라인에 뿌릴까 봐 걱정돼 다시 연락하긴 하는데 언제까지 이렇게 끌려다녀야 할지 막막합니다." (22세 여자 대학생)

③ "술만 마시면 때리는 남자친구한테 지쳐서 결별을 선언했습니다. 술에서 깨고 나면 잘못했다고 싹싹 비는데, 술에 취하면 다시 욕설을 퍼붓고 뺨도 자주 때려요. 자살하겠다, 우리 부모님을 해코지하겠다, 여동생이 다니는 학교를 알고 있다 등등 가족들 얘기까지 꺼내니 무서워서 매몰차게 못 끊겠어요." (29세 여자 직장인)

출처 : 세계일보(2019. 6. 5). http://www.segye.com/newsView

전국 모든 경찰서에 '데이트폭력 TF'가 생긴다

경찰이 앞으로 연인 간 폭력행위, 일명 '데이트폭력' 가해자에게 직접 전화를 걸어 피해자에게 접근하지 말 것을 경고한다.

데이트폭력을 사전에 차단하려는 조치다. 경찰은 이를 어기고 재차 폭력을 행사하면 엄중 처벌할 방침이다.

경찰청은 데이트폭력 사건 전문 수사체제를 유지하고자 전국 모든 경찰서에 형사과장을 팀장으로 하고 형사 1명과 여성청소년 전담 수사관 1명, 상담 전문 여경, 피해자보호 담당자 등으로 구성된 '연인 간 폭력근절 TF'를 꾸린다고 2일 밝혔다.

TF는 데이트폭력 사건이 발생했을 때 가해자를 처벌하는 업무뿐 아니라 사건 발생 이후에도 가해자의 폭력성과 상습성 등을 상세히 확인해 직접 접근이나 연락을 하지 말라고 가해자를 강력히 경고하는 업무까지 맡는다.

특히 이러한 경고를 무시하고 추가 폭행 등 2차 가해를 하면 피해자 보호를 위해 구속 수사할 방침이라고 경찰은 밝혔다.

지속적으로 전화를 걸어 협박을 일삼는 행위도 피해자의 정신적 피해가 크다고 판단되면 경범죄 처벌(범칙금 통상 8만 원)을 넘어 폭력이나 협박 혐의로 형사 처벌하기로 했다.

강신명 경찰청장은 전날(1일) 기자간담회에서 "형사처벌 위주로 사건을 처리하니 근본 해결책이 없다는 지적이 있었고, 데이트폭력 피해자가 정말 원하는 것은 '제발 저 사람이 내 앞에 안 나타났으면 좋겠다'는 것"이라며 "경찰도 피해자 보호 측면에서 사전 예방이 중요하다는 쪽으로 인식을 바꿔야 한다"고 설명했다.

경찰이 이처럼 데이트폭력에 대한 엄정 대응 방침을 밝힌 것은 남녀 사이의 폭력이 강력사건으로 번질 가능성이 크지만 당사자 사이의 문제로 치부 · 방치해 피해가 발생한 이후 사법처리 위주로 처리하는 등 예방이나 피해자 보호에 대한 체계적 대응이 부족하다고 판단했기 때문이다.

지난해 데이트폭력 7천 692건 가운데 살인이나 강간 · 강제추행 등 강력사건은 각각 102건, 509건이나 발생했다.

경찰은 데이트폭력 근절을 위해 3일부터 다음달 2일까지 집중 신고기간을 운영한다. 신고는 112뿐 아니라 경찰청과 각 지방경찰청 홈페이지, '목격자를 찾습니다' 스마트폰 애플리케이션, 경찰관서 직접 방문 등을 통해 가능하다.

경찰은 신고가 들어오면 피해자 신변보호가 필요한지를 먼저 검토하고, 신고자 익명도 보장하는 한편 언제든지 신고할 수 있도록 전담 TF 소속 경찰관의 연락처도 안내할 방침이다.

출처 : 연합뉴스(2016. 2).

남녀 간의 오해와 편견

남녀 간의 오해와 편견을 알아본다. 자신이 생각하는 대로 체크해 보자.	
1. 남자는 항상 '그것'만 바란다?	YES ( ) NO ( )
2. 남성은 가슴 큰 여자를 좋아한다?	YES ( ) NO ( )
3. 가슴이 크면 성에 적극적이다?	YES ( ) NO ( )
4. 여성이 성을 거부하는 것은 내숭이다?	YES ( ) NO ( )
5. 상대가 성적인 접근을 할 때 'No!'라고 말해도 괜찮을까?	YES ( ) NO ( )
6. 남성은 성 전문가이어야 한다?	YES ( ) NO ( )
7. 남성은 성적으로 리드해야 하고, 여성은 남성을 따라가야 한다?	YES ( ) NO ( )
8. 첫 경험은 대부분 여자가 주도한다?	YES ( ) NO ( )
9. 여자가 대부분 첫 경험에서 고통을 느낀다?	YES ( ) NO ( )

출처 : 김수경 외(2011). 결혼준비교육 프로그램. 신정, pp. 153-159.

성관계 준비도

다음 질문에 답이 '예'인 경우에 ∨ 해주세요.

1. 서로 충분한 친밀감이 형성되어 있으며, 성관계에 대한 동의와 합의가 되어 있습니다.
2. 성관계 이후 발생하는 문제들, 즉 임신이나 심리적 부담감들을 책임질 수 있습니다.
3. 성병에 걸릴 일은 절대 없습니다. 철저한 건강관리와 피임 실천으로 성병에 걸리지 않는다는 자신감이 있습니다.
4. 난 정확한 피임방법을 확실히 알고 있습니다. 항상 피임준비를 하고 있으며 상대방에게 피임을 하라고 언제든지 이야기할 수 있습니다.
5. 부모님, 주변 친구들, 이후에 사귀게 될 어떤 사람에게도 난 떳떳할 수 있습니다.
6. '순결'에 대한 나의 생각을 분명하게 말할 수 있습니다.

■ 결과

1. '예'가 0~2개인 경우
   아직은 성관계에 대한 준비가 안 되신 것 같군요. 성관계는 일시적인 충동에 의한 것이 아닌 많은 심리적, 신체적인 준비와 책임이 따르는 일이니까요. 주변의 사람들로부터 도움을 기대할 수도 있겠지만, 친구들로부터 듣는 여러 종류의 검증되지 않은 지식보다는 성평등상담소 등 상담기관으로부터 전문적인 정보제공의 도움을 받는 것도 좋을 것 같군요.
2. '예'가 3~5개인 경우
   당신은 성에 대한 준비 정도가 중간 정도입니다. 아마도 대부분의 사람들이 이 정도의 수준에서 성관계를 시작하지는 않을까 하는 생각이 드는데요. 그래도 마음 한편에서는 불안한 마음이 있을 거예요. 내가 준비되지 못한 부분은 무엇일까 곰곰이 생각해 보는 시간을 갖는 것도 좋을 것 같네요.
3. '예'가 6개인 경우
   성관계에 대한 준비가 잘된 분이시네요. 하지만 성관계는 혼자만의 준비뿐 아니라 상대편이 신체적으로나 심리적으로 어느 정도 준비가 되어 있는가 하는 것도 중요한 문제이지요. 당신에게 성관계를 해도 좋을 만큼 사랑하는 사람이 있다면 이 문항에 대해 어느 정도나 '예'라고 말할 수 있는지 체크해 보도록 하는 것도 좋겠네요. 성관계는 서로의 책임과 의무가 따르는 일이니까요.

출처 : 숙명여자대학교 성평등 상담소(2004).

4 배우자 선택 이론

이성교제는 배우자 선택의 한 과정이다. 다양한 이성교제는 자신에게 맞는 배우자를 선택하는 토대가 될 수 있다. 즉, 미혼 남녀는 이성교제를 하면서 본인에게 가장 적절한 사람을 선택하고 고르는 방법과 피해야만 하는 상대를 인지하는 방법을 배우게 된다.

개인에게 결혼은 일생의 중요한 사건이며 결혼을 결정하게 되는 가장 중요한 요인은 배우자의 선택이다. 배우자의 선택은 개인뿐만 아니라 서로의 가족에게도 많은 영향을 주게 되며 시대적, 사회적으로 상이한 요인에 의해 영향을 받는다. 특히 개인의 행복을 중요하게 생각하는 현대사회에서 애정, 사랑, 정서적 매력 등 개인이 추구하는 욕구의 범위 내에서 결혼생활의 조건을 고려하고 배우자 선택을 성공적으로 거치기 위한 지식과 판단력을 습득하는 것은 필수불가결한 일이다(김양희 외, 1997).

자신에게 적합한 배우자를 선택하기 위해서 배우자 선택 이론과 배우자 선택에 영향을 미치는 요인, 배우자 선택 시 고려할 점을 살펴보도록 한다.

1) 사회교환이론(Social Exchange Theory)

사회교환이론은 고전경제학적 행위원리를 바탕으로 배우자 선택상황에서 비용보다는 더 많은 이익을 얻으려 한다는 원리를 적용시키고 있다. 사랑은 심리적인 끌림이지만 배우자 선택은 상호거래를 근거로 이루어진다. 이때의 거래과정에서 보상과 비용이 균형을 이룰 때 사람들은 그 교환이 공정하며 상호 만족스럽다고 여기게 된다(Hamans, 1962; Thiubault & Kelley, 1959, 최혜경 외, 2004 재인용).

사회교환이론에 의하면 보상에 대한 가치평가는 시대와 사회에 따라 다르지만, 대체로 사람들은 배우자의 경제적 조건, 사회계층이나 신분, 사회성, 신체적 매력, 직업, 학벌, 가문 등의 요소들을 고려한다. 누구나 비용보다는 더 많은 이익을 얻으려고 하기 때문에, 상대방 중에서 가장 많은 보상을 줄 수 있는 사람을 배우자로 선택한다. 자신이 제공할 수 있는 것이 많다고 생각하는 사람은 유사한 가치를 지닌 자원이나 자질을 소유한 상대를 고르려고 한다.

2) 공평이론(Equity Theory)

공평이론에서 말하는 공평은 공정성을 의미한다. 인간은 상호관계에서 상대방에게 준 만큼 받는 것이 공평하다고 생각하는데 공평이론은 이익이 되는 교환보다는 공정한 거래에 의미를 갖는다. 이러한 공평성은 '상대방의 가치를 어느 정도 인정하느냐' 하는 심리적인 요인이 개입될 수 있기 때문에 두 사람의 판단기준이 서로 유사할 때 공평성의 측정이 보다 용이하게 이루어진다(최혜경 외 2004).

3) 동질성 이론(Homogamy Theory)

일반적으로 사람들은 자신과 유사한 조건을 가진 사람, 또는 자신과 닮은 사람에게 매력을 느끼는 경향이 있다. 따라서 연령이나 교육수준, 지능 등이 비슷한 사람끼리 서로 선택하는 경향이 있고, 기타 사회적 지위나 종교, 인종 등이 비슷한 사람끼리 결혼하는 경향이 있으며, 흥미나 태도, 가치관 등의 유사성도 배우자 선택의 조건으로 작용한다. 챔버스 등(Chambers, et al., 1983)은 신체적 외모에 있어 유사성 역시 배우자 선택에 영향을 준다고 하였는데, 이처럼 신체적 유사성을 추구하는 것은 자아도취적인 경향의 결과일 수 있으며, 자기 부모를 닮은 사람을 배우자로 선택하려는 경향도 일부 엿볼 수 있다(유영주 외, 2000).

4) 보완욕구이론

보완욕구이론은 아직까지는 완전히 검증되고 있지는 않지만 배우자 선택 이론에서 가장 보편적으로 제시되어 왔다. 윈치(Winch, 1954)는 두 가지 보완유형이 있다고 설명하였다. 첫 번째 유형은 어떤 분야에 높은 욕구를 가지고 있는 사람과 그렇지 않은 사람에게 매력을 느끼는 것으로, 예를 들면 지배적인 성향의 사람과 복종적인 성향의 사람에게 매력을 느끼는 경우이다. 두 번째는 만족하려는 욕구분야가 서로 다를 때 매력을 느끼는 것을 의미한다.

5) 여과망이론(Filter Theory)

케르코프와 데이비스(Kerkoff & Davis, 1962)는 배우자 선택이 단순히 유사한 사회적 배경이나 욕구의 차이에 의해서만 결정되는 것이 아니라 시간 경과에 따른 동질적 요인과 이질적 요인의 중요성의 변화를 통해서 배우자를 선택하게 된다고 말하고 있다(김양희 외, 1997). 여과이론은 이러한 견해를 정교화시켜 모든 가능한 데이트 상대로부터 관계를 맺기 시작하며 결혼에 이르기까지 6개의 여과망을 거치면서 점차 배우자 선택의 과정으로 들어간다고 설명하고 있다. 첫째, 근접성의 여과망으로 사람들은 현실적 · 지리적으로 쉽게 만날 수 있는 사람과 친밀해지기 쉽다. 둘째, 매력의 여과망으로 상호 매력을 느끼며 호감을 갖는 사람들로 대상의 크기가 좁아진다. 셋째, 사회적 배경의 여과망으로는 인종, 연령, 종교, 사회계층, 직업, 교육수준 등의 사회적 배경이 유사한 사람끼리 범위가 축소된다. 넷째, 상호의견일치의 여과망으로 유사한 가치관이나 견해, 태도를 지닐수록 배우자감으로 진행되며 관계가 진전될 수 있다. 다섯째, 상호보완성의 여과망으로 상호 간의 욕구와 필요를 충족함으로써 단점을 이해하고 결혼할 가능성이 증가하는 단계이다. 여섯째, 결혼준비상태의 여과망으로 여섯 개의 여과망을 통해서 대상이 선별되고 마지막에 결혼에 이르게 되는 단계로 가는 것을 설명하고 있다.

| 그림 5-1 | 배우자 선택의 여과망

출처 : 김양희(2011). 결혼과 가족. 양서원.

6) 자극–가치–역할이론(Stimulus–Value–Role, SVR이론)

자극–가치–역할이론의 머스타인(Murstein, 1970)은 배우자 선택을 자극 단계, 가치 단계, 역할의 적합성 단계의 3단계로 거치면서 진행된다고 설명하고 있다.

첫 번째 자극 단계(Stimulus)는 최소한의 상호작용만 존재하는 단계이므로, 사람들은 외적으로 나타나는 특성에 의해 상호매력을 느낀다. 상호매력을 느끼는 요인으로는 상대방의 외모, 사회적 지위, 직업, 학벌, 지적 능력 등이 기초가 되어 서로 총체적 매력이 균형을 이르렀다고 판단하면 다음 단계인 가치단계로 진전된다.

두 번째 가치 단계(Value)는 조금 더 친밀해진 관계로 나아가면서 서로 간의 인생관이나 성, 결혼에 대한 가치나 태도 등이 서로 공존하고 양립할 수 있는지를 평가한다. 이러한 측면에서 상호유사성이 느껴지면 관계는 발전하며 다음 단계인 역할 단계로 넘어간다.

세 번째 역할 단계(Role)는 두 사람이 부부로서 여러 가지 역할에 얼마나 적합할지 예측해 보는 단계로 상대방을 검토해 보고 결혼으로 진행되는 것을 결정하는 단계이다.

이 이론에서는 세단계가 연속적이며 단계적으로 일어난다고 하지만 전 단계에 걸쳐 이 세 요인이 다 같이 작용될 가능성도 배제하지 못한다(정현숙 외, 2003).

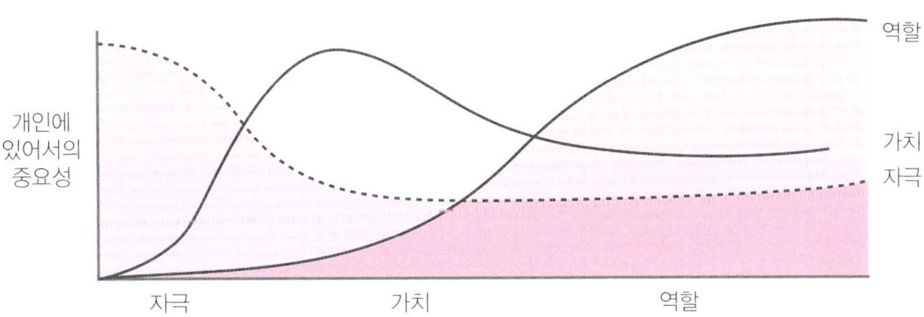

| 그림 5-2 | 자극-가치-역할 이론

출처 : Murstein, B, I.(1980). Mate selection in the 1970's. Journal of Marriage and the Family, 42. 정현숙 외, 결혼학 재인용.

5 배우자 선택에 영향을 미치는 요인

1) 신체적 요소

신체적 요소는 배우자를 선택하게 되는 결정적 요인은 아니지만 중요한 요인으로 작용한다. 여성보다는 남성들이 신체적인 매력을 더 중요시하는 경향이 있다(Woll & Young, 1989). 사람들이 신체적인 매력을 가진 사람들을 좋아하는 이유는 이들이 사회적 자신감이 뛰어나고 성적으로도 적극적일 것이라고 생각하는 경향이 있기 때문이다(Eagly, et al,, 1991). 그러므로 데이트에 있어서 신체적 매력이 우선시되는 조건이 되기도 한다. 진화론적 관점에서의 신체적인 매력은 건강과 생식능력의 중요성 척도이며 우수한 유전자의 징표로 생각하기 때문이다. '후광효과'에 의하면 신체적으로 매력적인 사람들이 좋은 성품도 가졌을 거라고 생각하고 그 사람과 결혼하면 더 많은 특권과 행복한 결혼생활, 사회적, 직업적 성공, 미래의 삶의 성취를 보장받을 것이라는 기대를 한다.

2) 종 교

배우자 선택에서 종교가 중요한 역할을 하는 경우가 많으며 사람들은 되도록 같은 종교를 가진 사람과 배우자가 되기를 바라는 경우가 많다. 또한 종교가 갖는 성향마다 다르지만 타 종교인과의 결혼을 반대하는 종교는 타 종교인과의 결혼이 신앙적인 헌신을 약화시킨다고 본다. 일반적으로 타 종교 간의 결혼의 경우 그렇지 않은 경우보다 이혼율이 10% 높게 나타나고 있다(김미숙 외, 1990). 종교의 유사성은 성인이 될 때까지 가족문화의 공통성을 보여주는 것으로 배우자를 선택하여 가족을 형성하는 데 중요한 요소가 된다.

남성들이 원하는 배우자감?

- 남성들의 속마음은 여전히 '예쁜 여성'과 결혼하기를 원하고 있는 것으로 나타났다.
  결혼정보회사 선우 부설 한국결혼문화연구소가 2007년 1월부터 2008년 3월까지 1년 3개월 동안 미혼남녀 5,564명(남성 2,536명, 여성 3,028명)을 대상으로 배우자 선택 시 선호조건에 대해 분석한 결과이다.
- 남녀의 배우자 선택조건 서로 달라
  남녀의 배우자 선택조건은 각각 특징적 경향을 보이고 있는데, 사회경제적 능력(직업, 학벌), 신체매력(외모), 가정환경, 성격 등 주요 조건 중에서 여성은 능력–성격–가정환경–외모 순으로, 남성은 외모–성격–능력–가정환경 순으로 상대의 조건을 고려해서 배우자를 선택하고 있었다.
- 여성은 평범한 외모에 능력 있는 남성과 뛰어난 외모에 능력은 평범한 남성 중에 능력 있는 남성을 선택하고, 남성은 예쁜 여성과 능력 있는 여성 중에 예쁜 여성을 결혼상대로 선호한다는 것이다. 결국 '남성은 외모, 여성은 능력을 본다'는 결혼공식이 사실로 확인된 셈이다.
- 흥미로운 사실은 네 가지 조건 중에서 여성은 외모를, 남성은 가정환경을 가장 안 본다는 점이다.

출처 : 한국결혼문화연구소.

3) 연 령

통계청의 자료에 의하면 2010년도 남녀의 평균 초혼 연령을 살펴보면 남성이 31.8세 여성이 28.9세로 나타나고 있다(통계청, 2011). 대부분의 사람들은 일정한 범위 내에서 배우자를 선택하려고 하는 경향이 높다. 그러나 최근에는 연상녀와 연하남의 결혼에서 초혼남과 재혼녀의 결혼 또한 증가하고 있는 추세이다. 그러나 특별한 경우를 제외하고는 대부분의 사람들은 연령 차이가 많이 나는 것보다 유사한 연령 내에서 배우자를 선택하려는 경향이 많은 것으로 나타나고 있다.

4) 사회적 계층

현대사회에서 결혼은 가족의 사회적 지위를 유지하고 과시하는 수준이 되고 있다. 그래서 대부분의 사람들은 비슷한 태도와 가치관, 생활방식을 지닌 사회적 계층 안에서 결혼을 한다. 유사한 계층의 사람들 간의 접촉의 기회가 많을 수밖에 없고 흥미나 취미, 생활감정이나 태도가 비슷하기 때문에 친숙해질 수밖에 없는 요인이 된다. 타 민족 간 결혼을 하는 경우에도 보통 동일한 사회계층 안에서 이루어진다. 그 이유는 사회적 지위와 계층이 비슷할수록 생활방식이나 가치관에 공통된 부분이 접근성이 높기 때문이다(김양희, 2011).

5) 지리적 인접

오늘날은 교통의 발달로 활동영역이 과거보다 훨씬 넓어졌으나, 여전히 지역사회 이웃과의 상호작용이 데이트와 결혼에 상당한 영향을 미친다(Morgan, 1981). 지역적으로 인접한 경우 서로 접촉할 기회가 많아지고 문화적, 사회적 배경이 비슷할 경우가 많기 때문에 지리적 인접성으로 결혼하는 경향이 높게 나타난다.

6) 성 격

배우자 선택을 하는 데 성격은 중요한 부분을 차지한다. 다음 | 그림 5-3 |과 같이 통계로 보는 배우자 조건에서 2018년 미혼 남성 38.3%, 여성 38.3%의 남녀 모두 배우자를 선택하는 데 성격이 가장 많은 영향을 미치는 것으로 나타나고 있다.

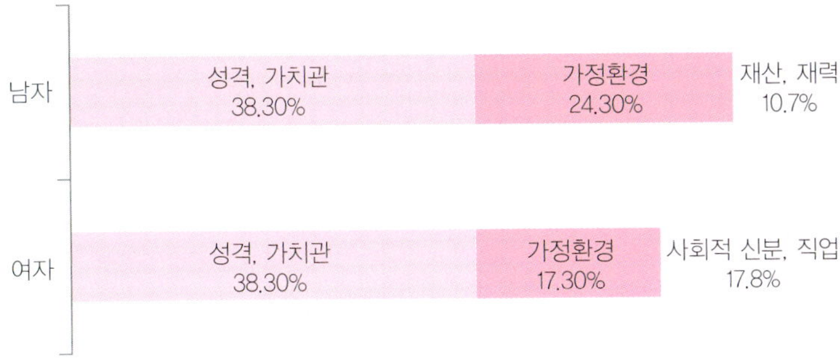

| 그림 5-3 | 통계로 보는 배우자 조건

출처 : 결혼정보업체 듀오(2018).

6 배우자 선택을 위한 고려사항

행복한 결혼생활을 결정짓는 요인으로 자신과 맞는 배우자를 선택하는 것이 중요하다는 것은 누구나 인정한다. 지금은 보다 자유로운 이성교제를 통해 많은 젊은이들이 더 많은 선택의 가능성을 가질 수 있으므로 행복한 결혼생활을 위해서 바람직한 배우자 선택을 잘하기 위해서는 아래 고려사항을 참고하도록 한다.

첫째, 결혼은 책임과 의무가 동반되는 것으로 사랑과 함께 존경, 신뢰감이 토대가 되어야 한다. 그러므로 사랑 하나만으로 결혼이 가진 모든 장애물을 극복할 수 있다는 생각보다 더 신중히 결혼을 선택하는 것이 중요하다.

둘째, '첫눈에 반해서'는 연애의 이유가 될 수 있으나 결혼은 외적인 신체적 매력이 전부가 될 수 없으며, 서로에 대한 신뢰감, 존중감이 기본이 되어야 안정된 결혼생활이 지속될 수 있다.

셋째, 결혼의 시기에서 연애를 실패한 후 대체적인 감정으로 결혼이란 대안을 생각하거나 결혼을 너무 빨리 결정하거나 하는 요인들은 성공적인 결혼생활에

제약이 되기도 한다.

넷째, 결혼을 통해서 서로의 다른 점을 변화시키겠다는 의지를 가지고 접근한다면 결혼은 어려운 상황이 될 수 있다. 상대방을 변화시키기보다는 서로의 다른 점을 그대로 받아들이고 이해하는 관점에서 시작하는 것이 성숙한 결혼생활로 이끌어 줄 수 있다.

다섯째, 부모님이나 친구, 주위 사람들의 지지가 결코 무시되어서는 안 된다. 특히 자녀의 행복에 가장 큰 관심을 기울이는 부모님이 반대한다면 반대에 대한 이유를 냉정히 검토해 볼 필요가 있다(이정우 외, 2001).

워렌(Warren, 1992)은 배우자 선택에서 열 가지 원칙을 말하고 있다.

원칙 1. 가장 저지르기 쉬운 일곱 가지 잘못을 제거하라.

- 결혼 결정이 너무 빨리 이루어진다.
- 결혼 결정이 너무 이른 나이에 이루어진다.
- 한쪽 혹은 양쪽 모두 너무 열렬히 결혼하고 싶어 한다.
- 한쪽 혹은 양쪽 모두 너무 다른 누군가를 즐겁게 하기 위해 배우자를 고르고 있다.
- 경험의 토대가 너무 약하다.
- 커플이 비현실적인 기대를 가지고 있다.
- 한쪽 혹은 양쪽 모두 중요한 성격적 혹은 행동적 문제를 지니고 있는데 이것을 간과하고 있다.

원칙 2. 당신이 이상적으로 생각하는 배우자상을 분명히 하라.

원칙 3. 당신 같은 사람을 아주 좋아하는 사람을 찾아내라.

원칙 4. 결혼하기 전에 건강한 사람이 되도록 하라.

원칙 5. 당신 마음속 깊은 곳에서 사랑을 느끼는 사람을 찾아내고 그것을 조심스럽게 표현하라.

원칙 6. 결혼을 결정하기 전에 열정적인 사랑이 무르익도록 하라.

원칙 7. 친밀성의 예술에 도달하도록 하라.

원칙 8. 사랑의 부담으로부터 나오는 갈등을 처리하는 방법을 배우라.

원칙 9. 평생에 걸친 관계를 순수하게 서약할 수 있을 때까지는 관계가 진행되는 것을 거절하라.

원칙 10. 가족과 친구들의 충분한 지원을 받으면서 당신의 결혼을 누리라(정현숙 외, 2001).

배우자 간에 비슷하면 결혼생활에 도움이 되는 50가지 특성

1. 가족의 사회경제적 배경
2. 지능
3. 교육수준
4. 언어능력
5. 결혼생활 안에서 서로에 대해 기대하는 역할
6. 가족 내에서 권력분담에 대한 견해
7. 바라는 자녀 수
8. 가족생활을 시작하게 되는 시점
9. 아동양육에 대한 견해
10. 정치철학
11. 흡연, 음주, 약물복용에 대한 견해
12. 친정이나 시댁식구들과 어울리는 정도
13. 유머감각
14. 시각약속 등을 잘 지키는 것
15. 신뢰할 수 있는 정도
16. 언어적 친밀성에 대한 바람
17. 갈등의 역할과 그것을 해결하는 방법
18. 분노를 다루는 방법
19. 이성과의 우정을 처리하는 방식
20. 기대되는 사생활의 양과 그것을 이용하는 규칙
21. 야망수준
22. 인생목표
23. 체중에 대한 태도
24. 종교적 · 영적 신념과 선호
25. 교회참여 정도
26. 가족이 영적 활동에 참여하는 정도
27. 취미와 관심
28. 즐기는 음식의 종류
29. 신체활동을 위한 에너지 수준
30. 성충동과 성적 관심
31. 금전할당 방식(의복, 휴가 등)
32. 소비수준과 저축수준
33. 기부금의 정도와 기부대상
34. 투자에 거는 위험부담의 정도
35. 집, 의복에 대한 청결에 대한 태도
36. 아픈 것을 다루는 방식
37. 건강에 대한 표준-병원 가는 사정
38. 사람을 대하거나 어울리는 기술
39. 선호하는 사회활동의 양과 기술
40. 사는 장소
41. 집의 크기와 양식
42. 가구나 장식의 유형
43. 여행 정도와 가고 싶어 하는 유형
44. 휴가를 보내는 방식
45. 명절을 지내는 방식
46. 함께 보내는 시간의 양
47. 취침시간과 기상시간
48. 주야간의 집안의 실내온도
49. 식사시간 동안 활동(대화, TV)
50. 선호하는 TV 프로그램

출처 : 정현숙 외(2007). 결혼학개론. 상명대학교 출판부.

나와 배우자의 생각이 얼마나 비슷한가요?

항 목	매우 반대	약간 반대	보통	약간 찬성	매우 찬성
결혼관 : 개방적 결혼관 • 결혼하지 않고도 자녀를 가질 수 있다. • 부 또는 모 혼자서도 자녀를 잘 키울 수 있다. • 결혼하지 않더라도 함께 살 수 있다. • 결혼할 생각이 있다면 먼저 살아보는 것도 좋다. • 자신들의 문제를 해결할 수 없다면 이혼하는 게 낫다.					
성의식 : 섹슈얼리티의 다양성 • 서로 사랑하면 결혼 전에도 성관계를 가질 수 있다. • 결혼 이후 배우자 이외의 사람과 사랑을 가질 수 있다. • 배우자 외 애인이 필요할 때도 있다. • 동성끼리 성관계를 가질수 있다.					
성역할관 : 성평등 태도 • 아버지는 어머니처럼 가정을 돌볼 수 있다. • 맞벌이 부부는 가사를 공평하게 분담해야 한다. • 남자도 육아휴직제도를 적극 활용해야 한다.					
부모자녀관 : 부모부양의식 • 부모와 의견 차이가 있을 때 부모님의 의견에 따른다. • 집안대소사의 결정은 시부모님과 반드시 상의해야 한다. • 아들 딸 구분 없이 부모님을 경제적으로 지원해야 한다.					

출처 : 이영숙 · 박경란(2010). 현대가족관계학.

CHAPTER 06

피 임

1. 피임방법
2. 성 병
3. 낙 태

06 피 임

성은 사랑과 쾌락, 생명의 세 요소로 구성되어 있으며 성행위의 결과로 야기되는 생명에 대해 존중하고 책임을 지는 것은 매우 중요하다. 임신을 원하지 않는다면 생명의 존엄성과 이에 대한 책임으로 적절한 피임을 해야 한다. 이상적인 피임법의 조건은 신체에 피해가 없어야 하고 믿을 수 있어야 하며, 부작용이 없으며, 사용하기 간편하고, 성병전염의 위험이 없는 것이 중요하다.

피임방법은 일반적으로 자연적인 피임법과 기구사용 피임법, 약물피임, 응급피임, 영구피임법으로 나눌 수 있다. 대표적인 피임법에 대해서 살펴보고 건강한 성생활을 위하여 성병에 대한 종류와 예방법, 낙태에 대해서 인식하여 남녀 모두 건강한 성을 위한 정확한 지식을 갖도록 한다.

1 피임방법

1) 자연피임법

(1) 월경주기법

월경주기법이란 여성의 생리주기를 이용하여 임신이 가능한 시기, 즉 가임시기에 성교를 피하는 방법이다. 그러나 여성에 따라 월경주기 일수가 다르고, 또

일정하지 않은 경우가 있으므로 배란일 계산이 정확하지 않아 완전히 안심할 수 있는 피임방법은 아니다. 특히 개인에 따라 스트레스나 피로, 환경의 변화 등의 변수로 인해서 월경주기가 불규칙한 여성인 경우 실패할 확률이 높은 단점이 있다.

임신 위험기간의 계산법

달력을 이용하는 방법이 가장 보편적이며 이 방법은 월경이 규칙적이어야 가능하다. 어떤 주기에 피임을 하고자 할 때 다음 주기의 월경 시작일을 예측할 수 있다.

그 날짜를 달력에 표시한 후 거꾸로 14일을 뺀 날이 배란일이다. 그러나 주기가 어느 정도는 변동될 수 있고 정충이 나팔관 내에서 살아있는 기간이 3~4일 이라는 점을 감안하여 피임해야 할 기간을 넉넉히 잡아야 실패율이 낮다.

출처 : 피임연구회.

(2) 점액관찰법

점액관찰법은 1974년 빌링스(Dr. John Billings)에 의해 밝혀진 방법으로 상당히 믿을 만한 자연피임법으로 받아들여지고 있다. 배란기에 두드러진 증상으로는 자궁 입구에서 점액이 나오는 것이다. 따라서 자궁 경부에서 분비되는 점액은 배란일 며칠 전부터 흐르고 축축한 것을 느낄 수 있다. 신뢰도가 큰 자연피임법으로 인식되어 있다. 정자는 가임기 때(점액이 있을 때) 보통 3~5일 생존한다. 반면 난자는 배란 후 하루 정도 산다. 따라서 임신이 가능한 시기는 배란 전 정자가 살아 있는 3~5일과 배란 후 하루, 즉 4~6일이 된다. 배란 24시간 전에는 계란 흰자와 같이 거의 투명하고 미끈거리는 점액이 나온다. 배란 후에는 다시 흰색으로 변하거나 더 이상 점액이 분비되지 않기 때문에 점액이 분비되기 시작하는 날부터 투명한 점액이 분비되고 난 후 3일까지 성교를 피하면 임신을 막을 수 있다(추영국 외, 2007). 단, 여성마다 월경주기와 배란증상이 차이가 날 수 있으므로 건조한 기간이나 점액이 나오는 기간이 모두 동일한 것은 아니다. 점액관찰법을 제대로 활용하면 높은 피임성공률을 보일 수 있다.

월경이 끝난 후(건조기) 성교주의 배란기의 점액

| 그림 6-1 | 점액관찰법

(3) 기초체온법

기초체온법은 배란일을 보다 정확하게 찾을 수 있는 방법이다. 여성의 체온은 월경주기 중 호르몬이 변화함에 따라 미묘하게 달라진다. 즉, 생리 초기에는 체온이 일정하다가 체온이 0.4~0.5도 고온으로 올라간 뒤 4~5일 후가 배란기라고 한다. 기초체온법은 매일 기초체온을 측정해야 하는 불편함은 있으나 사용하

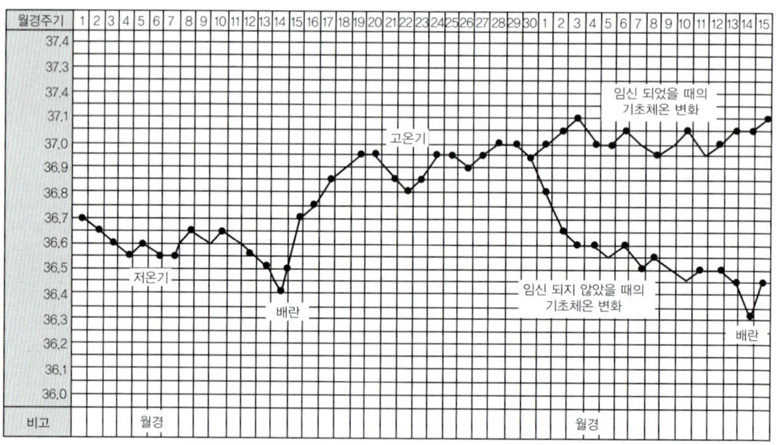

| 그림 6-2 | 기초체온법

출처 : 김세철 외(2008). 성학. 군자.

기가 쉽고 부작용이 없는 반면 산후나 모유 수유 등의 상태라면 규칙적인 주기를 갖기 힘들고 피임약 복용, 임플란트, 데포 프로베라 등을 사용한 경우는 주기가 불규칙적일 수 있으므로 다른 방법의 피임을 하는 것이 좋다(힐다 허처슨, 2002).

(4) 질외사정법

사정 직전에 성교를 중단하고 여성의 질 밖에 사정하는 것으로, 이 방법은 남성의 자제력과 실천의지가 필요하며, 성교 시 쾌감을 감소시킬 수 있다. 또한 사정 전의 흥분에 의해 소량의 정자가 방출될 수도 있고 외음부에 사정한 정액이 질 내로 흘러들어 피임에 실패할 수도 있다. 전체 남성의 1/4은 사정 전의 흥분으로 분비되는 쿠퍼선을 통해 활발한 정자가 소량 방출되므로 임신 가능성이 있다. 질외 사정법은 피임 효과로서는 가장 불안하고 비효율적인 방법이다(추영국 외, 2007).

비효과적인 피임방법

■ **질외사정**

피임효과는 84~77%로 알려져 있기 때문에 전혀 피임을 하지 않는 것보다는 나은 방법이나 위험성은 높다.

■ **도우칭(주수법)**

도우칭은 성교 후에 질을 물이나 약품으로 씻어내는 방법이다. 그러나 사정 후에는 정자가 이미 질을 통과해 자궁으로 들어가고 있을 것이므로 도우칭은 잘못된 피임법이며 오히려 씻어내는 과정에서 정자가 자궁경부로 더 말려들어갈 가능성도 있다. 이 방법은 자주 사용하면 질 내의 정상적인 화학적 균형이 무너질 수 있고 가려움증이나 병균에 감염될 수 있으며, 또한 자궁외 임신이 될 수도 있다.

■ **수유 중 성행위**

출산 후 아기를 모유로만 키우는 동안에는 배란이 되지 않는 것으로 알려져 있어 수유 중에는 별다른 피임을 하지 않는 경우가 많다. 그러나 수유 중에도 배란이 될 수 있다. 피임을 이 방법에만 의존할 경우 그 성공률은 매우 낮다.

출처 : Strong & Devauit(1994), pp. 430-431.

2) 기구피임법

(1) 콘돔

콘돔이 사용되기 시작한 것은 18세기 성병을 방지하기 위해서였다고 한다. 초기의 콘돔은 어피나 양의 창자로 만들었으나 현재 사용하는 것은 대부분이 얇고 질긴 라텍스 고무로 만들어진 것이다(정현숙 외, 2003). 콘돔은 남성의 음경에 씌워서 이 안에 사정을 하게 되므로 정자의 질내 침입이 차단되는 방법이다. 콘돔은 어디서나 손쉽게 구할 수 있어서 편리하고 정확하게 사용한다면 간편하고 효율적인 방법이지만, 성교 시 찢어지거나 벗겨질 수 있어서 5~10% 정도는 피임에 실패하는 단점이 있다.

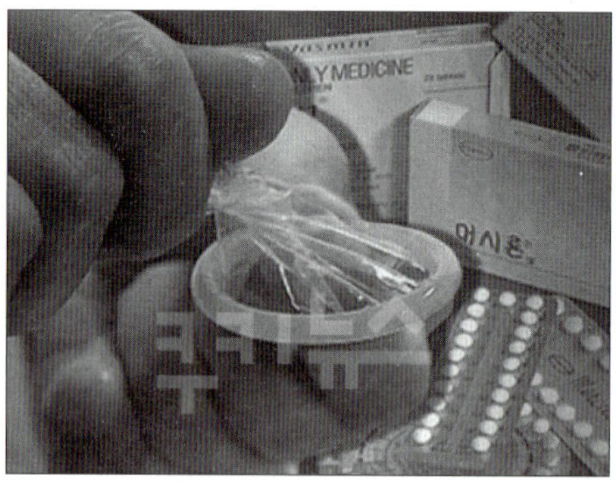

| 그림 6-3 | 콘돔의 형태

출처 : 영등포 지앤유 산부인과. blog.naver.com

콘돔 사용 시 주의해야 할 점

① 끝부분의 돌출부위를 살짝 비틀어 납작하게 하여 공기를 뺀 후 사용해야만 콘돔이 찢어져 피임이 실패하는 것을 방지할 수 있다.
② 사정이 끝난 후 콘돔이 빠져 질 내로 정액이 흘러 들어가지 않도록 주의해서 제거해야 한다.
③ 성교 때마다 새로운 콘돔을 착용해야 한다.

④ 차고 건조한 장소에 보관한다. 오랫동안 차의 보관함이나 지갑에 보관하면 포장상태에서도 콘돔이 훼손될 수 있다.

출처 : 김수경 외(2011).

(2) 페미돔

여성용 콘돔으로 섹스 전에 질에 삽입하는 부드럽고 유연제가 발라져 있는 15~16cm의 폴리우레탄 주머니이다. 탄력성이 좋은 두 개의 링이 달려 있는데 한쪽은 막혀 있고 한쪽 끝은 열려 있어 페니스 삽입이 가능하게 고안되어 있다. 이것은 성관계 전에 질에 삽입할 수 있어 편리하다.

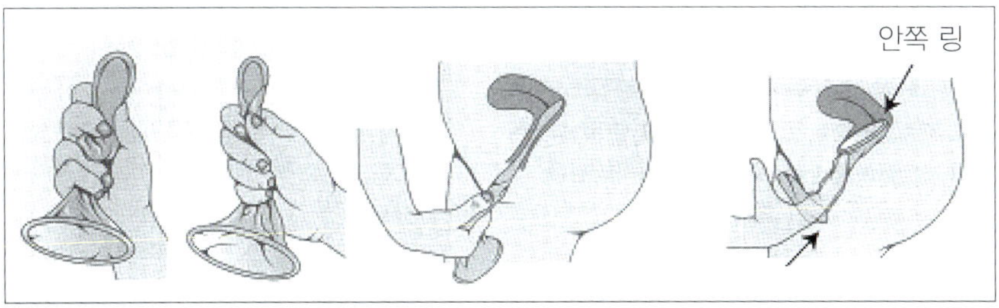

| 그림 6-4 | 페미돔 사용법

출처 : 김세철 외(2008). 성학.

(3) 자궁 내 삽입장치(루프)

자궁 내 삽입장치인 루프는 구리와 플라스틱의 합성이나 플라스틱으로 만들어진다. 이 기구를 여성의 자궁 안에 삽입하여 수정란이 착상되는 것을 막는 피임 방법이다. 이 장치가 이탈하지 않는 한 98%의 피임을 보장할 수 있다. 그러나 자신도 모르는 사이에 빠져 나올 수 있으며 불규칙적인 하혈이나 복부 통증 등의 부작용이 계속 보고되고 있어서 미국에서는 1980년대에 들어와 이 장치의 사용을 거의 중단하고 있는 실정이다(하채청 외, 1992). 시술 후 출혈이 한 달 이상 지속되거나 아랫배와 허리가 불편한 부작용이 나타날 수 있다. 자궁 안에 설치해야 하는 부담 때문에 보통 아기를 낳은 경험이 있는 여성들이 주로 사용한다.

(4) 피임용 격막(Diaphragm)

1982년 독일의 멘싱가(Mensinga)에 의하여 개발되었는데, 1960년까지는 대부분의 서구여성들이 사용하던 피임 도구였으나 피임약의 개발 이후 차츰 그 사용 빈도가 줄어들었다. 여성이 사용하는 피임기구로 유연성이 강한 금속테와 얇은 고무막이 둘러 돔 모양의 구조로 자궁경부의 입구를 막아 정자가 들어가는 것을 방지하는 기구이다. 사용하는 격막은 개인에 따라 그 크기를 의사가 선정해 주어야 하며 성관계를 갖기 수 시간 전에 삽입하고 성교 후 최소한 6시간 이후에 빼내야 한다. 한 번 사용하고 난 후에 세척을 하면 여러 번의 사용이 가능하다(정현숙 외, 2003). 올바르게 사용하면 여성의 피임법 중 경구피임약 다음으로 피임을 보장한다. 피임법 중 값이 싸고 부작용 없어서 여러 번 사용할 수 있고 필요 시에만 사용할 수 있다는 장점이 있으나 반면 고무의 알레르기 반응이 있는 사람이나 너무 이완된 질부나 비뚤어진 자궁일 때는 이 기구의 사용을 제한하고 있다(이영석 역, 1992).

(5) 자궁 내 장치(미레나)

미레나는 피임효과가 높아 장기피임법을 원하는 여성에게는 적합한 피임법이다. 기존의 자궁 내 장치(루프)와 비슷한 모양이지만 안으로 황체호르몬이 들어 있다. 매일 일정량의 황체호르몬을 자궁 내에만 분비시켜 작용하므로 특별한 전신적인 부작용이 없이 우수한 피임효과를 나타낸다.

피임이 되는 기제는 황체호르몬에 의해 자궁경부점액을 끈끈하게 하여 정자가 난자에 접근해서 수정하는 것을 어렵게 하고, 자궁과 난관 내에서 정자가 정상적으로 운동하는 것을 방해한다.

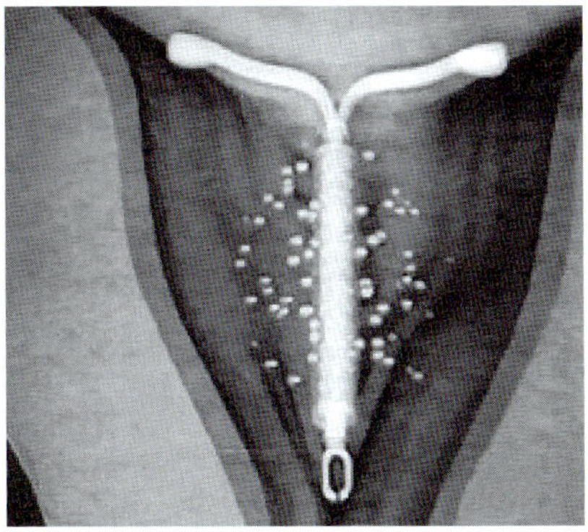

| 그림 6-5 | 미레나 : 황체호르몬이 나오는 모양

출처 : 김세철 외(2008). 성학.

(6) 이브라 패치

이브라 패치는 붙이는 피임약으로 처음 3주 동안은 같은 요일에 1주 1회씩 총 3회 패치를 부착하고 마지막 1주는 휴약한다. 스스로 붙이거나 떼어낼 수 있으며 엉덩이, 복부, 몸통 상부(유방 제외), 팔뚝 바깥쪽 중 한 곳에 붙일 수 있다. 접착력이 우수하여 샤워, 수영, 운동 및 다른 일상적인 활동을 하더라도 잘 떨어지지 않고 금연보조제, 호르몬 대체요법뿐만 아니라 통증조절, 심장질환, 근육통의 대중요법에 성공적으로 사용되고 있으며, 피임약과 같은 성분이나 간 대사를 거치지 않아서 간 기능이 안 좋은 환자에게 적합하다. 부작용으로는 유방증상, 불쾌감, 부착부위의 발적, 메스꺼움, 생리통이나 복통이 있을 수 있다. 생명을 위협할 수 있는 심각한 위험으로 혈액 응고, 심장 발작 또는 심장 마비 등을 들 수 있으며, 흡연자의 경우 이러한 위험이 발생할 확률이 높고 35세의 흡연 여성의 경우에는 심혈관계에 심각한 부작용을 초래할 위험이 높으므로 호르몬제 피임약을 사용하는 여성들은 절대 금연을 해야 하고, 사용하기 위해서는 사용가능 여부를 의사에게 확인을 받고 사용하는 것이 중요하다.

3) 약물피임법

(1) 경구피임약

경구피임약은 'pill'이라고 불리며 제일 널리 사용되는 피임법이다. 복용되는 피임약 종류가 인공적으로 합성된 에스트로겐과 프로게스테론을 혼합시킨 여성 호르몬 복합제로서 여성의 배란을 억제함으로써 피임하게 하는 것이다. 이 합성 호르몬은 여성의 체내에서 배란을 억제시킬 뿐만 아니라 자궁경부의 점액이 건조해져 정자가 통과하지 못하게 하여 수정란이 자궁내막에 착상하는 과정을 차단시킨다(추영국 외, 2007). 경구피임약은 미혼여성이나 신혼부부가 첫아기를 갖기 전까지 많이 사용하기도 한다. 복용법은 21일간 복용하고 7일간 쉬며, 이 7일 동안에 소퇴성 출혈이 일어난다. 복용을 시작하는 시점은 월경 시작 후 5일 이내다. 매일 1정씩 순서대로 21정을 다 복용하면 마지막 복용한 날로부터 2~4일 후에 저절로 생리가 시작된다. 7일간 약을 복용하지 않은 후에는 생리가 끝나거나 하는 중이거나에 관계없이 복용을 다시 시작한다(정경숙, 2000). 매일 복용해야 하는 번거로움이 있으나 피임효과는 매우 뛰어나다고 한다. 개인의 신체적인 차이에 따라 피임약을 먹고 난 후 반응이 다를 수 있으며 구토증이나 체중 증가 등의 부작용이 나타나는 경우도 있다. 당뇨병이나 고혈압 증상이 있는 경우에는 피하는 것이 바람직하며 40세 이상의 여성도 복용하지 않는 것이 좋다고 한다(하재청 외, 1992).

4) 응급피임법

사후피임법이라고 하며, 피임을 하지 않은 상태에서 성관계를 가진 후 원치 않는 임신을 방지하기 위하여 72시간 내에 복용하는 피임약이다. 수정된 후 자궁 내 착상이 일어날 때까지 6일 정도 소요되기 때문에 이 기간 동안 착상을 억제하는 방법이다. 그러나 4명 중 1명은 응급피임약의 사용에도 불구하고 임신이 되기 때문에 응급피임제 복용 후에는 2~3주 이내에 정상적인 월경을 하는지 반드시 확인해야 한다.

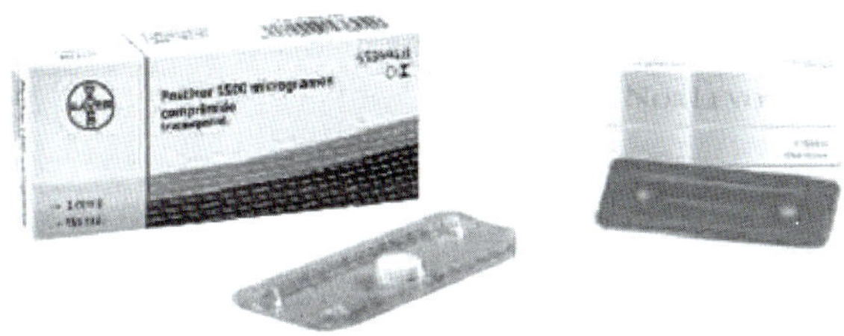

(포스티노-1) (노레보)

| 그림 6-6 | 사후피임약의 예

출처 : 루시나 산부인과, blog.naver.com/lucina8

응급피임약의 올바른 사용법

- 효능 : 응급피임약은 빨리 사용할수록 효과적이다. 성관계 후 24시간 이내에 복용하면 피임실패율이 5%에 그치지만, 48시간 이내면 15%, 72시간 이내에 복용하면 실패율이 40%에 이른다. 일반 피임약의 피임실패율이 0.1~2%, 루프로 불리는 자궁 내 장치의 경우 0.3~2%, 콘돔의 2~15%에 비하면 피임실패율이 높은 편이다.
- 부작용 : 10년쯤 전부터 시판되고 있는 선진국의 경우를 보면 응급피임약의 가장 흔한 부작용은 생리불순이다. 전체 복용자의 70%에서 나타난다. 이 밖에도 속이 메슥거리거나 유방이 붓고 전신의 무력감과 현기증 · 두통 등이 생길 수 있다. 그러나 이러한 부작용은 일시적이며 복용 후 1~2일이면 대개 사라진다.

• 주의사항 : 응급피임약 복용 후 나타나는 질 출혈로 대개 피임의 성공 여부를 확인할 수 있으나 스스로 속단해서는 안 된다. 응급피임약의 실패율이 높은데다 착상 출혈과 자궁외 임신 출혈 등 임신이 됐을 때도 피가 나올 수 있기 때문이다. 따라서 응급피임약을 복용한 뒤 3주가 되면 의사에게 검진받아 임신 여부를 확인하는 것이 안전하다. 다리 정맥이 파랗게 불거져 나오는 정맥 혈전증이나 심장병, 간암, 당뇨 등 만성질환을 갖고 있는 여성은 부작용 우려가 높으므로 복용 전 의사와 상의해야 한다. 응급피임약의 오남용에 예상되는 가장 큰 부작용이다. 응급피임약은 큰 부작용이 없는 비교적 안전한 약이지만 신체적인 부담이 큰데다 실패율도 높다. 게다가 반복할수록 피임효과가 떨어져 처음 사용한 경우 실패율이 11~25%지만 두 번째 사용에는 19~38%로 높아진다. 응급피임약은 말 그대로 콘돔을 안 썼거나 먹는 피임약 복용 없이 성관계를 가졌을 때 또는 성폭력 등 예기치 못한 상황에서 제한적으로 사용하는 것이 바람직하다.

출처 : 중앙일보(2001. 11. 9).

5) 영구피임법

(1) 정관수술

수술을 통한 피임법은 영구피임을 목적으로 하는 경우이다. 남자의 경우 정관수술을 통해서 국부 마취 후에 음낭을 조금 절제하여 내부의 정관을 잘라 묶는 비교적 간단한 수술이다. 시간은 보통 약 20분가량 소요되며, 정관수술을 하여도 남성호르몬 생산이나 정자 생산이 중단되지 않으므로 남성 기능에는 아무런 손상이 없다.

정관수술 후에도 정자를 제외한 정액의 사출은 가능하지만 정자는 체외로 배출되지 못하고 정관이 묶인 부분에서 멈추어 있다가 식세포들에 의해 제거된다. 정관수술의 복원은 매우 어려운 과정이라고 한다.

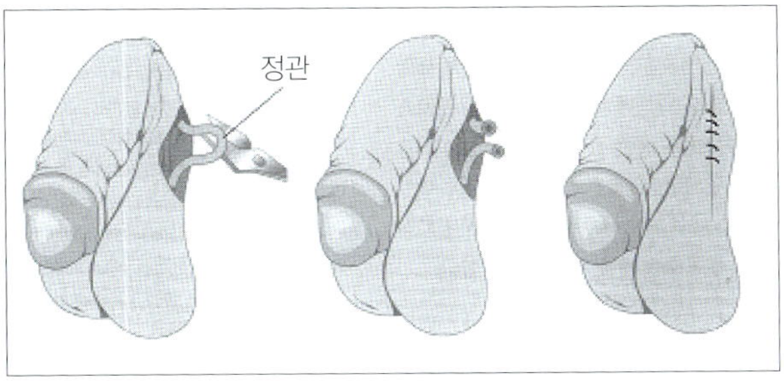

| 그림 6-7 | 정관결찰술

출처 : 김세철 외(2008). 성학.

피임도 전략이다.

■ **20~30대 신혼부부 및 미혼 ⇨ 먹는 피임약**

먹는 피임약이 신혼기 피임법으로 적합한 이유는 성관계가 잦은 시기이므로 피임이 항상 준비되어 있는 상태여야 한다는 점 때문이다. 이런 점에서 복용법만 잘 지키면 97%의 효과가 있는 경구피임약이 바람직하다. 결혼 직전부터 복용하면 월경주기가 28일로 고정된다.

■ **출산 직후 부부 ⇨ 콘돔**

가족계획을 미리 세운 뒤 출산 후 첫 관계부터 콘돔을 이용하여 피임을 한다. 콘돔은 페니스가 발기되었을 때부터 사용하고 사정 후 빨리 제거한다.

■ **출산경험이 있으며 관계 횟수가 주 1~3회인 부부 ⇨ 자궁 내 장치**

자궁 내 장치는 자궁 안에 기구를 넣어야 하는 부담 때문에 보통 아기를 낳은 경험이 있는 여성들이 주로 사용한다. 보통 5~10년간 피임할 수 있어 출산계획을 미루고 있는 여성에게 좋은 피임법이다.

■ **출산계획이 완료된 부부 ⇨ 영구 피임법**

이는 단산을 유도하는 방법으로 가족계획이 모두 끝났다고 생각될 경우에 한다. 여성의 나팔관을 묶는 방법과 남성의 정관을 묶는 방법이 있다. 일단 단산수술을 하고 나면 다시 아기를 원할 경우 풀어주는 복원수술을 해야만 한다. 복원수술은 까다롭고 성공률도 높지 않기 때문에 단산수술을 선택할 경우는 신중하게 고려한다.

출처 : KBS 2TV 비타민 제작팀(2005), p. 207, 김수경 재인용.

(2) 난관수술

난관수술은 여성피임법으로 여성의 나팔관을 잘라 묶음으로써 난자와 정자의 수정을 방해하는 피임법이다. 피임 성공률은 높으나 임신을 다시 원하는 경우 복원수술의 번거로움이 있고 복원수술 후 자궁외 임신 발생 가능성이 있으므로 전문의 상담 후 신중히 결정해야 한다. 난관수술 후에 나타날 수 있는 증상에는 골반강 내의 불편감, 난소낭종 생성, 월경과다증 등이 있는데 이러한 증상을 총칭하여 난관결찰증후군이라 한다(김수경 외, 2011).

이상적인 피임의 조건

첫째, 피임 효과가 정확해야 한다.
둘째, 사용이 간편해야 한다.
셋째, 피임에 따르는 비용이 경제적이어야 한다.
넷째, 성생활에 지장이 없어야 한다.
다섯째, 자기 체질에 맞고 몸에 해롭지 않아야 한다.

2 성 병

성병은 성행위에 의해서 세균이나 병원체에 의해 감염되는 모든 질병을 말한다. 성병을 일으키는 미생물 병원체는 박테리아와 바이러스이다(아름다운 성 연구소). 다음 〈표 6-1〉과 같이 우리나라 성병 발생현황을 살펴보면 성병의 전체적 발생건수는 2002년 이후 해마다 줄어들고 있으나 세부항목을 살펴보면 다른 항목에 비해 매독의 발생률은 점차 증가하고 있는 것을 알 수 있다.

〈표 6-1〉 우리나라 성병 발생현황

단위 : 건

성별 \ 연도	2001	2002	2003	2004	2005	2006
임 질	18,392	21,479	15,290	10,845	6,135	4,219
클라미디아	354	2,060	4,048	5,970	4,245	2,978
비임균성요도염	8,002	8,155	6,026	4,977	3,500	2,748
성기단순포진	629	717	670	658	893	1,494
매 독	252	134	582	807	674	1,179
첨규콘딜롬	281	326	388	382	497	696
연성하감	5	1	1	0	0	0
계	27,915	32,872	27,005	23,639	15,944	13,314

출처 : 통계청(2007).

성병은 자연 치유되는 경우가 없고 전염성이 강하기 때문에 꼭 치료를 받아야 하며 잠복기가 길기 때문에 부적절한 관계를 가졌다면 당장 증상이 없더라도 검사를 해보는 것이 중요하므로 아래 성병에 대한 종류와 증상을 살펴보고 철저한 위생관리와 건강한 성에 대한 지식을 갖는 것이 바람직하다. 다음은 성병에 대한 종류와 각기 성병에 대한 예방법을 김수경의 결혼준비교육 프로그램을 통해서 정리하고자 한다.

1) 성병의 종류

■ 에이즈(AIDS)

에이즈(AIDS)는 에이즈바이러스(HIV)에 의해 감염되어 나타나는 진행성 증후군이다. HIV에 감염되면 우리 체내의 CD4 helper lymphocyte를 공격하는데 이

세포는 정상적으로 감염성 질환과 싸우는 우리 몸의 방어체계 중 하나다. HIV가 이 세포를 파괴하면 정상인에게서는 일어나지 않는 심각한 감염이 쉽게 일어나며 이러한 상태를 의학적으로는 면역결핍상태라고 말한다. 우리 몸의 면역결핍상태가 심해지면 치명적인 감염증이나 암을 일으켜 에이즈 환자로 진행되게 된다. 또한 이 바이러스는 뇌의 기타 기관까지 침투하여 운동능력이나 기억의 상실 등 심각한 기능장애를 초래하게 된다. 에이즈의 감염경로는 첫째, 감염인과의 성 접촉으로 HIV가 직접 침투하여 감염되고, 둘째, 감염혈액으로 인한 감염으로 수혈, 주사기 공용, 혈액 수혈으로 감염되며, 셋째, 모자감염으로 감염된 어머니로부터 임신 중 태반을 통하거나 출산 시 또는 모유를 수유할 때 감염되나 유전은 안 된다. 예방법으로는 성관계는 성병에 감염되지 않았다고 확인된 한 사람의 상대만으로 제한하는 것이 중요하며, 성교 시 구강이나 항문 성교를 포함한 모든 종류의 성 접촉에서는 콘돔을 사용한다. 그리고 에이즈가 감염될 수 있는 체액과의 접촉을 피하며 어떤 경우라도 타인과 주사기를 같이 쓰지 않는 것이 중요하다.

■ 성기단순포진(헤르페스, Herpes Simplex)

헤르페스는 바이러스를 가지고 있는 사람의 피부가 상대방의 점막에 닿게 되면 전염된다. 정상적인 피부는 바이러스가 뚫고 들어가기 어렵기 때문에 주로 구강점막 또는 요도나 성기의 점막을 통하여 감염되며 증상이 없는 경우에도 전염될 수 있다. 그러나 헤르페스 바이러스는 매우 약해서 인체 밖으로 나오면 살 수 없기 때문에 수건이나 변기 등을 통해 전염되지 않는다. 헤르페스의 증상은 수포들이 집합하여 질이나 성기, 경부, 입, 항문, 엉덩이의 피부 표면에서 나타나는 염증성 질환으로, 염증이 심할 경우 가려움과 소변 도중에 따가움을 느낀다. 증상은 감염 후 20일 정도 후에 나타나고 열이 나거나 머리가 아프기도 하다. 스트레스, 피곤함 등으로 인해 몸의 면역체계가 약해지면서 반복적으로 나타난다. 여성이 단순포진에 감염되면 유산할 가능성이 높고, 출산 시에 태아가 감염되어 사망할 수도 있다. 감염경로는 구강성교, 질에 의한 성교에 의해서 감염되며 자신이 감염되었으면서도 다른 사람을 감염시킬 때까지 많은 사람들은 감염된 사실을 모르는 경우가 많다.

■ 사면발이

사면발이는 작은 벌레의 일종으로 성관계 시 감염된 사람의 음모에서 다른 사람의 음모로 전해진다. 이 벌레는 사람에게 감염되면 그 사람의 피를 빨아먹고 산다. 다른 성병과 달리 사면발이는 심한 합병증이나 후유증을 야기하는 경우는 거의 없으나 가려움증이 심하며 타인에게 쉽게 전염이 일어날 수 있다. 특히 침구류나 의복, 타올 등을 통해서도 전염이 가능하기 때문에 함께 생활하는 사람들이나 가족들에게도 전염이 일어날 수 있다는 것도 문제이다. 청결한 주변 환경을 유지하는 것이 중요하다.

■ 임질

가장 오래된 성병으로 우리나라의 경우 최근에는 줄어드는 추세이다. 강력한 항생제를 몇 주간 복용하면 임질균을 박멸할 수 있기 때문이다. 임질에 감염되면 남녀 약 20%는 혈액에 임질균이 퍼져서 식욕 부진, 피부의 손상, 관절염 등을 일으킨다. 이를 방치하게 되면 요도협착으로 인해 평생 배뇨 시 통증을 느끼게 되고, 관절, 심장, 뇌를 침범하여 심각한 문제를 일으킬 수 있다. 임신 중에 감염되면 태아가 선천적 실명이 되기도 하므로 예방과 치료가 필요하다. 그러나 한 번 감염되었다고 해서 면역이 생기지 않으므로 생활습관을 고치지 않는 한 얼마든지 재감염의 위험이 있다. 임질의 증상으로는 남성은 초기에 요도에서 노란색 분비물이 나오며 빈뇨 현상을 보인다. 후기에는 심한 통증과 고열을 수반하여 불임이 되기도 한다. 여성은 50~80%는 무증상이고 초기에 알아차리지 못하지만 초기 증상으로는 외부에서 관찰할 수 있는 것이 없고 경부가 부어오른다. 감염경로는 구강성교나 키스, 성기접촉에 의해서 걸리게 되며 평소에 청결을 유지해야 하고 성관계 시에는 콘돔착용이 중요하다.

■ 매독

매독을 일으키는 spirochete는 그 크기가 매우 작고 성기 피부뿐만 아니라 우리 몸의 어디에서나, 예를 들어 임파선, 뇌, 심장, 척수, 뼈에서도 살 수 있어 심한 경우 사람을 죽음까지 인도할 수 있는 무서운 균이다. 일차적으로 매독은 매독 환자의 매독궤양(상처)에 있는 균이 성행위 시 직접접촉에 의해 상대편으로 전파된다. 이러한 감염은 구강성교나 항문성교뿐만 아니라 정상적인 성교에 의해서도 전파된다. 증상이 전혀 없는 잠복기에도 매독은 옮길 수 있다는 사실도 명심해야 한다. 또한 매독은 감염된 산모에게서 태아에게로 바로 전염이 될 수 있으며 심한 기형을 유발할 수 있다. 그러나 진단과 치료, 예방이 쉽다. 매독의 초기 증상은 매독균과 접촉 후 2~3주 사이에 나타난다. 즉, 여성의 경우 가장 흔한 증상은 질과 경부에 염증이 생기는 것이다. 또는 외음부에 고통이 없는 염증도 생긴다. 남성의 경우 성기에 고통이 없는 염증이 생긴다. 또한 궤양을 보이기도 한다. 매독의 증상은 95%가 성기 주위에 나타나지만, 염증이 입, 항문, 가슴에도 생길 수 있다. 만일에 구강성교를 하다가 매독에 감염이 되면 혀나 입술에도 염증 증상이 나타난다. 질 내부나 경부 주위에서 발생하는 증상은 초기에 발견되지 않기에 치료의 어려움을 겪는다. 매독 2기가 되는 데는 한달 정도 걸리는데 상처가 손, 발, 몸 등에 나타난다. 보통 1기 매독 증세가 없어지고 3~6주 후에 자각 증상이 없이 나타난다. 손발바닥의 발진, 목의 통증, 식욕감퇴, 체중감소, 그후 잠복기 돌입, 3기를 거쳐 사망에 이르는 경우도 있다. 태아에게 전염 가능하다.

그 외 다음 참고자료에서 보는 것과 같이 다양한 성병에 대한 종류와 증상에 대한 지식을 습득하여 건강한 성생활을 하도록 노력해야 한다.

성병의 종류와 증상

- 세균성 질증(bacterial vaginitis) : 종창이나 불쾌감을 수반하지 않는 질감염증이다. 고약한 냄새가 나거나 질분비물이 얼마쯤 있을 수도 있으나 별 증상을 느끼지 못하는 여성도 적지 않다. 원인으로는 질가르드네레라균, 그 밖의 세균이 보통의 질내 분비물과 바뀌어짐으로 일어나는 감염이다.
- 방광염(cystitis): 방광의 감염증으로 여성이 걸릴 확률이 훨씬 높다. 남성에게 드문 이유는 요도가 길기 때문에 병원체가 방광에까지 도달하기 어렵다는 것이다. 여성의 증상으로서는 배뇨 시(체내에서 느끼는) 아픔, 작열감, 빈뇨, 혈뇨가 있다. 병원체에는 대장균, 그 밖의 소화관 내에 보이는 세균, 포도상구균, 단순 헤르페스 바이러스가 있다.
  예방법으로는 성교 직후에 비록 몇 방울이라도 배뇨를 하고, 크랜베리 주스를 마심으로써 오줌의 산성도를 강하게 유지할 것(세균을 죽이는 데 필요하다고 생각함) 등을 열거할 수 있다. 어떤 종류의 성교 체위, 즉 후배위는 세균 이입의 기회를 증폭시키므로 다른 체위를 시도하고 항문성교를 하고 나서 질 성교로 옮기기 전에는 반드시 페니스를 깨끗이 씻도록 한다.
- 자궁질부염(ectocervicitis) : 자궁경부 외표면의 감염증이다. 증상으로는 질염 감염증이 포함된다. 병원체로는 단순 헤르페스 바이러스, 크라미디어 트라코마치스, 질트리코모나스, 칸디다아르비칸스, 사이코메가로 바이러스다.
- 자궁내막염(endometritis) : 자궁 내막의 감염증이다. 골반 염증 질환과 유사하며 감염 병원체로는 임균, 단순 헤르페스 바이러스, 마이코프라스마, 대장균, 질가르드네레라균, 그 밖의 세균, 그리고 어떤 종류의 바이러스와 함께 몇 가지의 다른 병원체가 발견되는 수가 종종 있다.
- 자궁경관염(endocervicitis) : 자궁 경관 내부의 감염증이다. 증상은 PID와 비슷하며 질 분비물이 보이나 증상이 없을 수도 있다. 남성 파트너가 요도염으로 진단되면 여성 파트너 역시 그렇게 진단되는 것이 보통이다. 감염 병원체로는 크라미디어 트라코마치스, 임균과 단순 헤르페스 바이러스가 관여하고 있다.
- 부고환염(epididymitis) : 정소 상체(부고환)이 감염증이다. 증상은 요도염과 비슷하나 그 밖의 음낭(거의가 한쪽 고환)의 아픔, 종창, 압통과 발열 등을 수반하는 수가 있다. 크라미디어 트라코마치스, 임균, 그 밖의 세균에 의해 일어난다.
- 비임균성 요도염(NGU : Nongonococcal Urethritis) : 임균에 의해서 일어나는 것이 아닌 요도 감염증(요도염)의 총칭이다. 남녀 다 같이 걸리면 흔히 성감염증으로 볼 수 있는 것의 하나다. 세균상 미생물에 의해서 일어나는 요도 감염증이다. 가장 많이 관여하는 병원체는 크라미디어 트라코마치스(남녀 같이)와 우레아프라스마 우레아리티굼(남성)이다.
- 직장염(proctitis) : 항문 및 직장의 감염증이다. 증상으로는 직장의 아픔, 출혈, 점액 배출, 설사 등이 있다. 이를 일으키는 것은(여성의 경우) 성기에서의 성 감염증 병원체가 전파되거나 혹은 직접적으로는 항문성교에 의해 감염된다.
- 난관염(salpingitis) : 난관의 감염증이다. 증상은 골반염증 질환과 비슷하다. 원인은 나이세리어속

임균, 크라미디어 트라코마치스, 마이코프라스마, 대장균, 질가르드네레라균, 그 밖의 세균이다. 그리고 여러 종류의 바이러스나 몇 가지 상이한 병원체가 동시에 발견되는 수도 있다. 난관염은 불임증을 가져올 수 있다.

- 질염(vaginitis) : 질의 감염증이다. 세균성 질증과는 달리 종창이나 불쾌감을 일으킬 수 있다. 증상으로는 고약한 냄새를 가진 질 분비물의 증가, 질 종창, 가려움, 작열감과 아픔, 성교통, 생리 직후에 증상이 악화되는 수가 있다. 병원체는 질트리코모나스, 칸디다 아르비칸스 등이다.
- 요도염(urethritis) : 요도의 감염증이다. 남성의 증상은 요도 분비물, 배뇨 시의 아픔, 작열감, 불쾌감, 페니스 선단의 가려움이고, 여성의 증상으로는 절박 요의, 배뇨 전 및 배뇨 중 체내의 작열감과 통증, 하복부통이 있다. 남성은 여성보다 증상이 생기기 쉬우나 많은 남성은 증상이 없다. 여성은 증상이 없는 경우가 더 많다. 관여하는 병원체는 나이세리어속 임균, 크라미디어 트라코마치스, 우레아프라스마 우레아리티굼, 단순 헤르페스 바이러스, 칸디다 아르비칸스, 대장균, 그 밖의 세균, 그리고 드물게 질트리코모나스다.

출처 : J. M. 라이니쉬, R. 비즐러 저, 이영식 역(1992). 최신 키제이 리포트.

2) 성병 감염 시 조치 사항(채규만, 2006)

- 즉시 병원을 방문해 의사에게 문의한다.
- 치료를 적극적으로 받아야 한다.
- 파트너에게 숨기지 말고 상의한다.
- 담당 의사가 안전하다고 할 때까지 성관계를 갖지 않는다.

3) 성병의 예방

성행위를 하면서도 자신만은 성병에 걸리지 않을 것이라고 생각하는 사람들이 많지만, 성병은 성병을 유발시키는 균을 가지고 있는 사람과의 성교나 입맞춤 등에 의해 남녀노소 누구나 걸릴 수 있는 병이다. 그러므로 성병에 대해 정확히 알고 성병으로부터 자신을 보호할 줄 알아야 한다(추영국, 2008).

성병에 감염되는 위험을 줄이는 방법과 일단 성병에 걸렸을 경우 타인에게 전염시키는 위험을 줄일 수 있는 지침을 소개한다(채규만, 2006).

■ 성병에 대한 지식을 습득한다

성병의 증세를 알아야 병을 예방하고 적절한 치료를 받을 수 있으며 타인으로부터 옮거나 타인에게 옮기는 것을 막을 수 있다.

■ 콘돔을 반드시 사용한다

콘돔을 사용해도 100% 예방할 수는 없지만, 그래도 사용하지 않은 것에 비해서 훨씬 안전하다. 항상 성관계 전과 후에 성기를 세척해야 한다. 그리고 자주 성기를 관찰하는 습관을 기른다.

■ 위험한 성관계는 피해야 한다

단 한 번이라도 잘 알지 못하는 상대와 불건전한 성관계를 가졌다면 성병 검사를 받아야 한다. 여러 사람과 성적 접촉을 하지 말아야 하며, 또한 친구들과 어울려서 성매매를 하거나, 유흥업소 등으로부터 성관계는 피한다.

■ 정직해야 한다

자신에게 이상이 있으면 파트너와 상의하고 같이 검사를 받고 치료를 받아야 한다. 숨기면서 혼자 치료받고 나았을지라도, 배우자가 감염된 상태이면 또다시 성병에 걸릴 수 있다.

■ 신중히 검진하고 치료해야 한다.

병원을 방문하여 신중히 검진하고 의사의 지시에 따라 완치될 때까지 치료해야 한다.

3 낙 태

1) 낙태란?

낙태는 일반적으로 태아가 모태의 자궁 내에서 죽은 것을 의미한다. 낙태는 자연유산과 인공유산으로 나뉜다. 자연유산이란 의학적 시술을 시행하지 않은 상태에서 임신 20주 이전에 임신이 종결되는 경우를 말한다. 인공유산이란 임신 시기에 약물적 또는 수술적 방법으로 임신을 종결시키는 것으로 정의한다(의학용어백과사전). 낙태는 치료적 유산과 선택적 유산으로 나눌 수 있다. 낙태는 의사의 지시에 따른 적법한 것도 포함되나, 좁은 의미로는 임산부 스스로 행하는 것이든, 타의에 의하여 시행되는 것이든 간에 불법적 임신중절을 뜻한다(이연승, 2017).

(1) 치료적 유산

우리나라에서는 모자보건법에서 임신중절에 대해 다음과 같은 허용한계를 두어 합법적으로 유산하는 것을 치료적 유산이라고 한다(모자보건법 시행령 제15조).

- 본인 또는 배우자가 대통령령이 정하는 우생학적 또는 유전학적 정신장애나 신체질환이 있는 경우
- 본인 또는 배우자가 대통령령이 정하는 전염성 질환이 있는 경우
- 강간 또는 준강간에 의하여 임신된 경우
- 법률상 혼인할 수 없는 혈족 또는 인척 간에 임신된 경우
- 임신의 지속이 보건의학적 이유로 모체의 건강을 심히 해하고 있거나 해할 우려가 있는 경우

(2) 선택적 유산

여성의 권리적 측면과 사회 및 선택결정 요구에 의한 유산을 선택적 인공유산이라고 한다. 크게 수술과 약물을 이용한 방법이 있으며 수술에는 월경흡입법, 개복수술, 자궁경부 개대 및 소파술 등이 있다.

한국보건사회연구원은 2018년 9월 20일~10월 30일 만 15~44세 여성 1만 명을 대상으로 온라인 설문방식으로 진행한 인공임신중절(낙태) 실태조사 결과를 지난 2월 발표한 바 있다. 조사 결과, 낙태를 결정한 이유(복수응답)로는 '학업, 직장 등 사회활동에 지장이 있을 것 같아서(33.4%)', '고용 불안정, 소득 등 경제 상태상 양육이 힘들어서(32.9%)', '자녀를 원치 않아서 등 자녀계획 때문에(31.2%)' 등이 가장 많았다(조선비즈, 2019).

모자보건법 제14조(인공임신중절수술의 허용 한계)

모자보건법 시행령에 따르면 인공임신중절수술은 임신 24주일 이내인 사람만 할 수 있다. 우생학적 또는 유전학적 정신장애 그 밖의 유전성 질환으로서 그 질환이 태아에 미치는 위험성이 높은 질환일 경우 허용한다.

① 본인이나 배우자가 대통령령으로 정하는 우생학적(優生學的) 또는 유전학적 정신장애나 신체질환이 있는 경우
② 본인이나 배우자가 대통령령으로 정하는 전염성 질환이 있는 경우
③ 강간 또는 준강간(準强姦)에 의하여 임신된 경우
④ 법률상 혼인을 할 수 없는 혈족 또는 인척간에 임신된 경우
⑤ 임신의 지속이 보건 의학적 이유로 모체의 건강을 심각하게 해치고 있거나 해칠 우려가 있는 경우

출처 : 김수경 외(2011). 결혼준비교육 프로그램.

임신, 낙태에 대한 질문들

1. 나는 섹스=임신이라고 생각해 본 적이 있다.
2. 지속적으로 성관계하는 파트너와 임신과 낙태에 대해 얘기해 본 적이 있다.
3. 내 여자친구가 낙태할 수도 있다는 생각을 해봤다.
4. 낙태는 여성의 건강에 해로울 것이다.
5. 임신과 출산, 낙태는 여성의 몸에서 이루어지는 것이므로 주 책임자는 여성이다.
6. 낙태율 대부분은 미/ 비혼일 것이다.
7. 주변 여성들(엄마, 파트너, 친구, 후배 등) 중에 낙태경험이 있는 사람이 있다.
8. 파트너가 성관계 후 임신으로 불안해한 적이 있다.
9. 파트너가 낙태할 경우 병원에 함께 가는 것은 당연하다.
10. 파트너가 임신할까 봐 두렵다.

출처 : 한국여성민우회 홈페이지(2010. 10. 22). 여성건강 중 낙태 관련 체크리스트 및 지침, 기사에서 발췌. 한희선(2015) 재인용.

〈표 6-2〉 OECD 주요국 회원국 낙태허용금지 실태

사회 · 경제적 사유		임신부 요청	
허용	네덜란드, 노르웨이, 덴마크, 독일, 멕시코, 미국, 벨기에, 스웨덴, 스위스, 스페인 영국, 오스트리아, 이탈리아, 일본, 체코, 캐나다, 프랑스, 핀란드, 헝가리, 호주 등 30개국	허용	네덜란드, 노르웨이, 덴마크, 독일, 멕시코, 미국, 벨기에, 스웨덴, 스위스, 스페인, 오스트리아, 이탈리아, 체코, 캐나다, 폴란드, 프랑스, 헝가리, 호주 등 27개국
불가	뉴질랜드, 아일랜드, 이스라엘, 칠레, 콜롬비아, 폴란드, 한국 등 7개국	불가	영국, 일본, 핀란드, 뉴질랜드, 아일랜드, 이스라엘, 칠레, 콜롬비아, 한국 등 10개국

출처 : 조선비즈(2019. 4. 19).

2) 낙태방법

일반적으로 인공유산은 일찍 시술할수록 합병증의 발생이 적고 안전하다. 가장 안전한 시기는 임신 7주에서 10주 사이이다. 임신 13주 이전에 시행된 인공유산의 경우 심각한 합병증의 발생은 비교적 드문 편으로 약 97%의 여성이 안전하게 시술을 받는다(박충선 외, 2003).

(1) 약물적 요법

내과치료를 통해 중절약이라는 약물을 통해 이루어진다. 7~9주 이전에 복용해야 가장 안전하고 효과가 좋다. 그러나 약제를 사용할 경우 출혈기간이 길어지고 염증의 우려가 있으며 자궁 통증의 빈도가 증가하여 소화기계의 부작용이 증가한다.

(2) 흡인법

자궁진공흡인법은 임신 12주가 넘지 않아야 가능하다. 자궁진공 흡인법은 얇은 흡인관과 수동 펌프(MVA), 또는 전동 펌프(EVA)로 배아나 태아 그리고 태반을 흡입해서 제거하는 수술을 말한다. 부분 또는 전신마취 후에 이루어지며 보통 10~15분 정도 걸린다. 수술을 받은 지 1~2시간 후에 퇴원이 가능하다.

(3) 확장흡인술

임신 13~24주 정도에 가장 많이 사용되는 낙태수술방법이며 흡인법과 비슷하지만 시간이 좀 더 걸리고 대개 전신마취를 하고 자궁경부를 확장시키는 약을 먹는다. 태아를 제거하기 위해 흡인관뿐만 아니라 추가로 겸자라는 기구를 사용하기도 한다.

낙태의 위험으로는 수술 후에 출혈과 위경련 증상이 나타날 수 있으며 전신마취가 풀린 후에 어지러움과 메스꺼움을 호소하는 사람도 있다. 부작용으로 자궁천공, 출혈, 자궁경련, 자궁 내 내용물의 불완전한 배출이 생길 수 있다.

(4) 낙태와 살인

우리나라는 태아를 출산하는 데 모자보건법에 명시된 사항을 제외하고 인위적인 방법으로 모체 밖으로 배출시키거나 약물 등으로 모체 안에서 제거하는 것을 낙태죄로 명시하고 있다. 임신 중인 태아를 인공적으로 낙태죄로 규정한 것으로, 형법에 명시되어 있다. 우리나라는 낙태죄가 1953년 형법 제정 시에 포함된 죄목이었으나, 낙태죄 존폐에 대한 끊임없는 논의가 계속되고 2019년 4월 11일 헌법재판소가 이를 헌법불합치로 결정함에 따라, 2020년까지 형법의 관련 조항을 개정하도록 했다. 우리나라는 1953년 형법 제정 이후부터 66년간 낙태죄 존폐를 둘러싼 논쟁이 끊임없이 이어져 왔다.

지난 2019년 4월 헌법재판소는 낙태한 여성과 그 동의하에 낙태를 시술한 의료인을 처벌하도록 한 형법상 낙태죄 조항이 헌법과 합치하지 않는다는 결정을 내렸다. 이에 입법부는 2020년 12월 31일까지 관련 조항을 정비해야 한다.

낙태죄 존폐에 대한 논쟁에 앞서 성행동에 대한 기본 교육, 피임, 임신에 대한 지원이 우선 논의되어야 한다고 생각한다.

세계의 낙태 사례

1. 멕시코

멕시코는 32개주가 각기 다른 낙태법을 제정하고 있다. 단, 여성이 성폭행으로 임신했을 경우 모든 주에서 똑같이 낙태를 합법화한다. 임신부의 생명이 위태로울 때도 합법적으로 수술이 가능하다. 그러나 멕시코는 국민 대다수가 가톨릭 신자이기 때문에 낙태를 사회윤리적으로 부적절하다고 여기는 인식이 높다. 그래서 합법적으로 낙태받는 것이 거의 불가능하다. 2007년 멕시코는 임신 12주까지는 어떤 경우에도 임산부가 원하면 낙태를 허용하기도 하였다. 누구나 국립병원에서 무료로 낙태수술을 받을 수 있게 되었다.

2. 프랑스

프랑스의 경우 2013년 4월부터 출산을 원하지 않는 여성들의 낙태에 대해 전액 건강보험 혜택을 부여하기 시작했다. 프랑스는 임신 12주까지 낙태를 허용하고 있으며, 임신을 원하지 않는 여성의 낙태 비용을 전액 국가에서 부담하는 것은 물론, 15~18세 청소년 여성에게 피임약을 무료로 제공해 원치 않는 임신과 중절수술 수를 줄일 수 있다고 기대하고 있다(한겨레 뉴스, 2013. 4. 3).

출처 : 재키베일리(2013).

성 감염질환 감염위험 자가평가

성 감염질환 감염위험을 결정하는 다양한 요소들이 있다. 이 평가는 당신의 성 감염질환 감염위험을 자가평가할 수 있도록 작성된 것이다. 이 수치로 성 감염질환 감염에 대해 가늠해 볼 수 있다.

■ 나이

① 0~9세 (1점) ② 10~14세 (3점) ③ 15~19세 (4점)
④ 20~29세 (5점) ⑤ 30~34세 (3점) ⑥ 35세 이상 (2점)

■ 성행위

① 전혀 없음 (0) ② 1명의 파트너 (1)
③ 1명 이상의 파트너. 그러나 한번에 여러 명인 적은 없음 (2)
④ 2~5명의 파트너(4) ⑤ 5~10명의 파트너 (6)
⑥ 10명 이상의 파트너(8)

■ 성에 대한 태도

① 비배우자 간 성교는 절대 하지 않음 (0)
② 미래의 배우자라면 혼전 성교 찬성 (1)

③ 어떤 종류의 혼전 성교도 찬성 (8)
④ 혼외성교하지 않음 (1)
⑤ 혼외성교 찬성 (7)
⑥ 완전한 성적 자유 (8)

■ 피임에 대한 태도

① 임신예방 위해 콘돔 사용 (1)
② 성 감염질환 예방 위해 콘돔 사용 (1)
③ 콘돔 사용하지 않음 (6)
④ 피임약 사용 (5)
⑤ 다른 피임방법 이용 (4)
⑥ 어느 것도 하지 않음 (8)

■ 성 감염질환에 대한 태도

① 걱정하지 않기 위해 성적으로 적극적이지 않음 (3)
② 파트너와 성 감염질환에 대해 이야기할 수 있음 (3)
③ 확실히 감염 여부를 알기 위해서 검진 (4)
④ 감염을 알아보는 검진이 두려움 (6)
⑤ 감염에 대해 말조차 하지 못함 (6)
⑥ 성 감염질환은 문제가 아님 (8)
⑦ 쉽게 치료 가능 (6)

▶ 총 점수 :

해 석

- 위험은 평균 이하이며 훌륭한 수준이다 (5~8)
- 위험은 평균 이하이다 (9~13)
- 위험은 평균 수준이다 (14~17)
- 위험은 비교적 높다 (18~21)
- 위험은 높은 수준이다 (22 이상)

출처 : 김수경 외(2011). 결혼준비교육 프로그램, p. 238.

AIDS 인식 척도

다음은 AIDS와 관련된 문항입니다. 맞는 것은 ○, 틀린 것은 ×로 표시해 봅시다.

문 제	
1. AIDS는 HIV와 동의어로 같은 의미이다.	
2. HIV는 바이러스의 일종이다.	
3. AIDS에 걸린 사람을 통해서만 HIV에 감염될수 있다.	
4. AIDS는 폐렴의 일종이다.	
5. AIDS는 암의 일종이다.	
6. 한 번의 성행위로 HIV에 감염되지는 않는다.	
7. 건강하고 젊은 사람은 AIDS에 걸리지 않는다.	
8. 건강하고 젊은 사람과 성행위했을 때는 AIDS에 걸리지 않는다.	
9. 동성연애자와의 관계나 약물주사 이외에는 HIV에 감염되지 않는다.	
10. AIDS는 여성보다는 남성에게 더 위협적이다.	
11. 비록 HIV에 감염되어도 몇 년 동안 병의 증후가 나타나지 않는다.	
12. 현재 농구 대잔치로 MVP로 활약하는 선수라도 HIV 감염자일수 있다.	
13. AIDS를 치료하는 백신이 있다.	
14. 동성연애자나 약물중독자가 많은 대도시에 살지 않는 한 AIDS에 감염될 것을 걱정할 필요가 없다.	
15. HIV에 감염된 사람과 껴안는다고 해서 HIV에 감염되지 않는다.	
16. HIV에 감염된 사람과 키스하거나 애무한다고 해서 HIV에 감염되지 않는다.	
17. 남편이 HIV에 감염된 경우에 일상적인 성교를 통해서는 HIV에 감염되지 않는다.	
18. 남편이 HIV에 감염되었어도 성교를 할 때 피임을 하면 HIV에 감염되지 않는다.	
19. 남편이 HIV에 감염된 경우 성교 시 콘돔을 이용하면 HIV에 감염되지 않는다.	
20. 남편이 HIV에 감염된 경우 구강성교를 통해서는 HIV에 감염되지 않는다.	
21. 세계보건기구에 의하면 2000년에는 HIV 보균자가 약 4천 명에 이를 것으로 예측한다.	

22. AIDS에 걸린 대다수의 사람은 남성동성애자이다.	
23. 미국의 경우 AIDS 환자는 100만 명 이상이다.	
24. 헌혈을 통해서도 HIV에 감염될 수 있다.	
25. 성병에 이미 걸린 사람은 HIV에 감염되지 않는다.	
26. 부부관계에서만 성관계를 가질 경우 HIV에 감염되지 않는다.	
27. 의사나 피검사기관에서는 피에 HIV가 있는지의 검사를 통해서 HIV 감염 여부를 결정한다.	
28. HIV 감염이나 AIDS를 위한 의학적 처치는 없다.	
29. HIV 감염과 AIDS에 대해 많이 알면 사람들은 안전함을 인식하고 성에 대한 절제심을 갖는다.	
30. 모기와 같이 병을 옮기는 벌레에 물리게 되면 HIV에 감염될 수 있다.	

정답 : ○–2, 11, 19, 20, 21, 23, 나머지는 ×

출처 : Rathus, R., & Boughn, C.(1994). AIDS–What Every Student Needs to Know, pp. 3–4.

2부

아름다운 결혼

07 CHAPTER

결혼의 설계

1. 나 혼자만의 사람
2. 결 혼
3. 동 거
4. 독 신

07 결혼의 설계

1 나 혼자만의 사람

결혼의 성공은
적당한 짝을 찾는 것이라기보다는
적당한 짝이 되는 것이다.

–앙드레 모르와

오늘날 많은 젊은이들이 결혼의 이유로 꼽는 것이 '사랑'이며, 결혼 상대를 찾는 주된 방법은 이성교제를 통해서이다. 우리가 왜 특정한 상대에게 끌리는가는 완전히 설명할 수 없는 복잡한 과정이다. 배우자 선택의 이유로 사랑을 꼽는 데 대한 반론에 따르면 성공적인 결혼에 필요한 '실제적인 것들'을 고려하지 않는 낭만적 이상주의가 많은 젊은이들을 유혹한다는 것이다. 예를 들면, 서로 어울리는 사회적 · 경제적 배경, 교육, 연령, 종교, 인종, 결혼 경험을 들 수 있다. 그러나 이것이 항상 옳은 지적은 아니다. 우리의 사회체계는 앞의 요인을 고려한다. 우리는 '그냥 아무나' 하고 사랑하지 않는다. 오히려 너무나 많은 '바로 이 사람'이 있다.

우리는 자신과 유사한 사람을 배우자로 선택하는 경향이 있다. 이를 동질혼(homogamy)이라 한다. 중산층 출신은 중산층 출신과 저소득 출신은 저소득 출신과 결혼하는가 하면, 기독교인은 기독교인끼리, 백인은 백인끼리 결혼하는 경향이 있다. 이와 유사하게 우리는 자신이 속한 집단 안에서 배우자를 고르는 경향이 있는데 이를 내혼(endogamy)이라 한다. 물론 내혼 규칙에 예외가 있기는 하지만, 사회 전반적으로 우리가 자신과 비슷한 사람을 사랑하고 결혼하게 만드는 경향이 있다.

1) 배경적 요인

일반적으로 부부의 배경적 요인은 결혼의 질과 안정성을 예측하는 데 별로 도움이 되지 않는다. 그러나 많은 연구결과에 따르면 부모의 결혼이 질 높은 경우 자녀 결혼의 질도 높다. 그 이유는 결혼한 자녀들이 그들의 결혼을 지지해 주는 가족들과 지속적으로 관계를 유지하기 때문이다.

결혼 연령, 교육, 경제적 계층, 인종 등 다른 배경요인도 성공적 결혼에 영향을 미친다. 예를 들어, 결혼 연령이 낮은 경우 결혼의 불안 정도가 높음을 많은 연구 결과가 지적하고 있다. 또 교육이 결혼의 질에 어떤 영향을 주는지에 대한 연구는 다소 복잡하다. 예를 들자면, 아내의 교육 수준은 결혼의 안정성과 무관하지만, 교육 수준이 높은 남편은 교육 수준이 낮은 경우보다 더욱 안정된 것으로 나타났다.

직업, 친구, 종교 등 다른 배경 요인은 다소의 예측을 가능하게 한다. 부부의 결혼을 지지하는 좋은 친구의 수가 많으면 도움이 된다. 종교적 신념과 참여는 굳건하고 성공적인 결혼에서 종종 발견되는 배경이다. 그러나 직업에서 오는 스트레스는 결혼의 성공에 부정적 영향을 미치는 것으로 나타났다.

2) 개인적 특성

성격은 성공적 결혼에 미치는 영향이 크다고 할 수 있다. 안정적인 성격 특성과 정신건강이 좋은 상태는 결혼의 성공을 예측하게 한다. 즉, 우울증이 없는 상태, 사교성, 결혼과 가족에 대한 긍정적인 태도는 성공적인 결혼에 무난하나 충동적인 성격은 결혼의 안정성과 부정적으로 연관되는 것으로 나타났다. 다시 말하자면, 결혼의 성패는 배경요인보다도 성격요인이 더욱 중요하게 작용한다는 것이다.

다수의 여성은 유리한 경제적 자원을 소유한 남성을 배우자로 추구하는 반면, 남성은 자녀를 출산할 수 있는 젊고 건강한 배우자를 선호한다. 진화론적 심리학자들은 이러한 차이가 종의 생존(species survival)이라는 필요성에서 직접 유래한다고 설명한다.

3) 첫인상

첫인상은 흔히 피상적이고 중요하지 않은 것으로 과소평가되는 경향이 있다. 그러나 이것이 없으면 구애의 과정이 시작될 수 없고 더 이상의 상호작용이 일어나지 않는 만큼 주관적인 신체적 매력이 첫 인상을 결정한다(김용미, 1996, Larson & Holman, 1994 재인용). 이것은 어린이부터 노인에 이르기까지 모든 연령층의 사람에게 나타나며 특히 남자에게 더욱 또렷하게 나타난다. 신체적 매력은 후광효과(halo effect)를 가져온다. 외모가 뛰어난 사람은 실제로 가지고 있지 않은 다른 장점을 소유할 것같이 여겨지고 선행과 책임감이 있는 것처럼 간주된다. 그러므로 신체적 매력은 첫인상 단계에서는 장점으로 작용한다.

신체적 매력이 이렇게 중요하기 때문에 오늘 날 젊은이들이 자신의 신체 이미지에 불만을 가지는 경우가 많다. 대중매체에 그려진 여성의 이미지는 대부분 키가 크고 날씬하기 때문에 많은 사람들이 다이어트에 열중하고 식사장애로 고통을 받기도 한다. 지적 조화(cognitive compatibility)에 대한 인상도 첫인상이다. 즉, 상대가 어떻게 생각하고 관심사와 취미가 무엇인지 두 사람이 유사하면 유사할수록 서로에게 끌리고 유쾌하게 만든다.

두 사람 간의 매력을 느꼈다면 다음은 자기 노출(self-disclosure)이 따라온다. 적절한 수준의 자기노출은 서로를 더욱 끌리게 하고 노출된 정보가 얼마나 바람직한가에 따라 상호성을 강하게 만든다. "어머, 정말 그렇게 느꼈어요? 어쩌면 저하고 똑같을까요?"의 기분은 두 사람을 의미 있는 관계로 발전시키기도 한다. 그러나 이때 중요한 것은 자기 노출의 속도이다. 지나치게 조급한 자기노출은 상대의 신뢰보다 의혹을 불러일으킬 수 있다.

4) 교제기간의 과정

배우자 사이에 유사한 태도, 가치관, 신념을 가지고 있다면 결혼의 성공에 도움이 된다. 유사한 성역할 기대치를 공유하는 것도 그러하다. 교제기간, 동거, 혼전 성교, 혼전 임신과 같은 요인들도 모두 결혼의 성공과 관계가 있다. 일반적으로 두 사람이 서로를 오랫동안 알고 지냈다면 결혼의 성공 가능성이 그만큼 높아지지만 미국의 오하이오 주립대학의 크리스토퍼(Christopher) 교수의 '연애의 과학' 연구에 의하면(매일경제, 2016) 서로에 대한 확신을 가지고 '정서적 안전기지'를 쌓은 후 결혼하려면 최소 1~2년의 교제기간을 갖는 것이 가장 적절한 것으로 나타났다.

결혼의 행복과 불행에는 예측 가능한 요인이 있다. 결혼 전 교제기간은 결혼의 행·불행에 영향을 미치는 매우 중요한 요인이다. 상대방을 제대로 파악하지 못한 채 급히 하는 결혼은 예상치 못한 어려움을 가져올 수 있다. 비단 교제기간이 짧은 결혼만 위험한 것은 아니다. 위험한 결혼 중에는 주변 상황을 전혀 의식하지 않는 극도의 개인주의적 선택에 의한 결혼이 있다. 그들은 한 줄기 빛이 비추자 바위에서 태어난 손오공처럼 이 세상과 맺은 관계가 하나도 없는 양 부모도 없고, 친척도 없고, 친구도 없는 두 사람만의 결혼을 하게 된다. 이러한 결혼이 되지 않도록 서로를 알아가며 맞춰가는 방법을 모색하는 충분한 교제기간이 필요할 것이다.

연애의 과학

"얼마나 연애하고 결혼해야 할까?"…2년 동안 커플 관찰해 보니

크리스토퍼 교수는 연애를 갓 시작한 남녀 102명을 모집한 후 2년 동안 관찰하면서 이들을 대상으로 연애 기간 연인의 관계가 어떻게 변하는지 설문조사를 실시하였다. 각 커플의 관계가 시간이 지남에 따라 3단계로 발전한다는 사실을 찾아냈다.

♥ 1단계 : 같이 시간을 보내며 서로를 알아보는 단계

이 시기의 연인들은 서로에게 강하게 끌리고 상대방에 대해 궁금해하며 함께 시간을 보내고 싶은 마음으로 가득 차 있다. 상대방의 머리부터 발끝까지 모든 것이 궁금하고 시도 때도 없이 두근거린다면 첫 번째 단계의 연애를 하는 셈이다.

♥ 2단계 : 서로 어려운 점을 토로하는 피난처 단계

보통 연애를 한 지 4개월이 지나면 연인들은 이 단계에 도달한다. 해당 단계에 속한 연인들은 함께 있을 때 정서적으로 안정되는 것을 느끼기 시작한다. 즉, 스트레스를 받을 때 연인과의 대화에서 진정을 얻고 우울하거나 슬픈 일이 있을 때 연인으로부터 위로받는다.

♥ 3단계 : 연인을 자신의 편으로 확신하는 '정서적 안전 기지'를 쌓는 단계

오랜 연애 기간을 통해 이 단계에 도달한 커플은 무슨 일이 있어도 흔들리지 않는 정서적 기지로

서 서로를 의지한다. 즉, 상대방은 늘 내 곁에 있고 날 위해 무엇이든 해줄 의향이 있다는 믿음을 갖게 된다. 이 정도의 믿음을 형성하려면 평균적으로 2년이 걸린다고 연구팀은 설명했다.

1단계와 2단계의 애착 관계가 빠른 시일 내에 불꽃처럼 찾아온다면 3번째 애착 단계는 관계의 숙성에 따라 천천히 도달한다. 실제 이 단계에 빨리 도달한 커플일수록 이별 확률이 크게 줄어들었다. 크리스토퍼 교수는 "정서적 안전 기지를 만드는 건 상대방에 대한 헌신을 필요로 하기에 양측의 희생과 인내 없이는 불가능하다"며 "다른 말로 정서적 안전 기지를 잃게 되는 것은 엄청난 고통을 안겨주기 때문에 커플들은 관계를 유지하기 위한 희생을 기꺼이 감수하게 된다"고 설명했다.

연구를 소개한 '연애의 과학'팀은 "결혼 전에 연애를 최소 1~2년 해보라는 말은 근거 있는 이야기"라며 "정서적 안전 기지를 먼저 세운 뒤 결혼한다면 신혼 생활의 예상치 못한 갈등에도 그 기지를 발판 삼아 관계를 좀 더 쉽게 지켜나갈 수 있다"고 조언했다.

출처 : MK(매일경제 MBN)(2016. 5. 7). http://news.mk.co.kr/news.

5) 약 혼

우리나라에서 근대적 · 현대적인 약혼식은 1960년을 전후로 하여 등장하여 1970년대에 널리 확산되었다가 1980년 이후 점차 감소하여 2000년 이후에는 중산층의 경우 10쌍 중 1쌍만이 약혼식을 할 정도로 감소하였다(조선일보, 2001. 4. 19). 약혼식은 결혼식과 달리 양가 가족과 가까운 친척 몇 명만 참석한 가운데 약혼한 상대자 외의 친밀한 이성관계를 청산하고 공식적 사랑을 약속하는 관계를 맺는 의미로 해석된다. 약혼은 공식성을 갖기 때문에 약혼한 배우자와 헤어진다는 것은 쉽지 않다. 그러나 약혼은 결혼이 아니며 따라서 관계를 떠나는 것이 결혼의 경우보다 비용이 더 적게 든다는 점은 분명하다. 결혼 전에 스스로의 상태를 점검해 볼 수 있는 마지막 기회이다.

현대사회의 결혼문화에서는 형식적인 절차를 많이 생략하고 연인들이 양가부모를 모시고 상견례를 하는 자리가 약혼의 개념으로 통용되는 추세이기도 하다.

(1) 관계 검토하기

약혼을 하면 두 사람 사이는 약혼 전보다 훨씬 더 친밀해지며 배우자를 아주 가까운 곳에서 바라볼 수 있게 된다. 먼저, 두 사람 관계가 결혼을 하기에 위험한 점이 없는지 살펴본다. 약혼 기간에 갈등이 잦다거나 합의점을 찾지 못하고 논쟁이 계속되는 것은 결혼생활에 적신호이다. 나이나 교육수준, 사회적 지위, 가치 정도가 크게 차이나는 커플들은 이때에 신중할 필요가 있다. 또한 순간적인 열정으로 맺어진 사이, 현실 도피, 지위 상승 수단, 반발에 의한 결혼, 동정에 의한 결혼 등으로 약속한 사이라면 더욱 검토해 볼 필요가 있다.

(2) 상대방의 가족 관찰하기

약혼이 갖는 공식성과 진지함으로 인해 약혼 후에는 상대방의 집을 자주 방문할 수 있고 약혼자의 부모와 지낼 수 있는 기회가 많아진다. 상대방의 생활양식, 가족 간의 관계, 약혼자가 같은 성의 부모와 어느 정도 닮았는지를 살펴보자. 상대의 인격과 성품에는 자신이 살아온 가정환경이 반드시 반영되며 부모를 보아 30년 후 저 모습일 것이라고 예측할 수 있기 때문이다.

(3) 결혼 전 동의서

남편이 절대적인 경제권을 가지고 있던 시기에는 부부 사이에 재산이 문제되지 않았다. 그러나 오늘날은 남녀 구별 없이 경제활동을 하고 있고 자신의 부모로부터 다른 형제와 동일하게 상속받을 수 있어서 아내도 재산을 소유할 수 있다. 부부의 재산문제에 대해 법이 개입하여 만들어진 제도가 '부부재산계약제도'이다. 결혼 전 동의서의 일차적 목적은 결혼 후 부부의 재산관리와 처분의 권한을 명백히 하는 것이다. 그뿐 아니라 결혼 전 동의서에는 재산문제와의 문제들도 포함될 수 있다.

부부재산계약제도

혼인하려는 부부가 혼인 성립 전에 자유롭게 계약을 통하여 재산문제를 결정할 수 있다. 결혼 후 부부의 재산을 관리하는 방법을 결혼 전에 동의서를 작성하여 분명히 할 수 있다.

혼인 성립 전의 재산 계약은 혼인 중에 함부로 변경할 수 없고, 정당한 사유가 있을 때에만 법원의 허가를 받아 변경할 수 있다.

출처 : 민법 제829조(부부재산의 약정과 그 변경).

이와 같은 부부재산 계약은 민법상의 계약이기 때문에 당사자들의 일에 실정법보다도 우선하여 적용된다. 예를 들어, 만약 배우자 사망 시 생존한 배우자의 상속지분을 80%로 정해놓았다면, 민법상 배우자의 상속지분이 50%라 할지라도 부부재산계약이 우선적으로 적용된다는 것이다. 그러나 결혼 후에 작성하는 것은 무의미하며 반드시 혼인신고 전에 작성하여 등기를 마쳐야 효력이 발생한다.

2 결 혼

1) 결혼의 정의

결혼이 무엇이라 생각하는가?

결혼은 서로 매력을 느끼는 남녀가 만나 정열적인 사랑을 나누는 연애처럼 개인적 사건이 아니다. 남자와 여자라는 도저히 어울리기 어려운 두 종류의 사람이 만나 가족을 이루는 사회적 사건이다. 남녀 간의 연애와 결혼은 같은 나무에 피는 꽃이 아니다. 우리는 결혼해서도 낭만적인 사랑의 꿈을 함께 지니기 바라지만 결혼에서는 안정과 보답을 바라며 자기 마음에 들 수 있도록 행동하기를 바라는 남자 혹은 여자를 만나게 되는 셈이다. 결혼 전 교제기간이 짧으면 마치 연습 없이 무대에 오르는 배우처럼 실제 결혼 생활에서 많은 어려움에 부딪치게 된다. 더욱이 결혼을 지나치게 서두르다 보면 성격이나 경제 사정, 학력, 숨기고 싶은 가족사 등 상대방이 알면 불리한 약점이 있기도 하다.

우애령(2011)에 의하면 모든 동화가 왕자와 공주가 결혼한 다음 허둥지둥 막을 내리는 이유도 그 후 길고 지루하게 이어지는 결혼의 단면이 드러날까 봐 두려워서라는 해석도 있다. 그렇지만 독신을 지키고 있는 남녀 또한 자유로운 인생이라고 스스로에게 강변하다가도 어느 때 외롭고 불안한 상태로 돌입하지 않을 수 없다.

대부분의 사람들은 결혼을 꿈꾸고 결행하며, 실망하고, 심지어는 좌절을 경험하기도 한다. 결혼하거나 하지 않거나 어느 쪽 길로 가도 이런 문제 아니면 저런 문제와 부딪치게 되어 있다. 문제에 부딪치며 살아가는 것이 인생의 정석이기 때문이다. 문제없는 인생의 상황을 찾기는 어렵겠지만 어떤 문제를 받아들일 것인가에 대해서는 우리가 어느 정도 선택의 여지를 지니고 있다. 인생을 사막이나 망망한 바다에 비유해 본다면 우리는 삶의 오아시스나 섬을 결혼에서 찾기를 바라는 것인지도 모른다. 그렇지만 그 오아시스나 섬은 배우자가 내 앞에 대령해주는 장소는 아니다. 결혼한 두 사람이 서로 손을 잡고 함께 힘을 합해야만 찾을 수 있는 숨어있는 곳이다.

결혼에 대한 정의는 수많은 학자들이 정의를 내리고 있지만 이를 종합해 보면 '법적 계약관계를 맺은 두 사람'이라고 정의할 수 있다.

레이스(Reiss, 1980)의 "결혼이란 합법성과 부모됨을 주요 기능으로 하는 남편과 아내 역할을 맡은 개인들 간의 사회적으로 승인된 결합이다"라는 정의에 따르면 자녀의 적절한 사회화와 보호에 책임이 있고 안정된 환경을 가능한 한 최대로 제공해야 한다는 생각이 포함되어 있다. 코녹스(Konox, 1979)는 "결혼이란 서로 다른 성을 가진 두 사람의 성인이 정서적 · 법적으로 연합하여 동거하는 관계이다. 대부분의 결혼이 공적으로 발표되고 영속되리라는 희망으로 시작된다. 두 사람이 연합한 결과 태어난 자녀는 사회적 · 법적으로 합법성을 인정받는다" 라고 정의한다. 코녹스의 정의에는 레이스가 말한 '부모됨의 합법성'의 개념에 더하여 정서적 연합, 법적 연합, 공적 발표, 영속성의 희망이 추가되었다고 볼 수 있다.

2) 성공적인 결혼이란?

이처럼 결혼에 대한 현재의 정의를 살펴볼 때 성공적인 결혼은 어떻게 정의할 수 있을까? 많은 사람들은 오래 지속되는 결혼이 성공적인 결혼이라고 생각한다. 실제로 일생 동안 지속되는 불행하고 갈등이 많은 결혼이 많은데 이유가 어떠하든 이혼이나 별거하지 않았기 때문에 이 결혼이 성공한 결혼이라 할 수 있겠는가?

성공적인 결혼이란 장기간에 걸쳐 배우자 두 사람의 욕구가 실제로 충족되고, 그들의 목표, 기대치, 가치 등이 성취되거나 근접하게 성취된 상태이다(김용미 · 서선희 · 옥경희 · 정혜정, 2011).

첫째, 결혼에 있어서 중요한 목표, 기대치, 욕구가 완전히 또는 어느 수준 이상 실현되었다. 둘째, 배우자 두 사람의 목표, 기대치, 욕구가 충족되었다. 셋째, 앞의 두 가지 기준이 장기간에 걸쳐 일관성 있게 충족되고 있다는 점이다. 성공적인 결혼이란 높은(high) 수준에서 낮은(low) 수준에 걸쳐 그 사이에 많은 수준이 걸쳐 있는 연속선이다. 어느 한 부부가 일정한 시점에 이 연속선상에서 어디에 위치하는가는 위의 세 가지 기준이 더해진 결과에 따라 결정된다.

모든 사람들은 자신의 결혼이 오랫동안 지속되는 행복하고 만족스러운 성공적인 결혼이 되기를 기대한다. 결혼 서약 가운데 '검은 머리가 파뿌리 될 때까지' 라는 구절이 있는데, 이처럼 상대방과 일생 동안 함께하겠다는 결심이 여전히 많은 신랑 · 신부에 새겨진다. 이혼을 기대하며 결혼 서약을 하는 사람은 없다.

그러나 이러한 높은 기대치에도 불구하고 결혼생활의 결과는 대단히 광범위한 다양성을 드러내고 있다. 어떤 부부는 상당히 행복하고 또 어떤 결혼은 극도로 좌절과 실망의 연속인가 하면 또 다른 부부는 공허한 껍질뿐인 결혼생활을 이어나가거나, 또 어떤 부부는 그럭저럭 결혼을 이어간다. 결혼기간도 매우 다양해서 며칠, 몇 주간 지속되는 결혼이 있는가 하면 60년 이상 지속되는 결혼도 많다.

3) 결혼식의 의미

서양에서의 결혼의 유래는 탈환에 의한 것이다. 신혼여행을 허니문(honeymoon)이라 하는 데에서도 그 유래를 알 수 있다. 신랑이 신부를 납치해서 신부의 종족으로부터 멀리 달아나는데 이때 신랑의 친구들이 신랑을 도와 신부를 원하는 다른 남자들도 물리쳐 주고 신부의 가족들이 신랑 신부를 찾지 못하도록 방해도 놓곤 했다. 신랑은 신부와 함께 숨어 지내다(소위 이때가 허니문이다) 신부의 가족들에게 들킬 때쯤에는 이미 신부가 임신이 된다. 신랑이 신부를 원하는 다른 전사들과 싸울 때 오른손에는 칼을 쥐고 왼손으로는 신부를 잡고 있었던 것이 오늘날 신랑은 오른쪽에 서고 신부는 왼쪽에 서게 된 것이라 한다. 이런 사례가 일반적이긴 하지만 매매에 의한 결혼이 더 선호되었다. 흔히 신부는 땅이나 사회적 신분 혹은 정치적 동맹 등을 위하여 때로는 현금을 위하여 물물교환되었다.

앵글로 색슨어로 'wedd'란 신랑이 신부에게 맹세한다는 의미도 있지만 한편으로는 신랑이 신부의 아버지에게 지불하는 돈이나 물건을 의미하기도 한다. wedding이란 말 그대로 번식의 목적으로 신부를 산다는 것이다. wedding이라는 말의 어원은 도박이나 노름을 뜻하는 말에서 비롯된다. 미리 알고 진행하는 결혼도 있었는데, 이때에는 혹 신랑이 신부의 얼굴을 보고 나서 거절할까 봐 결혼 때까지 절대 신부의 얼굴을 보여주지 않다가 신랑이 신부의 얼굴을 보려고 처음으로 베일을 벗기는 순간 신부의 아버지는 신랑에게 신부를 넘기는 것이다. 오늘날 결혼식에서 신부의 아버지가 면사포를 쓴 신부의 손을 잡고 들어가 신랑에게 전해주는 형식은 여기에서 유래된 풍습이라고 본다.

이러한 유래를 가진 결혼은 우리의 삶에서 중요한 계기가 되는 사건을 맞이하여 그 사건에 대해 뜻 깊은 '상징성'을 부여하는 행위이다. 결혼식이라는 통과의례를 통하여 사건이 발생되기 전과 후는 다른 사람과 사회적 관계로서 다시 태어나는 것이다. 결혼하는 사람들의 새로운 태어남을 스스로와 공동체 속에 인식시키고 그에 따른 문화의 공동가치를 공감하도록 한다(안정남, 1991).

1913년 일본이 조선 민사령 제11조 제2항에서 "신고함으로써 혼인의 효력이 발생한다"는 신고주의 또는 법률혼주의를 결혼 효력의 근거로 채택한 이래, 우리나라에서의 결혼 효력은 신고주의 또는 법률혼주의에 기초하고 있다. 결혼이 성립되기 위해서는 혼인신고라는 법적 절차를 수행해야만 하며, 결혼식만으로는 결혼이 성립되지 않는다. 그럼에도 불구하고 많은 사람들은 결혼식을 하지 않고 혼인신고만 하는 경우에는 식을 치르지 못했으므로 완전히 결혼한 것은 아니라고 생각한다. 사정이 정말 여의치 않은 경우에는 사진관에 가서 예복을 입은 모습을 사진으로라도 남겨두어야 비로소 결혼을 했다고 생각한다. 그래서 '식을 치렀다'고 하면 명실공히 부부가 되었다는 의미이며 함께 살더라도 '아직 치르지 못했다'면 부부로 인정하기에는 미흡하다는 뜻이 내포되어 있다. 그만큼 의례로서 결혼식의 의미는 높은 것이다.

4) 한국의 결혼 풍속

우리나라에서는 혼례(婚禮) 또는 혼인(婚姻)이라고 결혼을 칭하는데 지금은 한자로 '혼인할 혼(婚)'자를 쓰나 다른 예서에는 '어두울 혼(昏)'자를 쓰고 있다. 이로 미루어 보아 옛날에는 결혼을 혼시, 즉 저녁에 했던 것으로도 해석된다. 또 원시시대의 어떤 부족에서는 처녀를 밤에 약탈해 가는 약탈혼이 있었으므로 '어두울 혼(昏)'자를 썼다고 말하기도 한다. 혼례는 일생의례 가운데 가장 중요하게 여겨서 조상들은 특히 혼례를 대례, 혹은 대사라고도 불렀다.

혼인(婚姻)

♥ 본 뜻

- 혼(婚) – 저녁에 예를 행하므로 '어두울 혼(昏)'을 써서 '혼(婚)'이라고 했다고 한다. 또 '사위의 아버지'를 '혼(婚)'이라고 한다. 며느리 집 또한 '혼(婚)'이라고 한다. 신라나 고려시대에는 저녁에 혼례를 시작했으며, 조선시대에도 이 풍습이 남아 있어 저녁에 혼례를 올리기도 했다.
- 인(姻) – 혼(婚) 이후에는 아내가 남편에게 의지하므로 '인(姻)'이라고 했다고 한다. 또 '며느리의 아버지'를 '인(姻)'이라고 한다. 사위 집 또한 '인(姻)'이라고 하기도 한다.
- 결(結) – 맺다. 즉, 양가(兩家)가 혼인 관계를 맺는다는 뜻이다.

본래 혼인(婚姻)만이 오늘날 우리가 말하는 '결혼하다', 즉 남자와 여자가 부부가 되는 것을 뜻했다. 그래서 신부 집과 신랑 집이 서로 혼인 관계를 맺는다는 뜻으로 결혼이라는 말을 따로 썼다. 예를 들면, 성춘향과 이도령이 혼인하고, 성 씨 집안과 이 씨 집안은 결혼을 하는 것이다. 이때의 결혼은 양가에서 자녀들을 혼인시키기로 결정했다는 말이다.

♥ 바뀐 뜻

요즘에는 혼인이나 결혼 모두 남자가 장가들고 여자가 시집가는 일, 즉 부부의 인연을 맺는 일을 가리킨다. 즉, 부모들끼리 만나 "우리 두 집이 결혼할까요?"란 말은 이제 쓰이지 않는다.

출처 : 다음백과사전. 2019. 2. 28 인출.

(1) 한국의 전통적 결혼 절차

한국의 전통적 혼례 절차는 조선시대를 중심으로 하여 그 이전과 이후가 확연히 다르다. 고려시대가 끝나기까지 한국의 전통 혼례는 서류부가혼(壻留婦家婚)이었다. 서류부가혼은 남자가 여자 쪽의 집 서옥에 가서 혼인식을 한 후 계속하여 사위가 처가에서 살다가 자기 집으로 돌아가는 결혼방식이었다. 남자가 여자

쪽 집에서 머무른 기간은 다양하여 대부분 자식을 낳기까지 살았고 길게는 그 자식이 장성할 때까지도 살았다. 고려 말까지는 장가(杖家)간다는 말이 더 보편적으로 사용되었다.

조선시대에 들어 주자가례(朱子家禮)가 가정의례로 권장되면서 혼인의 방식도 친영제(親迎制)로 변하였다. 신랑이 신부 집에 와서 신부를 데리고 본가에 가서 혼례를 치르는 것인데, 이는 조선중기 이전까지의 서류부가혼과는 정반대의 것이었다. 조선은 친영제를 적극 권장하였지만 오랜 관행으로 쉽게 바뀌지 않았다. 조선 중기부터 새로운 절충으로 반친영제가 자리 잡아갔다. 여자의 집에서 혼인을 하나 3일 후에는 남자의 집으로 돌아와 혼인생활을 하는 방식으로 다음과 같은 사례(四禮)의 과정으로 구성된다.

① 의혼

장성한 아들과 딸이 있는 집의 부모들이 마땅한 짝을 물색하여, 그 집의 가문, 학식, 인품 등을 조사하고 중매인을 놓아 청혼하는 과정이다. 마땅한 배우자감이 물색되면, 대개 신랑 집에서 신부 집으로 청혼편지인 청혼서를 보내고 신부집이 혼인을 허락하는 허혼서를 보내지만 혼인이 결정되도록 당사자들은 서로 얼굴을 못 보는 것이 대부분이었고 양가 부모 주도하에 이루어졌다.

② 납채

의혼이 이루어진 뒤 사주를 보내고 연길을 청하는 절차이다. 신랑의 집에서는 사주, 즉 생년월일시를 간지로 적은 봉투와 납채문을 함께 홍색 보자기에 싸서 신부 집으로 보낸다. 신부집에서는 사주를 받으면 궁합을 본 뒤, 혼인의 날을 택하여 신랑 집에 통지한다. 이 절차를 택일 또는 연길이라고 한다. 혼서지는 흘림체인 행서가 아닌 정자(正字)인 해서체로 써는 것이 예법이다. 현대에는 붓글씨로 쓰거나 붓펜으로 쓰지 않아도 알기 쉽고 보기 쉽게 컴퓨터로 출력해도 무방하며, 한글로 정성스럽게 쓰는 것도 좋을 것이다.

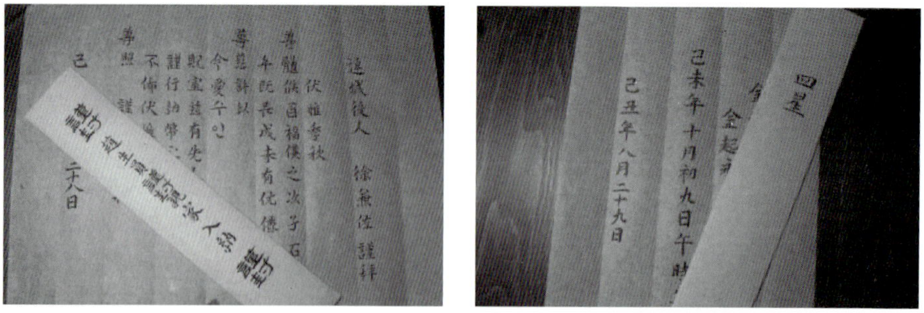

| 그림 7-1 | 납채문의 예

③ 납폐

납폐는 함 보내기에 해당하는 절차이다. 신랑 집에서 보통 결혼식 전날 신부 집에 신부를 위한 예물과 혼인 문서인 혼서지를 함에 넣어 보낸다. 이때 신랑 집에서 혼서와 함께 채단(采緞)이라고 하는 청색과 홍색의 비단 치마감을 보내며, 여유가 있는 경우에는 다른 옷감을 함께 넣어 보냈는데 이를 봉채(封采)라고 불렀다.

혼서지도 요즘은 한글로 정성스럽게 편지를 쓰고 있다. 사돈 양가에 보내는 첫 편지인 셈이다. 봉채 또한 허례허식을 탈피하여 필요한 것을 구입하도록 현금으로 보내어 봉채비라고도 한다.

④ 친영

친영은 신랑이 신부 집에 가서 혼례를 치르고 신부를 맞이해 오는 예로서 오늘날의 결혼식과 같은 절차이며 혼행(婚行)이라고도 한다. 신랑이 신부 집에 도착하여 신부의 어머니에게 기러기를 드리는 예이다. 기러기는 정절을 지키는 새를 상징하므로 남편이 될 신랑이 아내가 될 신부에게 평생을 함께 하겠다고 맹세하는 증표로 드리게 되었다고 한다. 다음 순서로 신랑과 신부가 마주 서서 상대방에게 절을 하며 백년해로를 서약하고 신랑과 신부가 술잔을 나누어 마시는 의식으로 백년가약을 맺는 서약의 뜻과 기쁨을 뜻하는 석 잔의 합환술을 교환하여 마시는데 이는 부부로서의 인연을 맺는 것과 부부의 화합을 의미한다.

이처럼 우리나라에서는 혼례를 올린 신부집에서 신방을 차리어 초례를 행하되 당일이나 3일 후에 신랑 집으로 돌아와 부모님께 폐백을 올리고 인사를 드리게 되었다.

| 그림 7-2 | 친영의 예

(2) 현대 한국의 결혼식 문화

일제시대와 해방 후 서구문화의 영향으로 전통 혼례식이 쇠퇴하고 혼인잔치가 피로연으로, 전통 혼례복이 웨딩드레스로, 신부 집이 예식장으로 대신하게 되었다. 그러나 전통 혼례의 모습이 완전히 사라진 것은 아니다. 궁합, 사주, 택일, 함, 폐백, 신랑 다루기 등이 남아 있기도 하다.

① 함들이

함들이 행사도 점차 감소되는 추세이다. 공동주택화되면서 다른 가정에 소음을 줄 뿐만 아니라 신랑 친구들이 함값을 놓고 실랑이가 지나쳐서 경제적 · 심리적인 부담감으로 인하여 점차 생략하고 있다.

| 그림 7-3 | 요즘은 보기 드문 함잡이 문화

② 혼수준비

1980년대 들어 예단 · 예물 · 혼수가 급격히 가짓수가 늘어나고 고가화되었던 때도 있었다. 그러다가 1998년 이후 현금화를 선호하게 되고 2005년 이후에는 신혼부부의 주택문제가 심각해져 더욱 현금화되고 있는 추세이다.

한국의 젊은이들은 이렇게 많은 결혼비용을 대부분 부모로부터 조달한다. 사랑을 시작할 때는 '우리 사랑만 있으면 단칸방이라도 행복하리라'고 동화 같은 사랑을 동경하지만 그렇게 사는 사람은 드물고 결혼 비용의 80%를 집 마련에 쏟고 있다. 이에 집은 신랑이 마련하고 살림은 신부가 마련한다는 사회적 통념은 아직도 유효하다.

③ 결혼식

우리나라의 결혼식은 대부분 상업 예식장에서, 하객이 가장 많이 참석할 수 있는 날을 고려하여 주말에 주로 이루어지며 시간별로는 점심시간대에 집중되고 있다. 대부분의 결혼식은 개식 선언, 주례 소개, 신랑 입장, 신부 입장, 신랑 신부 맞절, 혼인서약, 성혼 선언, 주례사, 내빈께 인사, 신랑 신부 행진 순으로 진행되지만 갈수록 자신만의 특별한 날을 기리기 위해 특색 있는 결혼식을 가지고 있다.

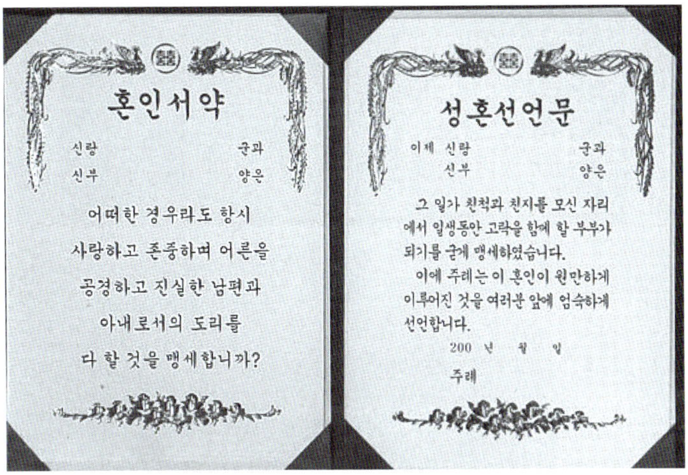

| 그림 7-4 | 혼인서약문과 성혼선언문의 예

④ **폐백**

결혼식 후에 폐백을 한다. 원래 폐백이란 신부 집에서 혼례를 치르고 난 뒤 3일 후 신랑과 신부가 신랑 집으로 가서 신부 어머니가 싸준 대추, 밤, 마른 안주, 포 등을 차려 놓고 처음으로 인사드리는 예식이었다. 조선시대에서의 결혼이 여자가 남자의 집으로 들어가 사는 부거제(父居制)였던 것으로부터 기원한다. 시부모는 신부의 절을 받은 후 시부모를 바로 섬기는 도리, 형제, 친척과 화목하는 도리, 자식 올바르게 키워 가르치는 도리 등의 덕담을 한다. 오늘날의 폐백은 결혼식 직후에 바로 이루어지고 있으며 신부가 신랑 측 부모와 친척들에게 인사드리는 절차가 되고 있다.

| 그림 7-5 | 결혼식 후 폐백 모습

⑤ 피로연

피로(披露)란 어떤 일을 일반에게 널리 알린다는 뜻으로 전통적으로 우리나라의 결혼이나 회갑 등 경사스러운 일을 알리기 위해 베푸는 잔치에 해당한다. 일제 강점기에 피로연이라는 말이 쓰이기 시작하여 오늘날까지 쓰이고 있다(박혜인, 1991). 이러한 피로연은 전통적으로 술과 떡, 국수를 대접하였다. 이러한 미풍양속은 요즘에 들어서서 음식점을 이용하여 짧은 시간에 간편하게 고마운 마음을 전하는 추세로 변천되고 있다. 이전과 달라진 것은 신부측 손님은 신부측에서, 신랑측 손님은 신랑측에서 접대한다는 점이다.

하지만 현대의 결혼식 피로연은 음식을 지나치게 많이 차려 많은 분량의 쓰레기로 배출되고 있다는 문제점이 부각되어 환경 차원에서 매우 심각한 문제가 될 뿐 아니라 두 사람의 결혼식을 축하해 주기 위해 귀한 시간을 할애해 준 하객이 사정상 그냥 돌아가야 하는 경우도 있다, 이처럼 과다한 음식, 복잡하고 번거로운 피로연보다는 정성이 깃든 작은 선물로 하객들에게 마음의 인사를 드리는 것이 더욱 합리적이라는 신세대다운 발상이 늘어가고 있다.

어느 것을 선택하는가에 대한 문제보다는 결혼식을 찾아준 하객들에게 감사의 인사를 전한다는 원래의 의미를 퇴색하지 않는 것이 더욱 중요하다 하겠다.

⑥ 신혼여행

1970년대까지는 신혼여행이 근거리 여행이었다. 예를 들어, 서울에서 혼인식을 마치고 택시를 대절하여 새로 생긴 남산터널이나 북악스카이웨이를 한번 돌고 온다거나, 광주에서는 무등산 산장을 한 바퀴 돌고 오는 것이었다. 중산층에서는 수안보 온천이나 설악산, 제주도로 원거리 신혼여행을 가기도 하였다. 1980년대에 들어서 제주도로 떠나는 사람이 급증하였고, 88년 올림픽 이후 해외로 신혼여행을 가는 경우가 시작되어 1990년 이후 신혼여행지는 해외여행이 만연되고 있다.

(3) 새로워지는 결혼 문화인 '작은 결혼식'

우리 사회의 결혼 문화는 새롭게 변화되어야 한다. 양성평등적으로 검소하게 진정한 축하와 경건한 다짐이 이루어지는 형태로 바뀌어야 하고 함들이, 혼수, 예물과 예단에 들어가는 결혼비용이 보다 검소해져야 할 것이다.

현대 젊은이들은 결혼할 때 완벽한 신혼살림을 장만하는 관행이 있다. 그뿐 아니라 신혼살림은 모조리 새것이어야 한다는 사고로 모두 최신형 살림살이를 준비하는 경향이 높다. 더군다나 요즘에는 신혼살림이 대형화되고 있다(동아일보, 2011. 4. 19). 20평 안팎의 살림집에 대형 TV와 대형 냉장고로 공간을 비좁게 하고 결혼 2~3년 이내에 아이를 낳아 이사 가면서 부모님이 피눈물을 모아 마련해 주신 혼수가구를 몇 년 새에 버리고 또 이사 간 집에 어울리는 새 가구로 리모델링을 한다. 왜 이런 낭비를 해야 하는가? 우리의 부모님들은 시집올 때 부모님이 해주신 가구를 평생 간직하지 않으셨는가? 상업적인 광고에 현혹되어 우리의 결혼문화마저 상실되어 가고 있는 가슴 아픈 현실이다.

이제 우리 젊은 예비부부들이 새 시대의 결혼 풍속도를 새롭게 만들어야 할 것이다. 기존에 자신이 사용하던 가구를 가져와 사용하고 예물은 신랑 · 신부의 사랑을 상징해 주는 의미에서 선택하며 예물의 범위도 한 가지 정도로 좁혀져야 할 것이다. 자신이 반려자와 거주할 집은 부모의 힘을 빌리지 않고 자립하여 자신의 처지에 맞도록 마련해야 한다. 자신의 분수에 맞도록 기본적인 살림도구만을 준비해서 둘이서 하나씩 하나씩 장만해 가는 기쁨을 맛보아야 할 것이다. 결혼식의 절차도 신부가 아버지의 손을 잡고 신랑에게 인계되는 형식이 아니라 신랑 · 신부가 동등한 입장으로 대우받는 절차가 이루어져야 하며 폐백의 경우 양성 평등과 우리의 전통을 살려 양가 부모 모두에게 길러주신 은혜에 대한 보답의 절을 드리게 되는 절차가 되어야 할 것이다.

최근에는 지각 있는 젊은이들의 작은 결혼식(small wedding)이 사회에 감동을 주면서 진심 어린 축하를 받고 있다. 이는 비교적 적은 수의 하객을 초대하여 허례허식을 줄이고 소박하게 치르는 결혼식을 일컫는다. 예식 절차의 참된 의미를 깨닫고 스스로 준비하여 치르는 결혼으로 결혼장소, 청첩장, 신혼여행지 등 다양하고 창의적인 기획으로 세상 사람들의 부러움을 산다. 여성가족부의 '작은결혼정보센터'에서는 작은 결혼식을 하는 신혼부부들을 아낌없이 지원하고 있다.

| 그림 7-6 | 화환 대신에 쌀로 축하하여 이웃에 기증하는 문화

| 그림 7-7 | 서울대 교수회관에서의 결혼식(좌) 국립 중앙도서관 잔디마당에서의 결혼식(우)

| 그림 7-8 | LG사원들의 작은 결혼식 선서(좌) 포항제철 사원들의 작은 결혼식 선서(우)

작은 결혼식(small wedding)

현대사회의 지각 있는 연인들이 감동을 주고 있는 비교적 적은 수의 하객을 초대하여 허례허식을 줄이고 소박하게 치르는 결혼식을 일컫는다. '예식 절차의 참된 의미를 깨닫고 스스로 준비하여 치르는 결혼'이라 할 수 있다.

여성가족부에서는 아래의 세 가지 조건이 충족되어야 작은 결혼식이라 하고 있다.

첫째, 가까운 분만 모시고 의미 있게 결혼을 올릴 것

둘째, 예물과 예단보다는 정성스러운 마음을 소중히 여길 것

셋째, 신혼살림은 신랑 · 신부가 함께 준비해 나갈 것

출처 : 여성가족부 작은결혼정보센터 홈페이지, www.smallwedding.or.kr

나는 이렇게 결혼하고 싶어요.

1. 언제쯤?

2. 어디서?

3. 어떤 스타일의 배우자?

4. 남보다 더 아름다고 특별한 결혼을 위한 나만의 계획은?

5. 그러기 위해서 내가 갖추어야 될 것들은?

3 동 거

1) 동거의 증가

동거란 혼인신고를 하지 않았기 때문에 법률상으로는 혼인으로 인정받을 수 없으나, 사실상의 혼인관계에 있는 내연(內緣)의 부부관계를 말한다(네이버 백과사전, 2019). 즉, 법적으로 혼인신고를 하지 않은 채 같은 공간에서 성관계를 포함한 생활을 함께 하는 것을 일컬으며, 결혼생활과 유사하다고 인정을 받게 될 때에는 '사실혼'이라고 부른다.

동거는 사실상 결혼이라는 법적인 구속력을 피한 결혼 전의 준비과정이기도 하며, 근래 유럽의 경우에는 결혼을 하지 않은 채 사실혼 관계에서 자녀를 양육하는 등 가족의 기능을 수행하는 경우도 증가하고 있다. 근래 프랑스를 비롯한 유럽인에게 있어서 동거는 시험결혼의 성격을 벗어나 성인 남녀가 선택하는 '결혼'의 유형으로 자리하고 있다. 그 예로 프랑스의 경우 혼전동거가 보편화되어 1999년 '모든 형태의 동거커플에게 결혼한 부부와 똑같은 사회적 · 법적 세제상의 복지혜택을 보장하는 반혼동거에 대한 시민연대민권협약(PACS : Pacte Civile de Solidarite)법안이 통과되었다. 스웨덴은 이미 함께 사는 부부의 75%가 동거부부이며 미국의 경우 1970년에는 533,000명이었던 동거인의 수가 1998년에는 4,236,000명으로 8배 이상 증가된 통계가 있다(이기숙 외, 2009).

이처럼 세계는 다양한 형태의 가족을 인정하고 있다. 더 이상 결혼이 가족을 구성하는 유일한 방법이 아니게 된 셈이다. 이러한 비혼 가정에 대한 차별을 없애 자연스러운 변화를 적극적으로 수용했으므로 다음 |그림 7-9|와 같이 인구절벽의 문제를 해결하고 모든 법적 권리와 의무를 동일하게 행하고 있다.

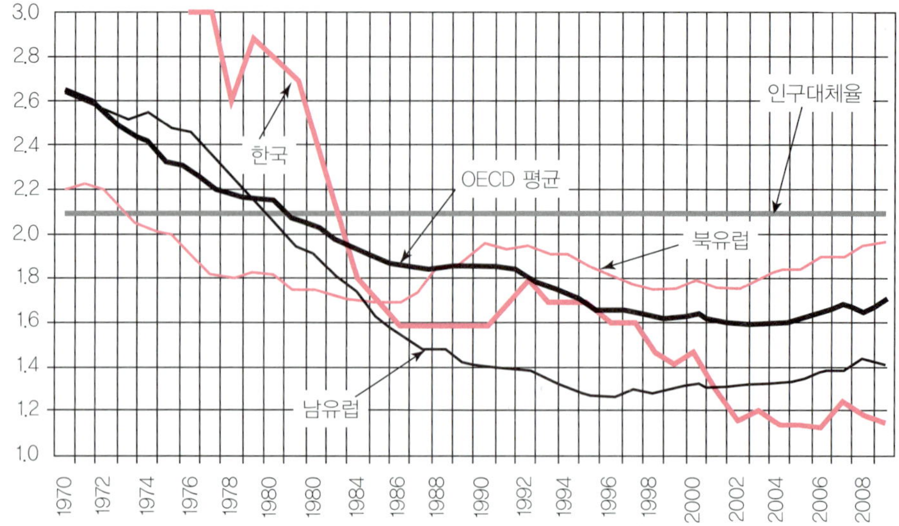

| 그림 7-9 | OECD 국가들의 비혼 출산율(2014년 기준)

출처 : 스토리오브서울(2016. 1. 15). 출산은 결혼의 얼굴을 하지 않는다. www.storyofseoul.com

프랑스의 동거계약제도 팍스(PACS)

프랑스는 세계 어느 국가들과 마찬가지로 결혼제도가 보편화된 일반사회이기도 하지만 한편으로는 유럽국가들 중에서도 결혼을 가장 적게 하는 국가 중 하나이다. 프랑스 역시 이혼율이 꽤 높은 편이라 이혼의 복잡한 절차를 피하기 위해 결혼이라는 제도를 피하는 경우도 있지만 그보다도 다른 국가에 비해 젊은이들의 생활이 더 자유로운 편이라 할 수 있다.

팍스(PACS)라는 제도는, 동성커플 이성커플 관계없이 성인인 두 사람 사이에 공동의 삶을 위해 체결되는 계약이다. 기본적으로, 남녀 차별 없이 자유 존중을 기반으로 한 제도라고 볼 수 있다.

프랑스의 팍스(PACS)는 결혼하지 않은 커플을 둘러싼 법률적 공백을 메우기 위해 만들어진 결혼과 동거의 중간단계이며, 얼마간의 자유 보장을 하면서도 최소한의 법적인 안정성 보장을 해준다.

결혼과 다른 점은, 시청에서 2명의 증인이 참석한 가운데 신고하면 간단하게 이루어지고, 동성커플에게까지 오픈되어 있으며. 어느 한쪽의 요구만으로도 계약 파기가 될 수 있다 한다(헤어질 땐 계약파기 신청 후, 한 달 안에 처리가 된다고 한다).

세계적으로 많은 나라들의 결혼 연령이 과거에 비해 늦춰지고 있고, 프랑스는 그 중심축이라 볼 수 있다. 이 팍스라는 제도 덕분인지 요즘 젊은 층은 1/3 이상이 결혼보다는 이 팍스라는 제도를 먼저 선택하고 있다고 한다.

프랑스의 많은 젊은 층이 이 제도를 선호한다고 해서 결코 관계를 쉽게 생각하는 풍조가 자리하거나 출산율의 저하 현상이 있는 것은 아니다. 기본적으로 이 팍스라는 제도는 프랑스에서의 '자유와 평등'을 중심 기반으로 하고 있으며 도리어 책임의식을 바탕으로 출산율은 더 증가한 통계가 보고되고 있다.

프랑스는 출산율이 1.7 이하로 하락하자 1989년부터 국가비상사태를 선포하고 비혼출산을 인정하고 있으며 2015년을 기준으로 출산율이 1.95명으로(한국의 약 1.8배) 출산정책을 지원하고 있기도 하다.

출처 : 아시아 경제(2019. 1. 16). 프랑스의 동거문화.

2) 동거에 대한 시각

최근 우리나라의 20~30대 사이에서도 살아보고 결혼하는 것이 합리적이라는 시각이 증가하면서 동거에 대한 긍정적인 견해가 확산되고 있는 추세이다. 2015년 대학생을 대상으로 한 한국사회과학데이터센터의 조사에 따르면 '결혼을 전제로 한 동거'에 대한 생각을 알아본 결과 대학생의 74.1%가 동거에 긍정적인 반응을 보였다. 그리고 대학생 100명 중 몇 명이나 동거를 할 것으로 짐작하는가의 간접조사에서 이미 18.1%가 동거를 하고 있거나 동거의 경험이 있다 하였고 만약 동거를 한다면 경제적 부담은 남녀 공동의 몫이 되어야 한다는 의식이 크게 나타났다.

그뿐 아니라, 결혼정보회사 듀오(조선일보, 2014)가 20~30대 미혼남녀 975명(남성 496명, 여성 479명)에게 '혼전 동거'에 관한 의식을 조사한 결과에 따르면 59.2%가 결혼보다 혼전 동거가 장점(순기능)이 더 많다고 생각하고 있으며 남성은 '연인과 매일 함께 살 수 있다(25.4%)', '남녀가 다름을 이해하고 양보를 배운다(22.8%)'를 많이 꼽았다. 여성은 '이혼 예방이 가능(29.0%)', '생활비, 데이트 비용 절약(24.0%)' 등을 동거의 장점이라 생각했다.

반면 동거의 단점(역기능)에 관해서는 부정적 꼬리표 등 '이별 후 피해가 크다(34.9%)'는 의견이 가장 많았다. 이어 '임신 등 계획에 없던 돌발 상황 발생(20.3%)', '책임감 없는 교제에 익숙해짐(14.5%)', '타인에게 인정받지 못하는 결혼생활과 같다(14.4%)'는 게 단점으로 꼽혔다. 한편, 실질적인 사실혼 관계로 봐야 할 남녀 동거 기간은 '약 1년 이상(20.7%)'이라는 의견이 가장 많았다.

김승호(2014)는 이런 현상으로 형식에 얽매이거나 남에게 구속되기를 거부하는 젊은이들의 세태에 따라 혼전 동거에 대한 부정적 인식이 완화되고 있음을 알 수 있다고 하였다. 또한 주체적인 자유연애를 지향하는 것은 좋지만, 선택에는 항상 책임이 따르므로 어떠한 결정이든 주변의 조언과 예상하지 못한 변수를 충분히 고려할 필요가 있다고 주장한다.

3) 동거의 유형

동거의 동기 및 동거형태에 따른 유형은 다음과 같다(미래가족연구회, 2011 재인용).

(1) 라이너스 담요형

만화 '피너츠(Peanuts)'의 등장인물 중 유아기적 성격을 가진 라이너스가 항상 담요를 가지고 다니는 것에 비유한 것으로 커플 중 한 사람은 파트너에 대한 의존도가 매우 높고 혼자 있는 것을 불안해한다. 일반적으로 라이너스 담요형은 서로에 대한 욕구의 정도가 다르기 때문에 오래가지 못한다.

피너츠(Peanuts)

스누피 혹은 찰리브라운이 제목인 줄 아는 그 만화, 바로 피너츠이다. 피너츠는 1950년대부터 연재된 만화인데, 등장인물인 라이너스가 담요를 너무 좋아해 담요가 없으면 불안해하기 때문에 담요를 세탁할 때에는 그만큼 큰 결심을 해야 하는 내용으로 유명하기도 하다.

출처 : Charles Monroe Schulz(2019). 피너츠 완전판 1981~1982 16권. 신소희 역. 북스토리.

(2) 해방형

두 사람 중 한쪽 혹은 양쪽 모두가 부모의 영향력으로부터 벗어나기 위해 동거를 선택하는 것이다. 이 유형에서는 부모들이 파트너보다 더 많이 관여함으로써 동거하는 두 사람이 친밀한 관계로 발전하는 것을 가로막기도 한다.

(3) 연애형(편의형)

서로 간에 경제적 이익이나 성 또는 안정된 거주지를 원하는 사람들이 동거하는 것으로 이 관계에서 성(gender)은 매우 중요한 요소가 된다. 대개 결혼하기를 원하는 쪽은 여성이며, 좋아하는 마음이 변하지 않는다면 지속될 확률이 높다. 그러나 두 사람이 동거관계에서 얻는 이익이 같지 않을 때 착취관계로 변하는 경우가 종종 발생된다.

(4) 실험형

실험 결혼적 성격을 띠는 것으로 동거관계가 만족스러울 때는 결혼으로 이어질 가능성이 높다.

(5) 결혼에 대한 일시적 대안형

결혼을 원하는 마음을 가지고 있으나, 결혼에 적합할 여건이 갖추어진 적절한 시기가 올 때까지 일시적으로 동거하여 결혼을 미루고 있는 유형이다.

4) 동거자들의 특성

울프(Wolf, 1996)는 동거를 선택한 커플들의 특성에 있어서 차이가 나타난다고 주장한다.

첫째, 사회계층의 차이가 있다. 일반적으로 젊은 전문가 집단에 속하는 사람들이 동거를 하는 것으로 생각하기 쉽지만 실제로 동거자들의 대부분은 저소득층에 속하는 사람이다. 경제적인 이점과 외로움을 덜 수 있는 정서적인 이점 때문이다. 둘째, 동거자들은 자신이 한부모일 가능성이 높을 뿐 아니라 한부모 가정에서 자라났을 가능성이 높다. 셋째, 동거자들은 비전통적인 성역할을 취하는 경향이 있다. 그러나 동거자들이 남녀평등적인 태도를 가지고 있음에도 불구하고 그들의 실제 행동은 비동거자들과 유사한 것으로 나타난다. 넷째, 동거자들은 결혼 전에 동거를 하지 않고 결혼한 부부에 비해 종교적이지 못한 것으로 나타났음을 발표하였다.

우리나라의 연구에서 이연주(2008)는 두 가지 변인, 즉 종교 유무와 개인적인 특성에서 차이가 나타난다고 주장한다. 혼전동거를 선택한 사람들은 종교를 가지고 있지 않거나 종교에 대한 활동이 낮은 것으로 나타났다. 또한 혼전동거를 하는 여학생들은 자신들을 좀 더 경쟁적이고 공격적이며, 독립적이고 관리적인 것으로 묘사하는 반면, 남학생들은 동거를 하지 않는 남학생에 비해 덜 관리적이고, 덜 경쟁적이며, 온정적이고, 정서적으로 자신들을 묘사하였다. 즉, 동거를 하는 사람들은 자신들을 좀 더 양성적이며 전통적인 성역할의 특성에서 자유로운 것으로 생각하는 것으로 나타났다.

또 이미정 한국여성정책연구원 연구위원은 '미혼모를 외면하는 한국의 현실(2008)'이라는 글에서 "한국의 대다수 출생은 결혼제도 내에서 발생하고 있다"며 "낮은 혼외 출산율은 혼외관계에서 임신을 한 여성이나 혼인 외 출산을 한 여성에게 극심한 부담을 줄 것"이라고 지적했다. 특히 여성들의 동거에 대한 불안은 임신 기피와 동거 파기 등으로 이어진다. 결혼이 주는 압박만큼 동거가 주는 사회적 압박도 만만치 않은 셈이다.

결국 아직까지 한국 사회에서 동거는 가족형태로 보지 않는 사회적 제도와 시각이 존재하기 때문에 앞으로 국가시책으로 개선되어야 할 소지가 있다.

5) 동거와 결혼의 유사점

(1) 결혼과 같은 헌신과 긴장

동거를 한다고 해서 결혼에 내재하는 헌신과 자유 간의 긴장을 피할 수는 없다. 만약 싫증과 강제 감정이 결혼이 갖는 위험이라면, 불안정과 질투가 동거커플에게 생기는 위험일 것이다.

(2) 결혼과 같은 성별 분업

동거를 하는 사람들이 결혼을 한 사람들에 비해 비전통적인 성역할 태도를 가지고 있음에도 불구하고 실제 생활에서 동거자들은 결혼한 사람들과 유사한 성별분업을 하여 여성은 결혼생활에서와 마찬가지로 가사노동을 책임을 지고 수행하고 있는 것으로 보고되고 있다.

(3) 결혼과도 같은 압박

동거가 지속됨에 따라 결혼한 두 사람에게 일어나는 것과 비슷한 압박을 받게 된다. 결혼에서와 마찬가지로 지속적인 일상이 형성되게 되고, 다른 사람들도 두 사람을 한 쌍으로 규명하게 되며, 다른 대안들이 감소하게 되어 두 사람은 자신들의 관계로부터 자신을 분리시키는 데 어려움을 느끼게 된다.

(4) 동거 경험이 이혼율을 감소시키지 않음

스웨덴 정부가 4,300명의 스웨덴 여성들을 대상으로 한 연구에 의하면 동거를 했던 사람들의 이혼율이 동거를 하지 않았던 사람들의 이혼율보다 거의 두 배만큼 높았다. 영국의 연구결과도 결혼 전에 동거를 했던 사람들이 결혼 전에 동거를 하지 않았던 사람들에 비해 별거나 이혼을 하는 비율이 높은 것으로 나타났다. 또한 동거를 했던 사람들이 그러한 경험이 없는 사람들보다 더 나은 결혼생활을 하는 것도 아닌 것으로 나타난다.

6) 동거의 장단점

(1) 장점

① 결혼을 전제로 하는 동거일 경우 사전에 서로에 대해 파악할 수 있다.

결혼 후 성격차이로 이혼하는 부부가 많은데 사전에 예방할 수 있을 것이다. 예를 들어, 잠자면서 코를 곤다거나 청소를 지저분하게 한다거나 화나면 폭력성을 보이는 등 데이트할 때 알지 못했던 것들, 사소하지만 살아가면서 아주 중요한 것들을 알 수 있다.

② 결혼을 전제로 하지 않는 동거일 경우에 경제적으로 도움이 된다.

혼자 사는 것보다 일단 둘이 모아 지출을 함께 하기 때문에 좀 더 경제적이다.

③ 서로에게 얽매일 필요가 없다.

가볍게 각자의 생활을 하면서 터치하지 않을 수도 있고, 서로에 대한 책임감이 없으니 마음이 가볍다.

④ 기존의 결혼제도가 주는 부담에서 자유로울 수 있다.

기존 결혼제도는 남성 중심의 가부장적인 제도하에서 부여되는 막중한 책임감을 부여함으로써 남성, 여성 모두 부담스러워 한다. 동거는 이러한 부담에서 자유로울 수 있다.

⑤ 평등과 민주적인 관계를 지향한다.

자발적으로 동거를 하는 경우 기존의 결혼이라는 틀에서 벗어나 있기 때문에 결혼에서의 아내와 남편의 역할분담과는 다른 관계가 성립되고 보다 평등한 관계를 유지할 수 있다.

(2) 단점

① 무책임한 동거는 큰 불행을 가져올 수 있다.

특히 적절한 피임 없는 동거 생활 중 아이가 생긴다면 결혼 의사가 없던 두 남녀관계는 복잡해지기도 한다. 동거는 결혼보다 일시적이다.

② 결혼을 전제로 한 동거를 했다 하더라도 결혼 전 동거이기 때문에 법적으로 보호를 받을 수 없다.

예를 들어, 동거인이 사망하였을 경우 실제생활에서 부부와 같은 생활을 하고 경제생활도 함께 했다고 해도 상속권이 없는 등 불리한 점이 많다. 동거가 개인에게 주는 지위는 결혼해서 받는 지위와는 상당한 차이가 있다.

③ 무엇보다 아직까지 혼전동거를 바라보는 사회의 시선이 따갑다.

아무리 신세대들이 동거를 선호한다고는 하나 아직까지는 주위 사람들이나 가족들에게 숨기는 분위기다. 결혼을 하지 않을 경우 오점을 남겼다는 불명예를 여성 쪽에서 갖기도 한다.

④ 결혼의 신성함이 퇴색될 수 있다.

결혼이 필수가 아닌 선택이라고 하며 동거를 해보고 결혼할 수도 있고, 꼭 결혼을 할 필요성을 느끼지 못하고 있다. 그렇게 결혼에 대해 경시한다면 굳이 동거를 통해 상대방을 알아본 후 신중하게 결혼을 할 필요가 있겠는가? 그렇다면 결혼을 했다가 싫으면 이혼을 하면 되는 것이나 아직까지 우리 사회가 이혼에 대해서 부정적 시각일 뿐 아니라 결혼을 중요하게 여긴다는 것이다.

⑤ 결혼에 골인을 못했을 경우 깊은 상처를 남길 수도 있다.

동거를 유지하는 가장 주요한 요인은 서로에 대한 애정인데 결혼에 비해 상대방에 대한 책임감, 가족에 대한 의무감이 더 적어 결혼하지 못하고 헤어질 경우에 깊은 상처를 남길 수 있다.

⑥ 동거는 상대방에 대한 환상을 순식간에 깨뜨릴 수 있다.

동거를 함으로써 서로에 대한 구속과 관심이 깊어지면서 다른 대안들이 감소됨과 동시에 서로 간의 환상이 벗겨질 수 있다. 이럴 때에 동거가족은 권태기를 슬기롭게 넘기는 지혜가 부족하여 남남이 되는 경우가 결혼가족에 비해 월등히 높다.

⑦ 누구에게 사랑하는 감정이 생길 때마다 동거할 수는 없다.

사랑하는 감정은 사라질 수 있으므로 사랑해서 함께 살고 싶다고 해서 그때마다 동거를 할 수 있는 것은 아니다.

⑧ 서로의 단점이 나타나면 쉽게 헤어질 수 있다.

사람은 완벽할 수 없으므로 결혼해서 살다보면 서로에 대해 실망하는 부분도 있고 싸울 수도 있는데 결혼생활을 통해 그러한 서로 부족한 부분을 감싸며 믿음으로 살아가는 것과는 다르게 동거생활에서는 믿음을 지니고 있기가 힘들어 쉽게 헤어지게 된다.

⑨ 자신의 삶에 당당하지 못하다.

동거를 하는 사람들이 차츰 증가한다 해도 사실상 떳떳이 그 사실을 밝히는 이들은 거의 없을 것이다. 동거를 하는 이들이 자신의 생활에 대해 부끄럽지 않고 떳떳하다면 굳이 숨기려 하지 않을 것이다. 자신의 생활에 뭔가 타당성이 없기 때문에 숨기는 것이다. 실제로 동거에 대해 찬성하는 이들도 막상 자신의 배우자가 동거를 했다는 사실을 알 경우 싫을 것이라면서 자신의 배우자는 순결하기를 바라고 있다.

7) 동거를 위한 전략

부정적인 시각이 잔재하고 있는 현대사회에서 건강한 동거가족을 유지하기 위한 전략은 다음과 같다. 따라서 동거를 시작하기 전에 두 사람이 다음과 같은 점들을 고려한다면 동거가 가지는 이점을 충분히 살릴 수 있을 것이다.

① 동거 전에 동거의 이유를 두 사람이 충분히 논의한다.

양측이 동거의 동기에 대해 충분히 의견을 나누고 공유하여 시작한다.

② 동거는 일시적인 기분으로 행해져서는 안 된다.

일시적인 애정의 감정으로 동거생활을 시작하는 것은 해체의 위기감이 높음을 고려하여야 한다.

③ 동거의 경험에 대해 상호 간에 동의한 현실적인 기대를 가지고 관계를 시작한다.

동거에 대한 현실적인 기대치에 대해 동의한 관계가 장기화될 확률이 높다.

④ **동거를 시작하기 전에 행동원칙을 만든다.**

함께 생활하는 데 필요한 규칙 등을 계약서 형식으로 작성하여 이를 지킬 것을 서약한다.

⑤ **높은 정도의 대인관계 기술을 가져야 한다.**

상대방에게 자신의 감정을 솔직하게 털어 놓을 수 있고, 상대방을 받아들이고 이해할 수 있는 능력, 그리고 상호 간의 문제를 해결할 수 있는 능력을 가져야 한다.

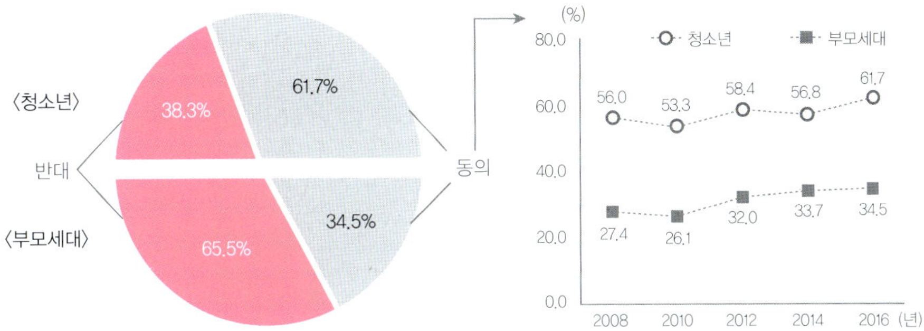

| 그림 7-10 | 결혼 전의 동거에 대한 청소년 견해

출처 : 여성가족부(2016). 2016 청소년 통계. www.mogef.go.kr

4 독 신

1) 독신가족의 증가

독신(獨身, singles)인 1인 가구에 대해 최근 '가족'이라는 표현을 사용하고 있다(여성가족부, 2016). 가장 작은 형태의 가족으로 인정한 것이다. 그만큼 1인 독신가구가 증가하였음을 알 수 있다. 전체 가구 중 1인 가구가 차지하는 비중이 30%에 육박할 것이라는 전망(YTN, 2019. 2. 3)이 나오고 독신가족을 겨냥한 마케팅이 급증하고 있다.

독신가족의 유형은 미혼 독신, 이혼 독신, 사별 독신으로 분류하며 미혼 독신인 경우 그 원인으로 학업의 연장, 직업의 안정성, 정서적 독립 등이 제시된다.

최근에는 결혼을 연기할 뿐 아니라 결혼을 하지 않는 비혼 독신들의 비중이 높아지고 있다(우해봉, 2009). 특히 고학력 여성들의 경우 저학력 여성에 비해 비혼의 비중이 지속적으로 높아지는 추세이다. 이는 결국 저학력의 남성일수록 배우자를 찾을 기회가 상대적으로 취약해지고 있음을 나타내며 고학력 여성들을 중심으로 결혼을 연기할 뿐 아니라 생애 동안 결혼을 하지 않을 개연성이 높아지고 있는 것이다.

이런 현상은 일과 가족에서의 역할조정의 어려움으로 인해 결혼을 하지 않을 수 있다는 것으로 해석되며 이를 위한 정책마련이 시급한 것이기도 하다.

2) 독신의 선택

독신을 선택하기에 앞서 독신에 대한 우리 사회의 이미지는 어떠한가를 알아보고자 한다. 그만큼 독신을 비유하는 많은 표현들이 있기 때문이다. '나는 초라

한 더블보다 화려한 싱글이 좋다'와 '화려한 싱글은 없다'는 독신에 대한 상반된 입장을 그대로 나타내 주고 있고 과거에 노처녀, 노총각의 이미지와는 매우 상반되게 골드미스, 골드미스터 등으로 표현되고도 있다. 독신을 선택하는 이유로는 사회 자연체계의 증가, 독신생활의 자유로움에 대한 열망, 나만의 삶을 선택할 수 있다는 것과 결혼에 대한 부정적 시각을 들 수 있다(미래가족연구회, 2011).

나는 초라한 더블보다 화려한 싱글이 좋다

베스트셀러
'나는 초라한 더블보다 화려한 싱글이 좋다'가 미친 영향

'나는 초라한 더블보다 화려한 싱글이 좋다'의 작가이자 세계적인 여성 잡지 '코스모폴리탄'의 편집장이었던 헬렌 G 브라운이 2012년 8월 13일 뉴욕의 한 병원에서 90세의 일기로 별세했다.

광고 카피라이터로 일하던 브라운은 1962년 독신여성도 섹스가 필요한 이유를 설명한 '섹스와 독신 여성(Sex and the Single Girl)'이라는 책으로 세상에 이름을 알렸다. 이 책이 국내에서도 발간된 후 큰 인기를 누렸으며 여성의 비혼율이 급증했다.

브라운은 또 성형수술을 적극적으로 옹호했고 스스로도 성형수술을 마다하지 않았음을 솔직하게 털어놓았다. 60살 생일 때는 "뚱뚱하지 않아야 60살에도 섹시할 수 있다"고 말하기도 했다.

브라운은 죽기 전, 2012년 1월에 스탠퍼드 대학과 콜롬비아 대학에 미디어 이노베이션 연구소 신설을 위해 3000만 달러를 기부하고 떠났다.

독신 가정

출처 : 매일경제 & mk.co.kr(2012. 8. 15).

'화려한 싱글은 없다'

- 결호정보회사 '선우'를 27년째 운영 중인 대표
- 2012년부터 현재까지 한국일보 연재칼럼 작가

이웅진은 1965년 서울 출생, 1991년 우리나라 최초의 결혼정보회사 (주)좋은만남 선우를 창립, 현재 7,000여 쌍을 결혼에 골인시키는 대기록을 세웠다. 한국결혼문화연구소 소장이자, 우송정보대학 웨딩이벤트학과 겸임교수로도 재직 중이다. 〈화려한 싱글은 없다〉, 〈결혼한 여자, 이혼한 여자, 그리고 결혼할 여자〉 등 다수의 저서를 통해, 대한민국 최고의 연애 & 결혼 박사로 확실하게 자리매김했다. 최초로 커플매니저라는 용어를 만들었으며 그 역시 경력 15년이 넘는 최고참 커플매니저로 아직도 현장에서 일하고 있다. 사랑에서, 결혼에서 또 사업에서 아직 현재진행형인 그는 해피엔딩을 위해 매순간 최선을 다하고 있다.

출처 : http://www.newsis.com/2019.11.27 발췌

3) 독신의 장단점

(1) 장점

독신으로 사는 장점으로는 생활방식에서의 자유와 자신을 위한 투자를 많이 할 수 있어 사회적 경력을 추구하는 것이 용이하다는 점과 다양한 이성교제가 가능하다는 점을 들 수 있다. 또 가족을 위한 희생 등 부담감이 없고 자신의 삶에 대한 책임만 가지면 되기 때문에 자기 충족감이 높아질 수 있다는 점을 들 수 있다. 최근에는 많아지는 이혼에 대한 재정, 정서적 스트레스를 피하고자 하는 이들의 독신도 증가하고 있다(Knox, & Schacht, 1999).

(2) 단점

독신으로 사는 것은 장점만 있는 것이 아니다. 독신생활의 단점으로는 부부생활 중심의 사회일수록 독신자에 대한 부정적인 인식, 자유로운 삶을 영위하는 만큼 외로움을 경험할 수 있게 되거나 일차적 집단에서 느낄 수 있는 감정적 애착을 형성할 대상이 감소한다는 점과 기혼자들과의 사회적 관계를 형성하는 데 어려울 수 있다는 점을 들 수 있다.

4) 독신생활을 위한 전략

독신의 단점 및 부정적인 면을 줄이고 긍정적인 점을 살리기 위해서는 먼저 일상생활에 있어 긍정적인 사고방식을 가져야 한다. 또한 자립심을 갖기 위한 경제력을 갖추어야 하며, 외로움을 줄이기 위해 친밀한 인간관계를 맺거나 취미생활을 가져야 한다. 특히 독신여성의 취미생활은 즐거움과 흥미를 얻을 수 있으면서도, 일상에서의 해방감을 느낄 수 있으며 자유로움을 느낄 수 있는 것을 선택하는 것이 유익하다(김이정, 2009). 특히 편하게 만날 수 있는 이성 친구 및 모임을 두는 것도 효율적일 수 있다. 그리고 가장 중요한 것은 자신의 삶을 즐기기 위한 노후 내책을 마련하는 것이다.

' 독신을 위한 재태크 노하우 비결 '

01.
지갑 열기 전,
한번 더 생각하자.
소비습관 관리하기

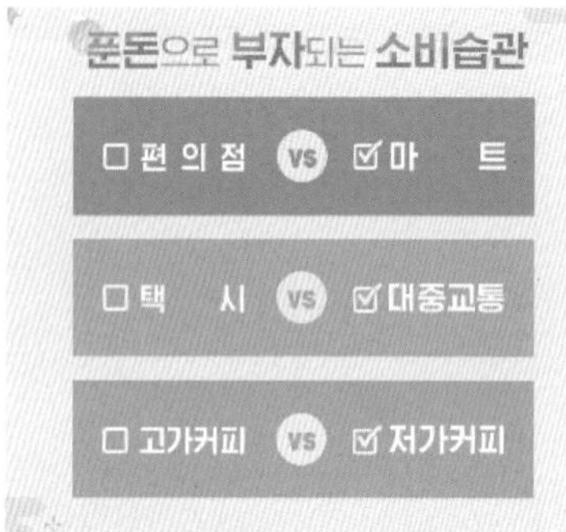

02.
체계적인 소득 분배로
인생을 설계하자.
소비/저축/미래 계획 세우기

03.
나만을 위한 든든한
지원군을 만들자.
갑작스러운 위험에 대비하기

04.
나의 미래를 위한 투자는
아끼지 말자.
자기계발로 내 가치 올리기

출처 : 신한은행(2018. 6. 12).

CHAPTER 08

행복한 결혼

1. 결혼이라는 관계
2. 신혼여행(Honeymoon)
3. 결혼생활에 대한 적응
4. 결혼만족도
5. 신혼기와 예비부모기

08 행복한 결혼

1 결혼이라는 관계

결혼이라는 제도를 통해서 형성된 부부관계는 각각 서로 다른 환경에서 살아온 남녀가 새로운 가정을 형성하고 그 안에서 부부로 새로운 인간관계를 만들어 가는 과정이다. 부부관계는 서로 다른 일상생활과 많은 부분들에 대해서 적응하면서 한 가족이 되어간다. 따라서 이러한 과정에는 여러 가지 상호작용이 발생하여 이에 적응하고 조율하는 과정이 요구되며, 행복한 결혼생활을 하기 위해서 부부는 결혼이라는 현실을 인식하면서 상호 적응하는 과정들이 있어야 할 것이다.

백설공주, 신데렐라, 콩쥐팥쥐의 공통점이 무엇인가? “왕자님과 결혼해서 행복하게 오래오래 잘 살았답니다”로 끝나는 것이다. 우리는 어릴 적부터 동화책을 읽으면서 사랑의 완성은 결혼이라고 여기며 자라났다. 좋아하는 짝꿍과 나중에 커서 결혼했으면 하는 꿈을 가지게 되고 사랑에 눈을 뜨기 시작하면서 사랑하는 사람과 결혼을 상상하게 되며 드디어 많은 하객들의 축하를 받으며 결혼하는 날은 이 세상의 어느 누구보다 가장 행복한 주인공이 된다.

| 그림 8-1 | 백설공주, 신데렐라, 콩쥐팥쥐의 공통점

그러나 우리는 결혼한 사람들이 자신의 배우자 또는 결혼생활에 대해서 행복하다고 결혼하기를 참 잘했다고 하기보다는 오히려 얼마나 힘들고 불행한가에 대한 얘기를 들을 때가 많다.

왜 그럴까? 사람들은 결혼생활에 대해 특정 기대를 갖고 결혼하는 것이 사실이다. '결혼 전에는 두 눈을 똑바로 뜨고 배우자를 보고, 결혼 후에는 눈을 감고 보라'는 선인들의 지적이 있지만 대부분의 사람들은 '사랑의 콩깍지'가 씌워져 그 반대로 행한다. 사실 그렇지 않으면 사랑에 빠져서 결혼하기까지 참 어려운 길이기도 하다.

결혼을 하면 우리는 환상이 아닌 실제 배우자와 생활해야 하므로 이성과 실제가 일치하는 경우는 거의 드물다. 배우자에 대한 현실적인 평가를 시작으로 서로의 이해가 더 깊어지고 부부로서 성장하게 되는데, 배우자에 대한 기대가 높을수록 결혼생활에 대해 더 불만족을 느낄 수밖에 없다. 격렬한 감정으로만 가득 찬 결혼생활을 기대한다면 시간이 지날수록 감정은 시들해지기 마련이므로 모든 결혼생활은 결국 실망으로 끝나게 된다. 격렬한 사랑은 결혼을 통하여 편안한 생활로 서서히 탈바꿈하며 안정된 사랑 속에 서로의 역할을 담당할 수 있는 동기와 자원을 제공받게 된다.

2 신혼여행(Honeymoon)

신혼여행이란 결혼식을 마치고 신혼부부가 가는 여행을 말한다. 평생을 함께 할 사랑하는 사람과의 신혼여행은 설레기 마련이다. 미래의 자녀계획은 어떻게 할 것인지, 집은 언제 장만할 것이며 자녀 교육은 어떻게 할 것인지, 부부간의 신뢰는 어떻게 지속할 수 있을지 등등… 삶의 중요한 계획을 짜야 하는 중요한 여행이기도 하다.

그런데 요즘 신혼부부가 가지는 신혼여행의 의미가 점점 달라지고 있다. 신혼여행은 먹고 마시고 사진 찍기 위해 가는 것이 아니다. 신혼여행은 평생설계와 둘이 적응하여 값진 나날을 위한 준비기간이다. 때때로 주위 동료나 친구들이 둘만의 소중한 여행을 방해한다거나 엉망으로 구겨지게 하는 것이 우정인 양 무용담을 얘기하는 경우가 있는데 이는 새로 인생을 시작하는 부부의 가슴에 평생 못을 막으며 원수가 되는 일이므로 삼가야 한다.

다음은 경제적이면서도 둘만의 값진 평생 한 번만의 신혼여행에 도움 될 만한 정보이다.

1) 신혼여행에서의 추억 쌓기

- 결혼기념으로 헌혈한다. 사랑의 실천으로 출발하자는 뜻이다.
- 사진 찍는 데 너무 치중하지 말고 평생 추억을 쌓는 데 몰두하자.
- 상대방 심정을 헤아리는 훈련을 하자. 평생이 탄탄대로다.
- 칭찬과 격려 훈련을 하자. 평생의 삶을 최고로 만들 수 있다.
- 배낭여행을 해보자. 배낭 신혼여행 후 책을 펴낸 신혼부부도 있다.
- 행복한 일만 일기로 쓰기를 시작하자. 먼 훗날 베스트셀러가 될 수도 있다.

- 호칭을 결정한다. 오빠나 이름 부르기는 좋지 않은 버릇이다.
- 경어를 사용하기로 정한다. 경어를 사용하면 부부싸움을 덜 한다.
- 인사를 연습하라. 가까울수록 예절은 필요하다.
- 서로 원하는 것을 기록해 보자.
- 어떤 일이 있어도 각방 사용을 하지 않기로 약속한다.
- 결혼하기까지 고마웠던 분들께 문자를 보내자.
- 신혼여행 기간의 말은 '고마워요'로 끝내보자.
- 최소비용으로 최대효과를 거두자. 사랑도 경영이다.
- 과거 얘기는 묻어둬라. 가끔 첫날밤에 진솔하게 터놓고 과거 이야기를 하다가 결혼 첫날 헤어지는 신랑신부도 있다. 살아가는 동안 절대 과거는 서로 얘기하지 않기로 하자. 미래 설계도를 함께 만들어라.
- 어디에든 기념식수를 해보자. 결혼기념일마다 얼마나 자랐는지 살펴보면 나무가 자라듯 사랑도 자라날 것이다.
- 결혼기념으로 보험을 들어라. 보험은 상대방을 위한 사랑의 증서다.
- 술 마시는 일은 나중에도 할 수 있다. 이 기간만큼은 맨 정신으로 말하고 행동하자.
- 결혼은 평생계약이다. 평생 지킬 약속을 서로 한 가지씩 하자.

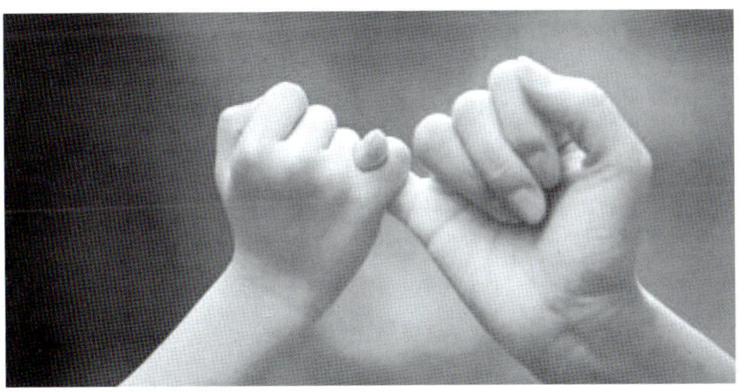

| 그림 8-2 | 결혼이라는 관계는 소중한 약속이다

신혼여행 때 이렇게 하고 싶어요.

2) 신혼여행의 에티켓

신혼여행에도 에티켓이 있다. 결혼했다고 내 여자니까 내 남자니까 내 마음대로라는 발상의 사고는 금물이다. 지금부터 그만큼 자신의 동반자에게 더욱 배려하는 삶의 시작이라고 여겨야 한다. 차나 비행기 안에서 신부는 창가에 앉도록 하는 것이 에티켓이다. 창가는 전망이 좋고 통로 쪽은 사람들이 지나다니기 때문에 번거롭다.

숙소에 도착하면 종업원들에게 약간의 팁을 얹어주는 것도 좋은 방법이다. 팁을 주는데 싫어할 종업원들이 어디 있겠는가? 그들은 분명 고맙다고 할 것이고 그만큼 그들은 당신들에게 배려도 아끼지 않을 것이다. 물론 사회생활을 모두 그런 목적으로 하면 안되겠지만 신혼여행에서만큼은 팁을 주기 바란다.

그동안 학수고대했던 가슴 설레는 첫날밤에는 경험 부족으로 여러 가지 실수나 해프닝이 생길 수 있다. 그만큼 긴장감과 불안감이 따르기 마련인데 첫날밤만큼은 신랑이 분위기를 이끌며 신부를 리드해 나갈 필요가 있다. 첫날밤부터 상대방에게 성적인 기대는 금물이다. 성적인 만족감은 부부관계를 유지해 나가면서 자연스럽게 개발되는 것이므로 당장 만족이 없다고 해서 불안이나 갈등을 느낄 필요는 없다.

다음날 아침, 신랑과 신부는 일어나면 자신의 차림새를 손봐야 한다. 첫날부터 신부는 신랑에게 부지런하고 단정한 모습을 보여주고, 신랑 또한 신부를 위해서 배려하고 노력하는 모습을 보이며 시작하면 좋을 것이다. 첫날 아침부터 깨워도 일어나지 않고 조금만 더 자겠다고 투정부리는 신부, 늦잠 자며 먼저 일어난 신부를 나 몰라라 하고 있는 신랑을 좋아하는 사람은 없다. 양성평등의 현대사회에서 누가 더 먼저 일어나야 한다는 것은 없다. 아무쪼록 첫날부터 서로가 서로를 위해 아끼고 사랑해 주는 노력을 기울이면서 첫날의 아름다운 서로의 모습을 오래도록 간직하길 바랄 뿐이다.

6000여 년 전 연인 유골 '로미오와 줄리엣' 고장에 안식

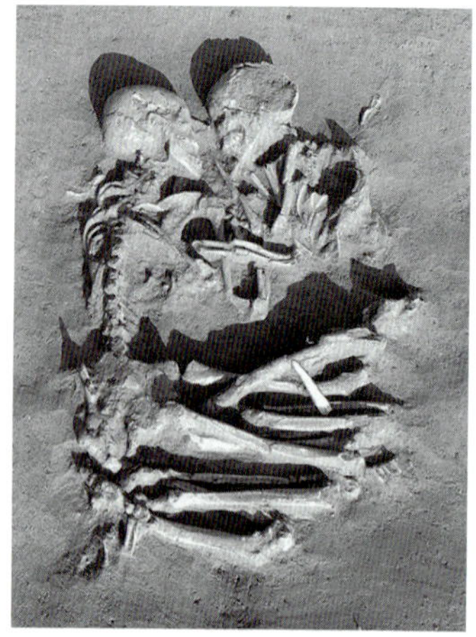

이탈리아 북부 만토바 인근의 신석기 시대 유적지에서 발견된 남녀의 유골. 5000~6000년 전 묻혔을 것으로 추정되는 이 유골들은 서로 마주 보고 꼭 껴안은 자세였고 18~20세 사이의 남녀로 밝혀졌다. 유골이 발굴된 만투아의 발다로는 셰익스피어의 대표작 '로미오와 줄리엣'의 배경 도시이다. 이 유골들은 '로미오와 줄리엣'의 배경지인 발다로의 지명을 따서, '발다로의 연인'이라는 애칭을 갖게 됐다.

하지만 이들이 왜 껴안고 죽음을 맞았는지는 아직도 밝혀지지 않았다.

2007년에 발굴된 이 유골은 그리스에서 가장 오래된 무덤이라는 점에서 놀라움을 감추지 못하고 있으며 전문가들은 이들 연인이 당시 이 지역에 살았던 다른 사람들과 함께 동굴 붕괴로 인해 매장된 것으로 보고 있다.

이 유골은 발견 당시의 상태로 박물관에 보존될 예정이라고 한다.

출처 : 동아일보(2011. 9. 16).

3 결혼생활에 대한 적응

1) 신혼기의 부부 적응

결혼생활에서의 부부는 두 사람이 자라온 환경에서 배워온 생활 모습을 그대로 반영하게 되어 있다. 이에 부부는 각자가 양육되어 온 환경뿐만 아니라 상대 배우자의 성격, 성, 경제, 그 외에도 외적 환경에서 나타나는 다양한 생활 모습에 서로 간에 적응하여야 한다. 또한 부부는 생활주기를 걸쳐 함께 경험하고 일련의 발달과업을 함께 수행하면서 점진적으로 발달하게 된다. 즉, 가족생활주기에 따라서 새로운 역할을 수행하게 되며 더불어 부부로서 서로에게 심리 · 사회적 욕구뿐만 아니라 경제적 욕구 이외에도 두 사람이 포함하고 있는 모든 외적인 환경에 대한 욕구를 충족시키기 위하여 상호보완적으로 노력하여야 하며, 이러한 노력을 이루는 모든 활동을 총칭하여 '적응'이라 할 수 있다.

(1) 결혼생활의 환상과 실제

신혼기는 부부관계를 발전시키는 데 기초가 되는 매우 중요한 시기이므로 부부관계를 정립하기 위해 많은 노력이 필요하다. 많은 신혼부부들이 결혼생활이 데이트할 때와 같을 것이라고 기대를 하지만 현실은 그렇지 않은 경우가 많다. 부부는 각자의 원가족으로부터 심리적 · 경제적으로 독립해야 하며, 독신일 때의 생활습관을 변화하여 새로운 생활에 적응하도록 노력을 해야 한다.

(2) 나의 생활에서 우리의 생활로

신혼기의 부부는 서로 다른 가치관, 생활방식 등을 조정함으로써 자신들만의 새로운 가족을 형성해야 할 책임을 갖게 되는데 그러기 위해서는 '나'에서 '우리'로의 사고전환이 절대적으로 필요하다. 이는 직장 · 시가 · 처가 등 여러 가지 외적 환경에 대한 적응이 필요하며 부부간의 차이는 당연한 것임에도 불구하고 부부 각자가 자신에게 익숙한 것이 옳다고 배우자에게 변화할 것을 요구하게 되면 두 사람의 차이는 성공적으로 조정하기가 어려워진다.

〈표 8-1〉 신혼초의 부부적응 요점

나의 생활에서 우리의 생활로
• 독립된 사고에서 협력적 사고로
• 독신의 성생활에서 부부의 성생활로
• 가족에 대한 소극적 관심에서 직접적 책임으로
• 독신의 습관에서 가족 중심의 습관으로
• 개인을 위한 구매에서 가족을 위한 구매로
• 자식의 입장에서 부모의 입장으로
• 자기 가족만의 관계에서 시가 · 처가의 새로운 가족관계로

출처 : 이정우 외(2001). 현대 결혼과 가족문화, p. 126.

(3) 성공적인 결혼생활은 신혼기부터

누가 사업에 성공하였다라고 하면 사업이 잘 되고 있음을 의미하지만 '결혼에 성공하였다'라고 하면 '결혼하였다'고 생각하지 '성공적인 결혼생활을 하고 있음'을 의미하지 않는다. 어떤 이가 '성공적인 결혼생활을 하고 있다'라고 한다면 여러분은 무엇을 짐작할 수 있을까? 가장 소극적으로는 이혼을 하지 않고 살아가는 상태부터 싸움 없이 살아가고 자녀가 있으며 가족구성원이 건강하게 살아가고 있음을 의미한다. 더 욕심내자면 두 사람이 서로에게 애정과 신뢰를 가지고 중요한 일에 대해서 둘이서 일치된 의견으로 잘 풀어나가는 결혼생활로 평가된다. 살아가면서 가족이 함께 보내는 시간이 점차 줄어들지만 그럼에도 불구하고 성공적인 결혼생활에서는 가족이 함께하는 시간이 많다고 한다. 함께 시간을 보내면서 가족들은 서로 소속되어 있다는 느낌을 갖게 되고, 이는 곧 가족에 대한 소속감과 정체감을 형성하게 만든다. 가족들 간의 강한 소속감은 청소년기에도 친구 때문에 가족으로부터 멀어지는 현상을 막아주는 역할을 한다(Cox, 1999). 성공적인 결혼생활을 하는 사람들은 "나중에 우리가 시간이 생기면…" 또는 "우리가 돈이 생기면… "과 같은 말로 함께할 시간을 미루지 않는다. 의도적으로라도 가족들이 함께 보낼 수 있는 시간을 만드는 것은 매우 중요하다는 사실을 잊어서는 안 될 것이다.

성공적인 가족들이 갖는 또 하나의 특징은 가족에 대해서 소속감이 짙다는 것이다. 가족에 대한 소속감은 '우리는 하나'라는 말로 표현된다. 가족 내에 문제가 생기면 가족들이 내 일인 것처럼 관심을 보이고 해결하려 노력할 때 문제는 해결되고 가족들은 강한 연대감을 형성한다. 물론 우리나라의 가족집단주의가 많은 비판을 받아온 것은 사실이지만, 가족원과 가족은 성공적으로 발달하고 성장한다.

2) 성격적 적응

결혼을 통하여 부부관계를 형성하면서 결혼생활의 만족도 및 부부관계의 유형을 결정하는 중요 요인이 서로의 성격으로 나타나고 있다(신용주 · 김혜수, 2002). 부부가 서로의 성격적 적응을 위해서는 서로의 유전적 기질과 성장환경의 차이를 이해하며 다음과 같이 몇 가지 서로의 차이를 극복해야 한다.

(1) 부부간의 상호 간의 차이를 인정해야 한다

부부는 결혼 전 서로 다른 가정환경과 외부 환경에서 성장하였으므로 각기 다른 성격을 갖는 것은 당연한 것이다. 그럼에도 불구하고 상호 간에 수용과 존중보다는 개인차를 인정하지 못하면서 갈등을 갖게 된다. 따라서 두 성인이 만나 부부관계를 유지한다는 것은 서로의 차이를 인정하고 수용하려는 자세가 필요한 것이다.

(2) 부부는 상호보완적이지만 각자의 자율성과 독립성을 인정해야 한다

부부는 결혼을 통하여 가정 내 부부관계를 유지하지만 각자가 속해 있는 다양한 역할을 통하여 부부간의 공동생활 영역 이외에도 사회적 역할과 그 외의 역할을 인식하고 행한다. 그로 인해 각자의 사고와 행동 패턴은 서로 다를 수 있으므로 부부관계가 소홀해지지 않도록 각자의 역할을 잘 수행하되 부부간의 이해와 배려적인 대화로 극복해야 한다.

(3) 부부는 상호간의 자존심을 최대한 존중해야 한다

가정 내 각자의 역할은 부부관계를 유지함에 있어 서로에게 상호보완적인 관계로 습득하게 된 것이며, 이를 위해 가정이 유지될 수 있을 것이다. 가정 내의 역할은 더 중요하고 덜 중요한 역할이 있을 수 없다. 그러므로 각자의 위치에서 서로의 배우자를 존중하며 한 사람의 인격체로 존중하도록 해야 할 것이다.

(4) 부부 각자가 스스로 원만한 성품을 갖도록 노력해야 한다

원만한 성품이란 평온하고 친절한 태도를 갖고, 타인을 배려하며, 성급하거나 지배적인 성향이 적고, 쉽게 분노감을 표출하지 않으며, 타인을 지나치게 의심하지 않고, 사회적 관계를 경쟁적으로 여기지 않으며, 다른 사람의 충고를 귀찮게 생각하지 않는 것이다.

(5) 부부간의 갈등을 정상적으로 지각한다

부부관계는 서로 다른 차이로 인한 갈등이므로 지속적으로 나타나기 마련이다. 따라서 그 갈등 발생 자체보다는 갈등의 원인을 찾아 서로 관리하는 노력이 필요하다.

3) 부부의 성적 적응

결혼생활에서 성생활은 극히 자연스러운 일이며, 부부는 성적 적응을 통해서 재생산의 성공률을 증가시키고, 성적 욕구를 만족시키는 기능을 수행한다. 원만한 성적 적응을 위해서는 부부가 동등한 위치에서 서로에 대한 신체적 · 심리적 · 인격적 이해가 수반되어야 한다(김용미 외, 2011).

부부관계에서 성의 의미를 살펴보면 다음과 같다. 첫째, 부부간의 성은 생식을 통한 자녀 출산의 목적이 있다. 둘째, 성은 부부간의 사랑과 친밀감의 표현이다. 즉, 성은 사랑과 친밀감을 위한 의사소통의 또 다른 유형이다. 셋째, 부부는 성을 통해 쾌락과 즐거움을 누릴 수 있다. 넷째, 부부간의 성 행동은 결혼이라는 합법적인 제도하에 상대방에 대한 상호 소유의 표현이다.

부부의 성적 적응 정도는 결혼 만족도뿐만 아니라 부부간의 친밀감을 형성하는 데에 상당히 중요하다. 그러나 간혹 부부간의 갈등이나 성에 대한 무지, 비현실적인 성적 기대감, 피로와 스트레스, 신체적 질병 등은 성적 부적응을 유발하는 요인으로 작용할 수 있다. 성적으로 만족감을 누리는 부부는 건강과 행복을 누릴 수 있으나, 잘못되면 건강과 행복 모두를 해칠 수도 있으므로 부부간의 성적 적응은 매우 중요하다고 본다.

4) 부부의 인격적 적응

부부의 인격적 적응이란 심리적이며 내적인 적응을 의미한다. 이는 부부관계 속에서 자신의 인격이 지속적으로 변화될 수 있으며, 상대방의 인격 또한 적응시킬 수 있다는 특징을 지닌다.

물론 개개인의 타고난 성품이 원만하여 부부의 인격적 적응이 순조로운 경우도 있다. 그러나 많은 경우 부부가 인격적으로 적응하기 위해서 필요한 갈등을 정상적인 것으로 인식하되, 단시간 내에 발전적인 방향으로 갈등을 해결하려는 상호 간의 노력이 필요하다. 이를 위해서는 상대방의 인성과 행동을 이해하며 서로를 독립적인 존재로 인정하는 사고방식이 필요하다.

5) 부부의 경제적 적응

부부의 경제력은 교육적 배경이나 직업과 긴밀한 관계가 있으며, 이는 가족이 생활해 나갈 수 있는 경제적인 능력을 의미한다. 결혼생활에서 경제적으로 적응하기 위해서는 유산이나 부모로부터 받은 재산의 상속보다는 부부의 경제력과 소비에 대한 태도가 무엇보다도 중요하다. 금전적인 문제는 결혼 초기에 거의 모든 부부가 직면하는 현실적인 문제이자 갈등의 요인이 될 수 있다. 그러므로 신혼기의 경제적 적응은 무엇보다 중요하다.

경제적 적응을 위해서는 수입원을 고려하여 예산 계획을 수립하고 지출 기록을 남겨서 부부가 함께 서로의 소비 패턴을 분석함으로써 예산 한도를 초과하거나 무절제한 지출을 지양할 수 있다. 우리나라에서는 제5공화국 이후 경제권을 점차 부인이 가지고 있는 경우가 많으나, 지출에 대한 의사결정원을 부부 공동형으로 행사하는 것이 가장 바람직하다. 맞벌이 부부가 늘어가면서 재정관리도 부부가 공동으로 하거나 주택도 부부 공동 명의로 관리하는 것이 효과적으로 보인다.

6) 부부의 사회문화적 적응

결혼은 남녀의 결합뿐만 아니라 가문과 가문의 결합이라고 하듯이 상대 배우자의 가족들과의 결합을 의미하며, 이를 통해 맺어진 친 · 인적관계는 부부관계에 많은 영향을 끼치기도 한다. 과거와 달리 결혼한 부부만 단독 거주하는 주거 형태가 늘어가고 있으나, 맞벌이나 분가 가족 형태가 나타나면서 직장으로 인해 친인척과 함께 거주하는 형태도 나타나고 있는 추세이다. 이때 부부는 부부생활에 상당한 영향을 미치는 주거형태에 잘 적응하는 자세를 가져야 한다. 서로의 배우자가 새로운 인간관계에 적응하여 보다 폭넓은 이해관계를 형성하여 슬기로운 결혼생활을 꾸려가야 할 것이다.

4 결혼만족도

결혼만족도(marital satisfaction)는 현재 결혼생활에 대한 만족도를 나타내는 개념이다. 어떻게 하면 보다 만족한 결혼생활을 할 수 있는가는 매우 중요한 주제이다. 누가 더 만족한 결혼생활을 하는가를 다룬 여러 연구들은 우리에게 다양한 결과를 제시하지만 그중 일관되게 지적되는 요인은 결혼연령과 자녀의 존재 여부이다(Cox, 1999).

너무 이른 나이에 결혼한 부부는 결혼생활에 불만족하거나 높은 이혼율을 보인다. 또한 자녀를 양육할 때보다는 신혼기나 노년기와 같이 자녀가 없을 때가 결혼만족도가 높게 나타난다. 결혼만족도는 일반적으로 U자형으로 변화한다는 것이 학자들의 공통된 의견인데 결혼 직후부터 급격히 떨어지기 시작해서 자녀들이 청소년기에 이를 때 가장 낮은 상태에 이르고, 그 이후 서서히 올라가기 시작한다고 한다.

우리나라 사람들을 대상으로 실시한 결혼만족도는 평균적으로 아내(53.7%)보다 남편(72.2%)이 더 만족하는 것으로 나타났다(한국보건사회연구원, 2018).

| 그림 8-3 | 『가족 8651』(김용우 작)

출처 : 아시아뉴스 통신 자료화면. http://www.anewsa.com

행복한 결혼생활 처방전

1. 있을 때 잘해

부부는 너무 가까이서 서로를 이해해 줄 것이라는 믿음 때문에 같이 있을 때 소홀히 하고 그 관계를 당연한 것으로 느낀다. 있을 때 잘 하자.

2. 서로의 관계를 백자 항아리처럼 다루라

부부관계는 백자 항아리처럼 새것도 좋지만 오래 되고 손때가 묻었을 때 진가를 발휘한다. 값이 떨어지지 않도록 오랜 기간 닦고 보호하며 소중히 하자.

3. 마치~ 인 것처럼

부부관계를 변화시키고 성장시키는 것에 '관심이 있는 것처럼' 행동하는 것이다. 관심이란 있는 척하다 보면 생긴다.

4. 변화는 내가 먼저

부부는 서로 상대방의 변화를 먼저 요구한다. 그러나 상대방의 변화는 나의 변화를 통해서 이끌어 가게 됨을 기억하자.

출처 : 장경동(2013). 행복한 결혼생활을 위한 지침서. EBS 〈부모〉

5 신혼기와 예비부모기

가정을 갓 이룬 신혼기에는 정신적, 육체적, 경제적, 사회적, 심리적 전 생활 영역에서 부부 상호 간의 공감대 형성이 가장 중요하다. 신혼기를 행복하게 영위하려면 먼저 시간을 공유하고 건강한 유머로 삶의 긴장을 완화시킬 수 있는 지혜가 필요하다. 이 시기에는 부부가 서로를 배려하며 의도적으로 노력하고 인내하는 헌신의 자세가 요구된다.

그러나 신혼기의 중요한 과업은 부부간에 친밀감을 형성하여 부부가 서로 몸과 마음이 합일(oneness)을 이루도록 적응하고 그 과정에서 행복을 추구하는 것이라고 할 수 있다.

정서적으로 안정되고 사랑과 신뢰의 기반하에 성공적인 신혼기를 지내다가 사랑의 결실로 임신을 하게 된다면, 태아는 최적의 태내 환경에서 성장하게 된다. 그러므로 건강한 신혼기야말로 예비부모의 역할을 충실히 수행할 수 있는 기본이 된다고 할 수 있다.

1) 신혼기의 호칭

신혼여행 후 어른들께 인사드리러 간 날 상대방에게 결혼 전 교제할 때 쓰던 '자기, 오빠, 선배, OO씨' 등 호칭을 여러 가족들 앞에서 무의식적으로 쓰는 것은 부끄러운 일이다. 맨 먼저 남편과 아내에 맞는 정확한 호칭을 자주 연습하고 불러보면서 익혀야 한다. 누구를 어떻게 호칭해야 하는지 잘 모를 경우에는, 결혼 전 양가의 부모님께 배워옴이 바람직하다. 양가의 가족구성원을 빨리 파악하고 가풍이나 습관 등을 익혀 결혼 전의 본가와 달라진 면에 무리가 없도록 배려가 있어야 한다. 우선 양가 가족들의 호칭을 정확하게 부르는 것부터 예의의 시작이다.

(1) 전통적 가족 호칭

우리나라 전통적 가족 호칭은 시누이와 올케 간에는 존댓말을 써야 하며 동서 간에는 나이를 불문하고 남편에 의해 서열이 정해져 있다. 손아래 동서일지라도 '해라'를 하기보다는 '하게'라고 말하면 윗동서로서의 위엄과 품위가 있어 보인다. 가장 어려운 시누이와의 관계도 처음부터 이해하고 협력하는 자세로 올케 쪽에서 수용하고 말씨에서부터 행동에 이르기까지 예의를 바탕으로 모범을 보여야 한다. 시댁 식구 중 한결 마음 가볍게 대할 수 있는 시동생에게도 기본적인 예의는 지켜야 하며, 시동생에게 '삼촌'이라는 호칭은 자제하고 '도련님'이라 불러야 한다. 시아주버니는 매우 어려운 관계이므로 시부모처럼 생각하고 조심스럽고 겸손하게 대해야 한다. 가족들의 생일을 잊지 않도록 메모해 두었다가 카드 한 장이라도 보내는 성의가 있어야 하며 가까운 친척들의 경조사 때에는 합당한 예의를 갖추어야 한다.

〈표 8-2〉 결혼 후 호칭

근친 간의 호칭 바로 알기			
관계설명	漢字語	우리말	비 고
누나의 남편	姉兄(자형)	자형	
여동생의 남편	妹弟(매부)	매제, 매부	
형제의 사위	姪壻(질서)		
형제의 며느리	姪婦(질부)		
형제의 부인끼리 (같은 시집의 뜻)	同媤(동시)		요즘은 주로 同壻(동서)라 함
자매의 남편끼리 (같은 사위의 뜻)	同壻(동서)		
남편의 남동생(未婚)		도련님	
남편의 남동생(旣婚)	아재비	아주버님	
남편의 형	媤叔(시숙)	아주버님	
시누이 남편	媤妹壻(시매서)	아주버님	
아버지의 맏형	伯父(백부)	큰아버지	
아버지의 동생(未婚)	아재비	아재, 아저씨	
아버지의 동생(旣婚)	叔父(숙부)	작은아버지	
종형제의 부인	從嫂(종수)		
고모(姑母)의 아들	姑從(고종)		
고모(姑母)의 딸	姑從妹(고종매)		
외숙(外叔)의 아들	外從(외종)		
외숙(外叔)의 딸	外從妹(외종매)		
이모(姨母)의 아들	姨從(이모)		
이모(姨母)의 딸	姨從妹(이종매)		
형제(兄弟)의 아들	姪(질)	조카	
형제(兄弟)의 며느리	姪婦(질부)		

형제(兄弟)의 딸	姪女(질녀)		
형제(兄弟)의 사위	姪壻(질서)		
자매(姉妹)의 아들	甥姪(생질)		
자매(姉妹)의 며느리	甥姪婦(생질부)		
자매(姉妹)의 딸	甥姪女(생질녀)		
자매(姉妹)의 사위	甥姪壻(생질서)		

출처 : 韓國傳統呼稱典禮研究院 李星衡.

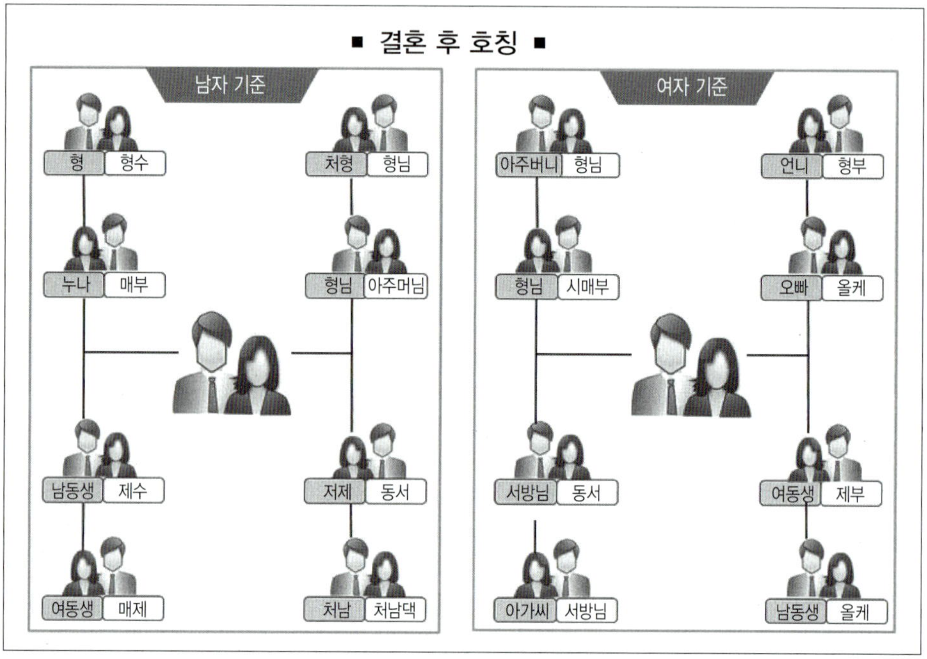

(2) 양성평등시대의 가족 호칭

그동안 성 비대칭 남성 중심으로 부르고 있었던 호칭이 개선된다고 한다. 국립국어원 · 국민권익위원회 · 여성가족부에서는 여성이나 남성을 모두 같은 가족으로 여기도록 누구 중심도 아닌 소중한 호칭으로 개선할 필요가 있음을 시사하였다. 출산율 저하로 더 이상 대가족을 이루지 못하고 있는 현대사회에서 양성 모두 평등한 호칭으로 개선하자는 취지이다.

어떻게 바뀌면 좋을까요?

- 집사람/ 안사람/ 바깥사람 → 배우자
- 외조/ 내조 → 배우자의 도움
- 친가/ 외가 → 아버지의 본가/ 어머니의 본가
- 장인/ 장모/ 시아버지/ 시어머니 → 아버님, 어머님
- 주부 → 살림꾼
- 미망인 → 고 OOO의 배우자
- 미혼모 → 비혼모
- 남편의 누나/ 남동생/ 여동생 → 언니/ OO씨/ OO씨
- 아내의 남동생/ 여동생 → OO씨/ OO씨

출처 : 서울시 여성가족재단(2019).

2) 가사노동 분담

가사노동이란 가정생활의 유지와 노동력 재생산을 위하여 필요한 노동이다. 취사 · 세탁 등과 같은 육체적인 노동뿐만 아니라 가계부의 정리나 식단 짜기 같은 정신적 · 관리적 노동도 포함된다. 수유 · 아기 보기 등 육아에 관한 일도 포함된다. 가사노동은 개개의 가정에서 이루어지는 사적인 노동이라는 점에서 보통의 생산노동과 구별되고 순전한 소비생활과도 구별되는데, 수면 · 식사 · 목욕 · 몸 치장 · 오락 · 스포츠 · 독서 등의 소비행위는 다른 사람이 대신할 수 없으나, 가사노동은 다른 사람이 담당할 수 있다. 일반적으로 가사노동의 주된 담당자는 가정주부이나 부분적으로는 남자가 대신할 수 있고, 가정부를 고용하거나 서비스 업자에게 일을 맡길 수도 있으며, 탁아소 등의 공공시설을 이용할 수도 있다. 가사노동의 종류와 내용은 다양하여, 처리해야 할 일이 계속해서 생기므로 부부가 협력하여 풀어가지 않으면 성공적인 결혼생활에 걸림돌이 되기도 한다.

결혼생활에서 아내란 내면적으로는 강해야 하고, 외면적으로 남편을 의지하고 항상 도움을 청하는 태도가 남편의 위치를 인정해 주는 바람직한 태도라고 할 수 있다. 그러나 정신적으로나 물질적으로 너무 부담을 안겨주는 아내가 되어서는 안 된다. 남편에게 생활의 모든 것을 전부 맡기는 태도는 부담감을 주는 일이다. 남편의 능력을 잘 판단하고 분수에 맞는 생활을 해야 할 것이다. 맞벌이 부부의 경우라면 서로 상의해서 재치 있게 가사를 분담하면 가볍게 생활할 수 있다. 지루하고 권태로운 결혼생활이 되지 않게 부부가 공동의 가사분담과 공동의 취미 생활을 갖도록 신혼 초부터 계획을 세워야 한다. 맞벌이 아내에게 모든 집안일을 맡기고 슈퍼우먼이 되기를 기대한다면 몇 개월 안에 아내의 인내심은 바닥이 나서 결혼생활을 이어가기 힘들어진다. 또한 남편에게 모든 것을 의지하고 약점과 허물을 들추어내면서 자존심을 상하게 하고 상처를 남기게 되면 그 어떤 남편도 결혼생활을 지탱하기 힘들어질 것이다.

조사에 의하면 주부들의 1일 가사 노동시간은 5시간 39분으로, 요리, 설거지,

빨래, 청소에만 5.18시간이 걸린다고 한다(한경미, 2009). 물론 맞벌이로 인한 시간적 여유가 없어 남보다 가사에 좀 소홀하거나, 가사 노동의 부담을 덜어주는 가전제품이 발달했다고 해도 가사 노동은 비단 육체적 노동 그 이상의 것이 있기에 가사노동에 관한 주부들의 스트레스는 만만하지가 않다.

취업포털 잡코리아(2010)에 의하면 남녀 직장인이 생각하는 이상적인 가사분담 정도가 성별에 따라 큰 차이를 보이는 것으로 조사되었다. 세계 여성의 날을 맞아 최근 20대와 30대 남녀 직장인 1천 17명을 대상으로 '이상적인 가사분담 형태'의 조사에서 남성의 50.8%가 '아내가 주도적으로 가사를 처리하고 남편은 보조적 역할을 하는 것'을 이상적인 가사분담의 형태라고 답하는 반면 여성은 55.2%가 '남편과 아내가 똑같이 반반씩 부담하는 것'을 이상적이라고 꼽았다고 한다.

가사분담을 어떻게 하고 있는지 조사한 결과에서도 맞벌이와 외벌이의 구분 없이 여성들이 남성보다 훨씬 많은 가사를 분담하고 있었다. 맞벌이의 경우 '아내가 70%, 남편 30%'의 비율로 가사를 분담하고 있다고 답한 응답자가 47.5%로 가장 많았다. 혼자 버는 외벌이 직장인들도 '아내 70% 남편 30%' 비율로 가사를 분담하고 있다고 답한 응답자가 44.5%로 가장 많았고 근소한 차이로 '아내 90% 남편 10%'를 꼽은 응답자도 40.0%에 달했다.

이런 조사에서 보면 일과 가정의 양립을 위해서는 가사노동에 대한 남성과 여성의 인식 차이부터 좁혀야 함을 알 수 있다. 하지만 아직까지도 우리나라에서 주부의 가사노동을 너무나 당연하게 여기고 있을뿐더러 가족을 위한 주부의 자기 희생마저도 제대로 평가받지 못하고 있다.

이제 막 신혼을 경험하고 가사를 익히고 있는 새댁들에게는 이런 문제가 서서히 자신의 문제로 가깝게 느껴질 수 있다. 가사 분담은 절대적인 기준이나 만인에 해당하는 정답은 없다. 다만 부부가 합리적으로 환경과 상황에 따라 서로 양보하고 조절해야 할 일임을 깊이 인식하고 미래를 설계해야 한다. 평생을 함께 할 남편과 아내가 함께 현재의 상태를 체크하고 바람직한 방법을 찾아야 할 것이다.

우리 부부는 어떤 형?

1. 반으로 딱! – 정확한 분담형

일이나 서로의 스케줄에 상관없이 집안일을 철저히 반으로 나누어 분담하는 스타일이다. 이 유형의 경우 여성에겐 부담이 적어 좋긴 하지만 부부간의 이해와 협조가 끊임없이 요구된다.

2. 잘하는 분야만 집중 마크한다 – 전담 집중형

서로 잘하는 분야의 가사를 분담하는 것으로 장점을 살리고 단점은 보완하는 스타일이다. 하지만 남성이 잘하는 분야가 없다면 부담이 모두 여성에게 돌아갈 수 있다. 그러다 보면 머지않아 트러블이 발생할 소지가 커서 보완책이 필요하다.

3. 여유 있는 자가 맡는다? –임기응변형

서로 바쁜 시간을 고려하여 시간이 허락되는 사람이 집안일을 맡는 스타일이다. 잘만 꾸려간다면 편리하지만 상대에 대한 기대치가 높아져 실망하거나 배우자의 소홀함에 대한 짜증이 쌓이다 보면 트러블로 발전할 소지가 커진다.

4. 이것만이라도 해줘! –부분적 부담형

쓰레기 버리기, 욕탕 청소 등은 남성이 맡게 하여 부분적으로 가사에 참여시킴으로써 대개의 가사는 여성이 전담하는 스타일이다. 가사 분담을 흉내만 내는 것으로 남성은 이것만으로도 큰 소리를 친다. 그 소리 듣기 싫어 모두 떠맡다가 여성의 참을성이 바닥난다.

5. 시대 바뀌어도 달라지지 않아~ – 고정적 성역할 분담형

근대의 전통적 성역할을 그대로 답습하는 스타일이다. 모든 집안일은 여성의 몫이고 어찌 하늘 같은 남자가 부엌에 출입할 수 있으리오~ 하는 가부장적인 문화를 고수하는 커플이다. 여성의 가사노동의 스트레스는 날로 늘어가고 그 수고 또한 제대로 인정받지 못한 채로 살아가다가 결국 황혼이혼에 다다르기도 한다.

3) 양가 대하기

며느리가 지나치게 시부모님을 어려워하게 되면 너무 거리감이 생기고 부자연스러운 사이가 된다. 감사한 마음가짐, 공경하는 마음가짐을 바탕으로 양가 부모님을 똑같이 생각하고 모신다. 양가의 부모님께 자주 문안 여쭙고 어떻게 지내고 있는지 안부를 들려드리는 것이 부모님에 대한 예의다. 부모님과 함께 사는 경우에는 어머니와 가사를 분담하는 것이 좋다. 집안일 전부를 어머님께 맡겨서도 안 되지만 어렵고 조심스러워서 자신이 다 해버리는 것도 자칫 어머니 쪽에서는 소외감을 느낄 수도 있다.

사위가 처가의 가족을 대하는 것도 마찬가지다. 예전에는 '처가집과 뒷간은 멀수록 좋다'는 말이 있었는데 아내를 처갓집에 자주 가지 못하게 해야 좋다는 뜻으로 해석된다. 그러나 지금은 아내가 행복해야 남편도 행복하다. 사위는 처가의 동기간과도 좋은 관계여야 한다. 처가의 가족을 너무 어려워하면 정이 쉬 들지 않는다. 유머스럽고 활발하게 하는 것이 정을 빨리 붙이는 방법이며, 결혼 후 친정에 들리는 아내에게도 마음 편한 내조일 것이다.

CHAPTER 09

함께 성장하는 동반자 부부

1. 변화하는 부부의 역할
2. 맞벌이 부부
3. 부부권력
4. 양성평등부부

09 함께 성장하는 동반자 부부

1 변화하는 부부의 역할

한 가정을 행복하게 꾸려 나가기 위해서 부부는 다양한 역할들을 함께 수행해야 한다. 부부가 담당하는 역할은 크게 경제적 역할, 가사역할, 성적 역할, 오락적 역할, 치료적 역할, 친척에 대한 역할 그리고 자녀양육과 자녀의 사회화 역할 등 8개의 영역으로 구분한다. 먼저 경제적 역할로는 수입과 지출관리 및 공공요금 납부하기 등이 포함될 것이다. 가사역할에는 음식 만들기, 설거지, 집안 청소, 세탁, 정리정돈, 집안 꾸미기 등을 들 수 있다. 자녀양육에는 자녀 돌보기와 놀아주기, 유아교육기관에 데려다주기 및 데려오기를 꼽을 수 있다. 자녀의 사회화에는 자녀의 의논상대, 대화, 학교생활에 대한 관심, 기본생활습관 지도, 진로지도 등이 포함된다(Nye, 1976).

부부역할은 사회와 밀접한 관계를 맺고 있기 때문에 시대적 · 문화적 배경이 변함에 따라 부부역할도 변화하고 있다. 전통사회에서 남편은 부부유별을 강조하여 가계부양자 역할과 가정을 대표하는 역할을 수행하고 바깥일을 담당하였고 아내는 가정관리와 자녀양육 역할과 가정화합 역할을 수행하여 집안일을 하는 것으로 기대하여 남편을 바깥양반, 아내는 안사람으로 통칭하기도 하였다.

그러나 현대사회에서는 여성의 사회참여와 경제활동이 증가하고 양성평등주의 가치관이 확산되면서 부부역할도 변하고 있다. 아담스(Adams, 1980)는 부부역할 방향이 전통주의, 신 전통주의, 평등주의로 변하고 있다고 하였다.

1) 전통주의 부부의 역할

부부역할이 성별에 의해 규정되어 분리된 역할을 수행하는 것으로 남편역할과 아내역할이 엄격하게 구별되고 역할 공유나 역할 전환이 일어나지 않는다. 아내의 사회활동이나 경제활동은 용인되지 않으며 특수한 경우에만 허용된다.

2) 신 전통주의 부부의 역할

아내의 역할이 확대되어 가정 일 외에 사회참여와 경제활동을 할 수 있지만 남편의 역할은 변하지 않는다. 즉, 아내가 바깥일을 하는 경우에는 집안일도 잘 해야 하며 남편의 역할보완은 기대하지 않음에 따라 아내가 사회활동을 하려면 슈퍼우먼이 되어야 하는 것이다.

3) 평등주의 부부의 역할

성별로 부부역할이 규정되지 않고 역할을 공유하거나 개인의 특성과 상황에 따라 융통성 있게 역할을 수행하는 것으로 어떤 경우에는 남편이 집안일을 하고 아내가 부양자역할을 하는 역할전환도 자연스럽게 받아들인다(유영주 외, 2002).

2 맞벌이 부부

1) 맞벌이 부부의 정의

맞벌이 부부란 결혼한 부부가 모두 직업을 가진 경우를 말한다. 기혼여성이 취업에 따르는 많은 문제점에도 불구하고 취업을 계속하는 다양한 이유는 경제적 필요에 의한 이유와 개인의 발전을 위한 것으로 분류된다. 고학력 여성들이 취업을 통하여 자아를 실현시키고 근대적인 성역할 태도에 입각하여 평등한 부부관계를 정립하여 자아를 실현시키기 위한 형태의 맞벌이 부부가 갈수록 늘어가고 있다.

2) 맞벌이 부부의 증가

아시아 경제신문(2017)이 미혼 직장인 646명을 대상으로 '결혼 후 맞벌이 계획'을 조사한 결과, 85%는 결혼 후 맞벌이를 원하는 것으로 조사되었다. 이유는 역시 남녀 모두 1순위로는 '가계 경제에 도움이 되기 위해'(남성 72.2%, 여성 70.4%)가 가장 많았다. 남성의 2순위는 '맞벌이를 하면 서로를 더 잘 이해해 줄 수 있을 것 같아서(16.5%)'였고 여성의 2순위는 '본인의 자아실현을 위해'를 꼽았다. 기타 의견으로 '집에만 있는 것보다 일이 있는 것이 좋으니까', '사회생활을 해야 뒤처지지 않을 것 같아서', '경제력이 없으면 무시당할지도 몰라서', '언제 이혼하게 될지도 몰라서'도 있었다.

이런 추세에 맞추어 정부와 각 지자체에서는 맞벌이 가정의 출산율을 높이기 위하여 각종 육아지원정책을 펼치고 있다.

맞벌이 부부를 위한 지원정책이 늘고 있다

지난해 서울시 평균 합계출산율은 0.76명으로 감소하였으나 서초구의 합계출산율은 지난해 0.8명을 기록하며 유일하게 전년대비(0.799명) 증가했다.

서초의 이런 출산율 증가는 일시적 현상이 아닌 진행형이다. 서초구 전체 여성의 30% 이상이 20~30대 여성인데 이들이 느끼는 경제적 문제, 육아에 대한 부담, 경력단절 등 피부에 와닿는 현실 문제를 함께 고민하며 해결하는 '서초 119아이돌보미'를 운영하여 임신부터 출산 · 육아까지 서초구는 모든 양육정책을 전화 한 통으로 원스톱 안내해 주고 있다. 맞벌이 · 출장 등 긴급한 상황에서 아이도우미를 지원하여 그동안 633명의 워킹맘들이 이용, 신청이 꾸준히 늘고 있다.

또 육아휴직을 활용하는 아빠들을 위한 '서초 프렌대디(friend + daddy)'가 매주 토요일마다 진행되고 있다. 이는 아빠와 자녀들이 클레이 저금통 만들기, 활쏘기, 탁구, 호신술 등을 다양한 프로그램을 통해 추억을 만드는 프로그램이다. 지금까지 444가정이 참여했다. 특히 연 2회 상 · 하반기 실시했던 1박2일 캠핑 프로그램은 참여했던 아빠와 아이들의 만족도가 높아 이후 신청문의가 잇따르는 등 인기가 높다.

또 '할빠 · 할마'라는 신조어가 생겨날 만큼 할아버지 · 할머니의 역할이 중요해지면서 25시간의 손주 돌봄교육을 받은 어르신들을 대상으로 일정기간 동안 월 24만 원을 지원하는 '손주 돌보미제도'도 운영하고 있다. 지금까지 3,000여 명의 할빠 · 할마들이 황혼육아에 나서 맞벌이 가정의 육아를 분담하고 있다.

출처 : 서울경제신문(2019. 11. 3).

3) 맞벌이 부부의 원만한 생활

맞벌이 부부의 역할이 원만하게 수행되려면 다음과 같은 여러 조건들이 갖춰져야 한다.

(1) 자녀양육 및 교육

전통사회에서는 부모세대에게 자녀양육을 맡김으로써 맞벌이 부부의 육아문제를 해결하였으나 현대의 핵가족제도에서는 시급하게 자녀양육을 위한 대안이 필요하게 되었다. 맞벌이 부부의 가정 큰 고민은 자녀양육과 교육이다. 특히 취학 전 자녀를 누가 키우느냐가 가장 큰 문제이다.

더욱이 0세부터 3세까지의 영아는 시간적으로나 정신적으로 성인의 직접적인 도움에 더욱 의존해야 하는 시기이며, 아동의 발달시기 중에서 가장 중요한 시기이므로 이 시기의 자녀교육 발달은 부부뿐만 아니라 가족 전체의 문제이고 나아가서는 국가적인 문제가 될 수 있다.

맞벌이 부부는 서로 가정과 일을 양립할 수 있도록 평등하게 각자의 역할분담에 대한 태도를 분명히 하여 부부간에 갈등 없이 행복한 가정을 꾸려가야 한다.

(2) 자신과 배우자의 역할평가를 긍정적으로

부부는 먼저 자신의 역할인지 수준과 배우자에 대한 역할기대 수준을 현실적으로 낮추는 일이 필요하다. 상대의 역할기대를 충분히 이해하고 존중하여야 하며, 이에 자신의 역할인지를 조정하면서 배우자의 기대에 부응하는 역할수행을 하는 노력이 필요하다. 예를 들어, 남편이 아내에게 아침밥을 챙겨주기를 기대한다면 아내는 그 기대를 존중하고 그 역할을 수행하도록 긍정적으로 이끌어 가며 남편은 아내가 아침을 차릴 수 있도록 아이를 어린이집에 보낼 준비를 돕는 노력이 필요하다.

(3) 유연한 자세와 개방적인 대화

과거와 달리 오늘날은 모든 것이 급변하고 예측할 수 없는 상황도 발생하게 된다. 그러므로 현대사회에 적응하고 원활한 가정생활을 영위하려면 역할에 대한 유연한 태도와 충분한 대화가 필요하다. 서로 상대방의 역할기대를 파악하고 자신의 역할인지를 조정하며 역할갈등이 발생한 경우에도 부부간에 솔직한 대화를 나눔으로써 해결의 실마리를 풀 수 있다.

특히 현대사회는 남편이 부양자, 아내는 가사전담자라는 성역할 분업의 경계를 완화시켜서 평등주의 관점에서 역할을 공유하고 융통성 있게 역할을 수행하는 동반자적 부부관계를 지향하고 있다. 이 같은 평등주의적 관점은 생활수단으로서의 역할 외에 부부간의 애정과 성적 역할, 치료적 역할 등의 정서적 역할에 비중을 두고 수행하는 것이 부부 친밀도를 높일 수 있다.

(4) 균형 있는 역할수행

상황에 따라 일시적으로 남편이나 아내 한편에게 역할이 집중되는 경우도 있지만 지속적으로 역할수행에서 부부간에 균형이 깨지면 역할과다 문제와 역할과소 문제가 발생한다. 부부 한쪽이 역할과다인 경우에 가정의 중심이 되고 피로와 시간갈등 문제가 발생하게 되는 반면 역할과소인 사람은 가정에서 소외되고 외로움, 무력감 문제가 발생할 수 있다. 그뿐만 아니라 자녀들의 성역할 습득과 장래의 결혼생활에도 부정적 영향을 미칠 수 있다. 즉, 역할과소의 무기력한 아버지와 역할과다의 지배적인 어머니이거나 이와 반대로 역할과다인 지배적 아버지와 역할과소의 무기력한 어머니인 경우 모두 아들과 딸들은 남성 또는 여성으로서 혹은 동반자적 부부의 성역할 모델로 부적합한 부모를 보면서 성장하는 문제점을 갖는다.

예전에는 가사노동 하면 여성의 영역처럼 여겨 가정주부라고 하였으나 통계청의 고용통계조사(2012)에 따르면 남성 비경제 활동인구 가운데 전업주부인 경우가 17만 6천 명이 넘는 것으로 나타났다. 이처럼 직업을 아예 전업주부로 전환하는 남성과 남성 육아휴직자가 점차 늘어가는 추세다. 시대가 변하고 대부분이 맞벌이부부인 현대사회에 가정 일에 남녀가 따로 있겠는가? 이와 같이 사회에서나 가정에서나 형편에 맞게 역할을 분담하여 슬기롭게 살아가는 지혜가 필요하다.

| 그림 9-1 | 늘어가는 남성 전업주부

출처 : 통계청(2012). 고용통계조사.

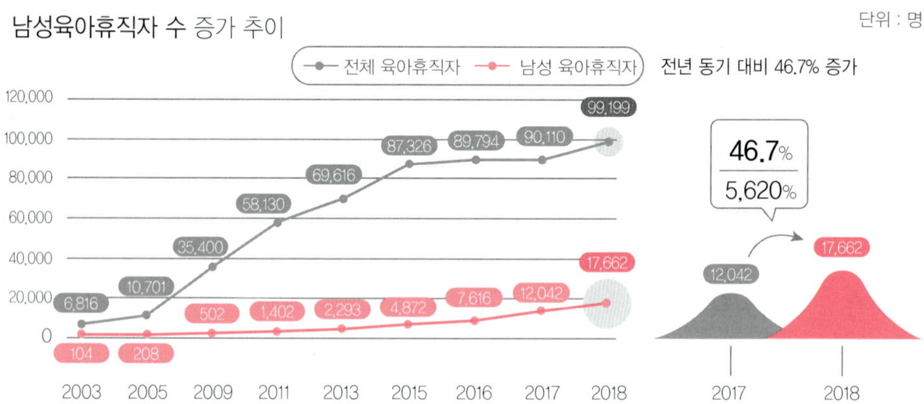

| 그림 9-2 | 증가하는 남성 육아휴직자

출처 : 고용노동부. www.moel.go.kr/news.

가사노동은 무엇인가요? 누가 해야 하나요?

가사노동의 특징은 ?

가사노동의 경제적 가치는 ?

가사노동에 대한 효과적인 역할분담은?

4) 맞벌이 부부의 지원 및 대안

(1) 법적 · 제도적 규정 확대

취업모의 자녀양육 지원과 관련된 법적 규정을 확대 적용하는 것이 시급하다. 육아휴직, 가족간호휴직제, 시차 출근제, 탄력적 근무제, 정규직 신분을 유지하면서 근로시간만 단축시키는 직무공유제 등의 근무제도를 국가와 기업이 도입하여 맞벌이 부부를 배려하는 정책 추진이 필요하다. 보육에 관련된 법과 제도의 개선을 통해 맞벌이 여성들이 자녀 출산이나 육아 휴직을 자유롭게 이용할 수 있고, 남성의 육아휴직을 의무화하는 법적 보장이 필요하다.

아빠도 아이 키우는 세상– 성평등 첫걸음은 육아

스웨덴의 25년 된 '남성육아휴직' 의무화

| 그림 9–3 | 스웨덴의 라떼파파
(한 손에는 라떼를 들고 유모차를 끌고 가는 데서 유래된 스웨덴의 육아휴직 아빠들)

스웨덴이 '육아 천국'으로 불리는 가장 큰 이유는 '육아는 엄마가 아닌 부모가 함께 한다'는 인식이 사회 전반에 뿌리내린 덕분이다. 스웨덴 남성의 육아휴직 의무화는 이미 25년 전에 시작됐다. 한때 스웨덴도 지금의 한국처럼 '육아 대란'을 겪었다. 1950~1960년대엔 스웨덴 가정에서도 주로 남성이 밖으로 나가 일했다. 하지만 점차 사회가 바뀌면서 일하는 '워킹맘'이 늘었다.

그러자 남성과 달리 여성은 가정에서도, 회사에서도 일해야 하는 불합리한 구조가 계속됐다. 이 때문에 이를 해결하기 위한 사회적 논의가 시작됐다. 1974년 스웨덴 정부는 그동안 여성만 사용하던 육아휴직을 남성도 쓸 수 있도록 했다. 세계에서 처음으로 육아휴직의 명칭도 '부모육아휴직'으로 변경했다.

당시 180일이던 부모육아휴직 기간은 여러 번의 선거를 거치면서 조금씩 늘어 현재는 480일까지 길어졌다. 처음엔 180일 안에서 부모가 자유롭게 육아휴직을 나눠 쓰도록 했다. 그러나 정부의 취지와 달리 남성은 전혀 육아휴직을 사용하지 않아 정부는 아빠가 육아휴직을 쓰게 하려고 계속 제도를 고쳐왔다. 현재 480일의 부모육아휴직 중 엄마와 아빠는 각자 최소 90일을 사용해야 한다. 나머지 기간은 부모가 자유롭게 분담해 쓸 수 있다.

스웨덴 사회보험청 니클라스 뢰프그랜 가족경제부 대변인은 "스웨덴 육아정책의 목표는 남자든 여자든 자신의 가족과 사회생활을 잘 양립할 수 있도록 하는 것"이라며 "한국도 작은 단계부터 시작하면 된다. 여러 방향으로 사회 규범과 태도를 바꿔야 한다. 무엇보다 고용주가 변화를 받아들이는 태도가 중요하다"고 말했다.

출처 : 국제신문(2017. 6. 18).

아빠 육아휴직 사용합시다

아빠 육아휴직 사용 가이드

2017년 육아휴직자는 90,110명, 남성 육아휴직자는 12,042명(13.4%)이었지만 2018년에는 아빠 육아휴직자가 총 1만 7,662명으로 전년 대비 50% 가까이 증가하였고 전체 육아휴직자 중 17.8%가 아빠인 것으로 집계되었다. 더불어서, 육아휴직 급여 수급자도 지난해보다 10.1% 증가하면서 꾸준히 늘고 있는 것으로 나타났으며 2018년 육아휴직급여 수급자는 9만 9,199명에 달했다.

그러나 여전히 대기업과 중소기업의 아빠 육아휴직 사용자 수는 큰 차이가 있으며 2018년 남성 육아휴직 사용자 중 무려 58.5%(1만 335명)이 300인 이상 대기업 근로자였다.

Q1. 아빠 육아휴직보너스제란?

같은 자녀에 대해 부모가 모두 육아휴직을 사용하는 경우 두 번째 사용한 사람의 육아휴직 최초 3개월간의 급여를 통상임금의 100%로 올려 더 많이 지급하는 제도

– 육아휴직을 부부가 순차적으로 사용할 경우 적용되며, 연속으로 사용할 필요는 없음

– 아빠가 먼저 쓰고 그 다음에 엄마가 써도 동일한 지원 적용

Q2. 아빠가 육아휴직을 쓰면 눈치 보이지 않을까요?

– 남녀고용평등법상 육아휴직은 엄마 아빠를 따지지 아니함. 오히려 엄마 아빠 모두 육아휴직을 사용하는 것이 법의 취지에 적합함.

Q3. 회사가 육아휴직을 거절하지 않을까요?

회사가 육아휴직을 거절할 수 있는 경우는 다음과 같음.

– 육아휴직 개시예정일 현재 근로자의 재직기간이 6개월 미만인 경우
– 이미 배우자가 같은 자녀에 대해 육아휴직을 사용하고 있는 경우
– 자녀가 육아휴직 개시일 기준 만 9세 이상이거나 초등학교 3학년(3월 1일 기준) 이상인 경우
– 근로자가 같은 자녀에 대해 전 직장에서 이미 육아휴직을 사용한 경우
– 만약 회사가 육아휴직을 허용하지 않으면 500만 원 이하의 벌금에 처함(남녀고용평등과 일 · 가정 양립 지원에 관한 법률 제19조 제1항에 의거).

Q4. 육아휴직 기간에 임금은 어떻게 되나요?

– 육아휴직 기간에 회사는 임금을 지급하지 않아도 됨.
– 대신 국가가 육아휴직급여를 지급함.
  • 육아휴직 최초 3개월간 : 월 통상임금의 80%(상한 150만 원, 하한 70만 원)
  • 육아휴직 4개월째부터 : 월 통상임금의 50%(상한 120만 원, 하한 70만 원)

※ 육아휴직 급여의 25%에 해당하는 금액은 육아휴직 종료 후 해당 사업장에 복직하여 6개월 이상 계속 근무한 경우에 합산하여 일시불로 지급함.
• 육아휴직 최초 3개월간 : 매월 1,125,000원 즉시수령, 나머지 375,000원은 추후 수령
• 육아휴직 4개월째부터 : 매월 840,000원 즉시수령, 나머지 360,000원은 추후 수령
※복직하여 6개월 후 일시불로 수령하는 금액의 합산액 = 4,365,000원

Q5. 아빠 육아휴직을 쓰면 얼마나 더 지원받나요?

– 아빠 육아휴직을 사용하면 두 번째 사용자(엄마 아빠 모두 가능)는 최초 3개월간의 육아휴직급여를 월 통상임금의 100%까지 받을 수 있고 그 상한액도 250만 원으로 올라감(모든 자녀를 대상으로 함).
– 아빠 육아휴직 보너스제가 적용된 달은 육아휴직 급여 사후지급분 제도는 적용되지 아니함. 따라서 최초 3개월간 최대 750만 원까지 받을 수 있음.
  • 육아휴직 최초 3개월간 : 월 통상임금의 100%(상한 250만 원, 하한 70만 원)
  • 육아휴직 4개월째부터 : 월 통상임금의 50%(상한 120만 원, 하한 70만 원)

출처 : 고용노동부 홈페이지. http://www.moel.go.kr/index.do

(2) 보육시설의 질적 수준 관리

맞벌이 부모들의 대다수가 보육시설의 질적인 측면 때문에 안심하고 자녀를 보육시설에 맡기지 못하는 경우가 있다. 이런 문제는 국가적인 차원에서 개선이 필요하다. 출산과 육아는 국가경쟁력인 인적자원의 근본이며 국가의 미래를 짊어질 차세대 국민의 육성이라는 점에서 사회 · 경제적 행위로 간주되어야 한다. 그러므로 맞벌이 부부의 보육기관 관리뿐만 아니라 보육비용, 대체 가사노동비용에 대해 보조금 지급, 세금감면 등의 정책이 절실하게 요구된다.

(3) 보육에 대한 평생교육

맞벌이 부부를 제외한 실제적으로 아이를 돌보는 사람들, 즉 조부모 및 친지들과 보육시설의 교사들에 대한 평생교육 차원의 재교육이 절대적으로 필요하다. 이를 위해서는 이들이 손쉽게 찾아가서 보육에 대한 교육을 받을 수 있는 각 지자체에서의 홍보와 지원이 필요하다. 이와 더불어 좋은 보육교사를 배출하여 좋은 환경에서 아이들을 보육할 수 있는 제도와 행정적인 조치가 필요하다(송진숙 외, 2009).

(4) 공동체 보임의 활성화

맞벌이 부부가 가장 크게 느끼는 고민은 자녀양육 및 교육에 관한 문제이다. 이러한 고민은 공통 상황에 처해있는 사람들끼리 함께 정서를 공유하고 나누는 과정을 통하여 지지를 얻고 문제해결에 필요한 심적 또는 물적 자원을 획득할 수 있다. 특히 맞벌이 부부는 각자의 교육관이나 양육관이 비슷한 사람들끼리 공동체를 형성하여 서로 협조하며 공동 돌봄을 하는 것도 하나의 대안이 될 수 있다. 이들이 해결방안을 모색하고 서로의 경험을 나누고 조언하면서 카페나 모임을 통해 교류활동을 할 수 있도록 국가적 지원이 필요하다.

비슷한 상황의 부부들과 공동체 활동을 하게 되면 죄책감과 소외감을 줄이고 갈등에 대처하는 기술을 습득하게 되며 자녀양육이나 가사를 해결하는 데에 대한 정보를 나눌 수 있고 생활의 조화를 이룰 수 있을 것이다.

3 부부권력

권력(power)이란 다른 사람과의 관계에서 자신의 의지를 행사하는 능력이다(Lamanna & Ricdman, 1991). 이 권력은 상대방의 행동에 영향을 끼칠 수 있는 잠재적인 능력 또는 다른 사람의 행동을 통제하고 주도하며 변화시키고 수정하는 행동, 사회체계 내의 다른 구성원의 행동을 변화시킬 수 있는 잠재적 또는 실제적 능력 등으로 정의된다. 이와 유사한 개념으로 권위가 있는데 이는 합법적으로 사회에서 용인되는 권력을 의미한다.

부부도 일종의 사회적 관계이므로 권력현상이 존재한다. 부부권력은 부부 중 한 사람이 다른 사람을 지배하거나 영향을 미치는 불균형상태를 보이는 경우가 있고, 또는 부부 모두 상호 존중하고 권력이 균형상태를 보이는 경우가 있다. 크롬웰과 올슨(Cromwell & Olson, 1975)의 권력 요인에 관한 이론을 부부권력에 적용시키면 권력의 기반, 과정, 결과의 세 요인들로 구성된다(최규련, 2011).

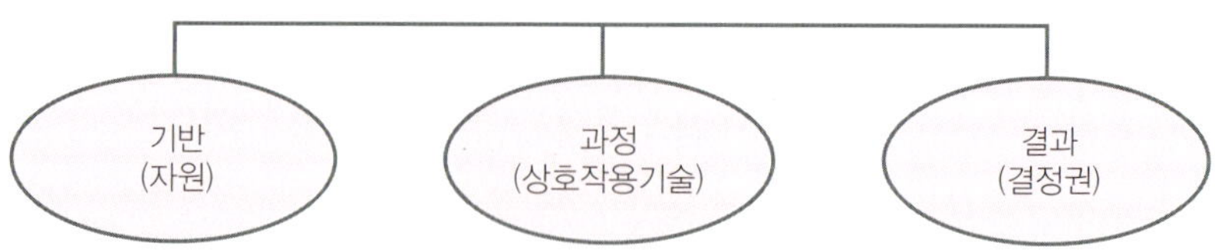

| 그림 9-4 | 권력의 세 요인

1) 부부권력의 기반

권력의 기반은 권력을 발생시킬 수 있는 자원이다. 이는 화폐, 자산 등 물질적 자원인 경제적 자원과 비경제적 자원으로 구분되고, 비경제적 자원은 다시 규범적 자원, 개인적 자원, 감정적 자원, 인지적 자원으로 나뉜다.

2) 부부권력의 과정

부부가 영향력을 행사하기 위하여 사용하는 다양한 상호작용 기술을 권력과정이라 한다. 이는 설명, 설득, 절충, 논리적 진술 등의 합리적 방법과 위협, 도피, 애정철회, 비난, 언쟁, 벌, 침묵, 고립화, 폭력 등의 비합리적 방법으로 구분된다.

전자의 권력과정이 부부관계에 도움이 되는 반면 후자의 방법은 부부관계에 부정적 영향을 미치고 관계를 파괴하는 결과를 초래한다.

3) 부부권력의 결과

부부 중 최종적으로 누가 의사결정권을 가지고 상황을 통제하는가가 권력의 결과이다. 권력의 결과를 측정하기 위해 가장 흔히 사용되는 방법은 여러 결혼생활 영역들에 대해 부부 중 누가 의사결정권이 있는지를 파악하고 유형을 분류하는 것이다.

부부권력 유형은 부부 각자가 결정하는 부분이 많은 자율형, 부부가 동등하게 결정하거나 공동으로 결정하는 공동형 또는 일치형, 남편이 더 지배적인 남편우위형, 아내가 더 지배적인 아내우위형으로 구분할 수 있다. 가부장주의가 지배하는 전통사회에서는 남편우위형이 많았겠지만 양성평등주의가 지배적인 현대사회에서는 개인의 인격을 존중하고 협력적인 의사결정을 하는 공동형(일치형)이 증가하고 부부가 평등한 권력관계를 추구하는 경향이다.

4 양성평등부부

현대사회에서 부부권력이 평등한 방향으로 가고 있고 남편과 아내 사이에 민주적 관계를 지향하는 평등부부가 바람직한 것으로 간주된다. 평등부부의 개념은 일차적으로 부부 상호의식에 평등성이 내재되어 있는 정도와 실제 부부가 일상생활에서 얼마나 공평하고 상호 존중하면서 지내는가에 달려있다.

구체적인 평등부부의 특징은 다음과 같다.

- 남편과 아내가 집안일과 자녀양육을 함께 하고 가계부양도 같이 한다.
- 재산과 통장 등을 공동명의로 하거나 동등한 대표권과 관리권을 인정한다.
- 가정 내 의사결정에 부부가 함께 참여한다.
- 인격을 존중하는 대화문화를 정립한다.
- 시가와 처가 간에 동등한 관계를 유지한다.
- 부부 모두 자기개발 기회를 활용한다.
- 불평등한 혼인관행에서 탈피한다.
- 아들 딸 구별 없이 양성적인 인간으로 키운다.

평등부부를 실현하기 위한 방안으로 남성의 가족역할 참여가 확대되도록 남성의 의식변화와 제도적 뒷받침이 필요하고 가정에서의 여성의 지위가 향상되어야 하며 여성의 의식변화도 이루어져야 한다.

1) 남녀평등과 관련된 법 · 제도

(1) 양성평등기본법

양성평등기본법이란 '여성발전기본법'을 개정하여 2015년 7월 1일부터 시행된 법률이다. 1995년 제정되어 '여성 정책의 헌법'이라고 불려왔던 여성발전기본법을 바탕으로 하되, 여성에 대한 형식적 차별이 일정 부분 해소됐다는 판단하에 정치, 경제, 사회를 포함한 전 영역에서 남녀의 동등한 권리와 책임, 참여기회를 보장하는 방향으로 개정되었다. 여성 차별 문제에 중점을 둔 여성발전기본법과 달리 양성평등기본법은 남성도 성별 분리나 성별 고정관념으로 불이익을 받을 수 있다는 인식에 바탕을 두고 있다.

이에 따라 이 법은 대한민국 헌법의 양성평등 이념을 실현하기 위한 국가와 지방자치단체의 책무 등에 관한 기본적인 사항을 규정함으로써 정치 · 경제 · 사회 · 문화의 모든 영역에서 양성평등을 실현하는 것을 목적으로 함을 밝히고 있다(제1조). 또한 '양성평등'의 개념을 성별에 따른 차별, 편견, 비하, 폭력 없이 인권을 동등하게 보장받고 모든 영역에 동등하게 참여하고 대우받는 것으로 명시하고, 성희롱의 개념을 확대해 상대방이 성적언동 또는 요구에 대한 불응을 이유로 불이익을 주거나 반대로 따르는 것을 조건으로 이익 공여의 의사표시를 하는 행위도 성희롱 범주에 포함시켰다. 성적 요구 등에 따르는 조건으로 학점을 잘 주거나 불응 시 점수를 낮게 주는 행위 등도 여기에 포함된다(제3조).

이 법에는 여성가족부 장관이 5년마다 '양성평등정책기본계획'을 수립하도록 하며, 기본계획 수립을 위해 5년마다 양성평등 실태조사를 할 수 있도록 권한을 부여했다. 이와 관련하여 여성가족부 장관은 중앙행정기관장과 시 · 도지사가 제출한 연도별 시행계획의 추진 실적을 평가할 권한도 갖게 된다. 정책에 관한 주요 사항을 심의 · 조정하는 기구의 명칭은 기존의 '여성정책조정회의'에서 '양성평등위원회'로 변경되었다.

양성평등이라는 정책 목표 변화에 맞춰 '모성보호'에 집중됐던 시책도 '부성보호'까지 포함하는 쪽으로 확대되었으며, 남성의 육아휴직 등도 활성화되도록 법으로 규정했다. 법 개정에 맞춰 매년 7월 1~7일로 지정되었던 '여성주간'은 '양성평등주간'으로 명칭이 바뀌었다.

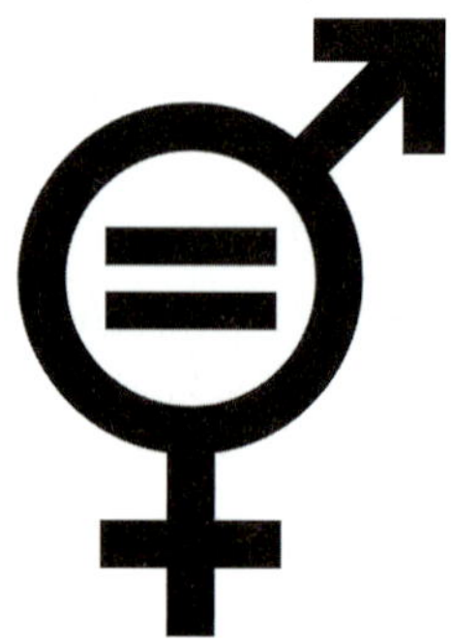

| 그림 9-5 | 양성평등 기호

(2) 호주제 폐지와 양성평등

가족 내 신분적 권리가 할아버지, 아버지, 아들에게로 승계되는 호주제는 여성을 차별하는 남성 중심의 가족 제도라는 비판이 꾸준히 제기되었다. 헌법재판소의 호주제 헌법 불합치 결정을 계기로 2005년 민법이 개정되고, 개정 민법이 2008년 1월에 시행되면서 호주제에 기초한 공문서(호적 등)가 가족 관계 등록부로 대체되었다. 개정 민법에서는 호주가 사라지고 부부간의 협의를 통해 어머니의 성도 따를 수 있게 하여 양성평등에 한 걸음 다가서는 계기를 마련하였다.

2008년 1월 1일부터 호주제 폐지에 따른 호적법 대체법으로 「가족관계의 등록 등에 관한 법률」이 시행되었다. 이로써 가(家) 중심의 호주제를 대체할 새로운 제도가 확정되어 양성평등의 이념이 실현되었다.

호주제 폐지와 우리 생활

1. 호주제 폐지 이후 우리 생활에 어떤 변화가 일어났을까요?

2. 가정생활에서 양성평등을 더 잘 실현하려면 어떤 법들이 필요할까요?

10

CHAPTER

부부의 열린 대화

1. 부부의 의사소통 원리

2. 공감 부부의 의사소통

3. 효과적인 부부간 의사소통의 방안

4. 연리지 부부

10 부부의 열린 대화

1 부부의 의사소통 원리

부부간의 의사소통이란 부부가 언어와 상징 등의 기호를 통하여 서로 정보나 메시지를 전달하고 수신하여 공통된 의미를 수립하고 서로의 행동에 영향을 끼치는 과정 및 행동이라고 정의한다.

서로에게 편지를 하고 문자를 보내는 것도 모자라서 하루에 몇 시간씩 통화를 해도 차고 넘쳤던 사랑의 말들이, 결혼하고 아이를 낳고 삶에 치여 살다 보니 하루에 몇 마디 나누는 일조차 고단해지는 부부가 되어가지 않도록 부부간에 의사소통 기술을 익히도록 권장한다.

1) 갈등 부부들의 대화 특징

- 문제의 본질을 벗어난 이야기를 한다.
- 사소한 말 한마디가 싸움으로 확대된다.
- 상호 불만과 불편을 많이 이야기하고 인신공격적인 말을 자주 한다.
- '항상', '절대로', '한번도', '전혀' 등의 단정적인 말과 비교하는 말을 잘 한다.
- 상대방의 이야기를 경청하지 않고 잘못 해석하거나 방어하는 반응을 보인다.
- 상대방의 생각을 추측하고 마음을 읽는 경향이 있다.
- 분노나 적대감 등의 부정적인 감정을 조절하지 못하고 즉각적으로 언어나

행동으로 표현한다.

- 상대방에 대해 열린 마음이 부족해 자기 생각으로만 대화한다.
- 보통 싸움형, 비난형 대화가 많고 관계가 단절된 경우는 침묵형, 차단형 대화가 많다.
- 부부간의 대화 주제가 극히 한정되어 있고 배우자보다는 다른 사람과 더 많은 대화를 나눈다.

2) 부부 의사소통의 장애요인

부부가 효율적으로 의사소통을 하는 것은 부부관계와 자아성장에 필수적임에도 불구하고 부부간에 의사소통이 원활하지 못한 경우가 흔히 나타난다.

(1) 의사소통 규칙의 차이

부부는 각각 성장환경이 다르기 때문에 의사소통 규칙에도 차이를 가질 수 있다. 한쪽은 자유롭게 의사표현을 하면서 자랐다면 다른 한쪽은 엄격한 가정에서 자랐을 수 있다. 또 같은 단어라 해도 의사소통 규칙의 차이로 인하여 의미를 다르게 받아들일 수 있고 다르게 인식하여 의사소통에 장애가 발생하기도 한다.

(2) 성차에 대한 이해 부족

성별로 문화적 기대가 다른 데서 오는 성차가 의사소통에도 반영되어 흔히 남성은 사실과 정보를 말하고 의견을 나누며 문제해결을 위한 대화를 하는 정보성 대화를 선호하는 반면 여성은 감정을 나누고 공감을 위한 친교성 대화를 원한다. 그에 따라 부부간에 상대방에게 기대하는 의사소통 방식이 상이하여 의사소통에 장애를 초래하기도 한다.

(3) 상대방에 대한 태도문제

상대방에 대하여 이해하고 존중하려 하지 않고 비난과 위협, 모욕, 경멸하는 태도를 지니거나 강압적 태도, 설득이나 넘겨짚기, 지나친 일반화를 고집하는 태도, 책임전가, 무반응 등은 상대방의 감정에 손상을 입히고 의사소통에 지장을 가져온다.

(4) 자아상의 문제

자신감이 부족하고 상대방에 대한 피해의식과 두려움, 불안감을 지니는 경우에 자신의 생각이나 감정을 분명하게 표현하지 못하게 되고, 상대방에 대한 이해보다는 자신을 방어하려 함으로써 의사소통의 장애요인을 가져온다.

(5) 부정적 감정의 통제문제

대화 중에 화가 나고 원망, 불평, 짜증나는 등의 부정적 감정이 고조될 때 이를 이성적으로 통제하지 못하고 폭발적으로 표출하는 경우에 연쇄적 화풀이를 불러일으키는 싸움이 발생하기 쉽다. 그 결과 상호 간에 자존심이 상하게 되고 상처를 주는 언행으로 관계는 더욱 악화되고 문제해결도 어려워진다. 그러므로 부부 간의 대화상황에서 부정적인 감정을 이성적으로 통제하는 능력이 부족한 것은 부부대화에 중요한 장애를 일으키는 요인이다.

(6) 물리적 환경문제

부부가 친밀한 의사소통을 하기 위해서는 사생활이 보장되는 시간과 공간이 필요하며 물리적으로 가깝게 접촉하는 공동활동이 필요하다. 그러나 여러 이유로 부부간에 함께 하는 활동이 적고 대화할 수 있는 시간과 공간이 부족할 때 의사소통의 장애요인으로 작용한다.

(7) 대화기술의 부족

부부가 의사소통을 원활하게 하기 위해서는 말하는 기술과 듣는 기술이 필요하다. 대화기술이 부족할 때 부부간에 생산적이고 효율적인 의사소통을 하지 못하고 상호 간에 오해와 싸움을 유발하는 파괴적인 의사소통을 하게 되어 의사소통에 장애요인이 되는 것이다.

2 공감 부부의 의사소통

1) 부부의 의사소통 유형

(1) 감정노출 언어화 분류

- **차단형** : 자신의 의견을 언어로 잘 표현하지 않으며, 감정노출이 적어 자신을 개방하지 않는 유형이다.
- **억제형** : 자신의 상태를 언어로 잘 표현하지 않고 감정으로 노출하여 다른 사람이 쉽게 감정의 변화를 읽을 수 있는 유형이다.
- **분석형** : 자신의 감정노출은 잘 하지 않으면서 주로 언어로 사실을 분석하고 이성적인 면에 치우쳐 표현하는 유형이다.

(2) 의사소통 방향 분류

- 일방형 : 부부 중 한쪽이 다른 쪽의 말을 막고 자신만 말을 더 많이 하는 유형이다.
- 쌍방형 : 부부 모두 말을 많이 하는 유형이다.
- 침묵형 : 부부 모두 서로에게 말을 잘 하지 않는 유형이다.

(3) 기능성에 의한 분류

- 기능형 : 자발적으로 성실하게 정보를 탐색하거나 제공하며 솔직하게 의사표현과 감정표현을 하며, 상대방을 존중하는 경청과 공감적 반응을 나타내는 유형이다. 상황에 적절하게 의사소통을 하므로 문제해결과 관계에 도움이 된다. 이를 일치형, 지지형 의사소통이라고도 한다.
- 역기능형 : 방어적이거나 비자발적으로 말하고 듣는 유형이다. 예를 들어, 경청을 하지 않거나 자신은 솔직하지 않고 상대방을 통제하거나 비난, 비교, 원망, 책임전가하는 식의 말을 하는 것으로, 불분명하거나 모순된 의사소통을 하는 등 갈등과 싸움, 오해를 낳는다. 그래서 불일치형 또는 방어형 의사소통이라고도 한다.

2) 부부간 의사소통의 관계

(1) 부부는 반드시 의사소통한다

부부가 의사소통하지 않는다는 것은 불가능하다. 부부가 존재하는 한 상호작용이 계속되고 모든 행동을 통해 메시지를 전달하는 것이므로 의도하든 의도하지 않든 의사소통을 하게 된다.

(2) 모든 의사소통에는 내용과 관계의 두 가지 측면이 있다

의사소통의 내용은 사실적 보고를 의미하고, 관계는 내용 밑에 깔린 의도와 목적을 의미한다. 예를 들어, "형광등이 안 켜져요" 하는 말에는 사실 그대로를 전달하는 내용 측면이 있고 동시에 이 얘기를 듣고 바로 불이 켜지지 않는 이유를 알아내어 형광등을 교체하든지 해서 문제에 대한 조치를 시행하기를 요구하는 관계 측면이 있는 것이다. 그러므로 부부가 친밀한 의사소통을 하려면 두 가지 측면을 이해하고 일치되도록 대화하여야 한다.

(3) 모든 사람은 언어적 형태와 비언어적 형태로 의사소통을 한다

대부분 사실과 의견을 표현할 때보다 감정을 표현할 때 비언어적 형태를 사용하는 경우가 많다. 비언어적 형태의 의사소통은 얼굴 표정, 눈 맞춤, 침묵, 몸짓, 움직임, 자세, 공간적 거리 등이 있는데 언어적 형태보다 분명하지 않고 오해의 소지가 있을 수 있으므로 의사표현 시, 두 가지 형태가 일치 보완되도록 하여야 한다. 흔히 언어적 형태는 의사소통의 내용 측면과 관련되고 비언어적 형태는 의사소통의 관계 측면에 관련된다.

(4) 의사소통은 자극과 반응에 의해 영향을 받는다

사이가 좋지 않은 부부는 상대방이 자신을 자극하여 원인제공을 하고 자신은 반응을 하는 것으로 인식하여 자극과 반응의 결과에 불일치를 보인다. 예를 들어, 아내는 남편이 늦게 퇴근하면서 전화를 해주지 않아 저녁을 차려놓고 기다리는 아내를 무시하는 것이 문제라고 생각하는 반면, 아내는 남편이 늦게까지 야근하면서 전화할 때 아내 눈치 본다고 동료들이 흉을 볼까봐 전화하기가 꺼려진다는 등 자극과 반응의 관계에서 불일치를 나타낸다. 그러나 사이가 좋은 부부는 한 사람이 상대방을 자극하여 원인제공을 하고 상대방이 그 결과 좋은 반응을 보인 것으로 일치된 생각을 하는 것이다.

(5) 모든 부부의 의사소통은 대칭적이거나 상보적 관계로 구분된다

대칭적 의사소통은 상호 대등하고 주고받는 것에 균형을 이룬다. 예를 들면, 한 사람이 칭찬하면 상대방도 칭찬하고, 한 사람이 논쟁을 하면 상대방도 논쟁을 하는 경우이다. 상보적인 관계는 한쪽이 지시하거나 물어보면 상대방이 순종하거나 대답을 하는 형태이다. 이 두 가지 모두 상황에 따라 적절하고 유연하게 작용할 수 있어야 한다.

3 효과적인 부부간 의사소통의 방안

1) 공감적 의사소통 능력 기르기

(1) 긍정적인 자아상을 가진다

자신의 얘기를 잘 들어주기를 원한다면 자신의 것을 인정하고 진솔하게 얘기할 수 있는 용기와 자신감이 있어야 한다. 열등감이나 피해의식 또는 상대방에 대한 공격과 비방이 아닌 자신의 뜻을 정확하게 말할 수 있어야 한다.

(2) 상대방에 대하여 존중하는 태도를 가진다

대화다운 대화를 하기 위해서는 상대방에 대한 존중하는 태도로 그 사람의 입장이 되어 상대방의 말을 끝까지 잘 경청하여야 한다.

(3) 배우자와의 심리적 차이와 문화적 차이에 대한 이해가 필요하다

동일한 경험에 대해서 부부간의 의견이 다를 수 있는데 상대방의 심리와 문화적 배경을 이해하면 불일치를 극복할 수 있고 대화가 수월해진다.

(4) 부부 공통의 활동이 있어야 한다

부부가 함께하는 시간이 많고 같이 하는 취미가 있을 때 친밀감을 느끼고 자연스럽게 의사소통을 이룰 수 있다. 같은 생각을 하고 있기 때문에 대화소재도 풍부해지고 밀도 있는 의사소통이 이루어진다.

(5) 의사소통 규칙을 정한다

부부가 의사소통을 하다가 어긋나는 상황이라고 판단되면 “잠깐 쉬었다 하자”고 한쪽이 제안하고 상대방은 “알았다”고 받아들여 서로 다시 생각해 볼 수 있는 시간을 가진 뒤에 대화를 재개하는 것이 좋다. 상대방과 대화를 계속 하다가는 싸움이 될 것 같고 대화가 어렵다고 판단될 때 이 규칙을 사용한다.

(6) 듣기 기술을 사용하여 경청한다

자기가 하고 싶은 말만 하고 상대의 말을 들어주지 않으면 싸움이 된다. 특히 부부간에는 내 말을 하기보다 상대의 말을 더 많이 들어주는 것이 필수적이다. 경청에서 다음과 같은 방해요인을 주의한다.

- 상대방이 말할 때 다른 곳을 보고 있거나 다른 일을 한다.
- 상대방의 말이 끝나지 않았는데 말을 끊고 자기 말을 한다.
- 상대방의 말을 다른 의미로 해석하거나 과장하고 축소시켜 자신에게 유리한 쪽으로 해석한다.
- 상대방의 말을 끝까지 듣지 않고 미리 판단하거나 넘겨짚어 말을 한다.
- 상대방의 말을 들으면서 자기 생각을 하거나 다음에 할 말을 준비한다.

(7) 말하기 기술을 이용하여 자신의 의견을 분명하게 말한다

말을 잘하는 것은 자신을 상대방에게 이해시킨다는 마음으로 이야기하는 것이다. 긍정적인 감정뿐만 아니라 부정적인 감정도 숨기지 않고 솔직하게 내 의사를 전달하되 극단적이며 상대방을 자극하는 표현방법은 삼가는 것이 좋다. 예를 들어, “여자들이란”, “남자들이란”, “왜”, “도대체”, “그럴 줄 알았다니까”, “절대로”, “단 한번도”, “항상”, “맨날” 등 과거의 잘못과 지나간 일을 들추는 일, 주제에서 벗어난 얘기 등은 삼가야 한다. 말을 하기 전에 상대방이 어떻게 생각할지, 관계에 어떤 영향을 미칠지 미리 생각한다.

(8) 감사와 칭찬, 인정하는 표현을 자주 사용한다

다수의 부부관계 전문가들은 관계를 증진하고 생산적인 대화를 위해서는 감사, 칭찬, 격려 같은 긍정적인 언어와 비판이나 단점, 지적, 불만 같은 부정적인 언어의 비율을 5 : 1로 하도록 제언하고 있다. 예를 들어, 배우자의 단점을 지적할 때 칭찬을 다섯 가지 정도 하고 한 가지는 개선해 주기를 바라면 자존심도 상하지 않고 의사소통이 잘 되더라는 연구결과가 있다(최규련, 2011).

부부간 말하기 기술의 첫걸음

■ 자신이 말하는 주인이 되어 말한다.

"당신이"가 아니라 "내가"로 시작한다.

■ 자신이 보고 들은 구체적 사실을 말한다.

"내가 듣기에"가 아니라 "내가 볼 때"를 얘기한다.

■ 자신의 생각과 감정을 말한다.

자신의 긍정적인 감정이나 부정적인 감정을 적절한 언어로 표현한다.

■ 자신의 소망에 대해 말한다.

자신이 바라는 것을 정확하고 실천 가능하게 구체적으로 말한다.

■ 자신의 과거행동과 미래행동에 대하여 차분하게 말한다.

"전에는 내가 이렇게 했는데 앞으로는 …할게요"
"내가 바라는 것은 …이에요".

2) 열린 대화

효율적인 의사소통은 자신의 생각과 감정을 솔직하게 표현하고, 배우자를 이해하며 수용하게 하여 부부 사이에서 발생하는 문제를 합리적으로 해결함으로써 부부관계의 질을 높인다.

부부가 긍정적인 열린 대화로 긍정적인 의사소통을 하기 위해서는 듣기 기술과 말하기 기술 모두가 절대적으로 필요하다(이기숙 외, 2001).

(1) 듣기 기술

잘 듣기는 부부간에 친밀감을 형성하고 유지시켜 주는 매우 중요한 의사소통 기술이다. 배우자의 말을 잘 들을 수 있을 때 상대방을 더 잘 이해하고 서로 이해하는 마음을 나눔으로써 부부간에 친밀감을 형성할 수 있는 것이다. 잘 듣기는 자신의 관심과 욕구 · 편견을 양보하고 상대방을 진정으로 이해하고 공감하겠다는 의지의 표현이며, 상대방을 존중하고 돕고자 하는 태도를 보여주는 것이다.

중요한 듣기 기술인 명료화는 우리가 상대방의 말을 방어적으로 듣거나, 상대방의 말을 다 듣기 전에 판단하지 않도록 한다. 명료화는 첫째, 상대방의 말을 요약하거나 확인함으로써 상대방의 말을 이해하였다는 반응을 보이는 단계와, 둘째, 상대방의 정서나 감정에 초점을 맞추는 정서확인 단계로 이루어진다.

듣기기술의 명료화 연습

남편 : 나 정말 박 부장 때문에 미치겠어.
아내(1단계 : 생각 확인하기) : 회사 업무가 많이 힘들구나.
(2단계 : 감정에 초점두기) : 당신 정말 많이 지쳐보여. 이번 주말에는 회사 일을 벗어나서 당신 좋아하는 낚시 한번 다녀오는 게 어때?

이런 명료화는 부부가 모두 메시지를 분명하게 이해했다는 것을 확인함으로써 의사소통 중에 생길 수 있는 오해의 여지가 예방된다. 또한 이와 같은 명료화 과정을 통해 말 속에 숨어 있는 감정을 공유함으로써 배우자가 자신을 배려하고 있음을 느끼게 된다.

(2) 말하기 기술

명료하게 말하는 것은 서로를 더 잘 이해하게 하고 부부간에 친밀한 관계를 형성시킨다. 불완전한 메시지를 주고받거나, 배우자를 비웃거나, 배우자에게 솔직하지 못하거나 하여 배우자가 알아서 마음을 읽어주기를 바라면 신뢰가 깨지고 관계가 악화된다. 행복한 부부란 갈등을 건설적으로 해결하는 데 두 가지 말하기 기술이 필요하다. 즉, '자기주장'과 '나 전달법'이다.

■ 자기주장

자기주장은 자신의 느낌을 분명하고 솔직하게 표현하며, 또한 상대방의 의견을 존중한다. 부부가 자신의 내면을 배우자와 나누어 생각을 함께 함으로써 상대방에 대해 더 잘 알게 되며, 부부간의 신뢰를 높일 수 있기 때문이다.

'자기주장' 연습

아내 : 나는 당신이 아이들과 좀 더 많은 시간을 보내길 원해요. 당신이 저녁에 아이들을 봐주면 저녁 시간만이라도 내가 좀 편하게 지낼 수 있을 것 같아요.

남편 : 그래요. 고생이 많지요? 될 수 있는 대로 바로 퇴근하여 저녁에는 내가 아이들과 시간을 더 보낼 수 있도록 노력할게요.

■ 나 전달법

나 전달법은 자신의 감정이 자신에게서 비롯되었음을 인정하고 그것에 대해 스스로 책임을 지는 것으로, 자신의 감정을 부인하거나 폭발하지 않고 건설적으로 전달하기 위한 방법이다. 나 전달법은 첫째, 문제를 유발하는 상대방의 구체적인 행동이 무엇인지, 둘째, 그 행동으로 자신의 느낌이나 감정이 무엇인지를 서술한다. 나 전달법은 상대방을 비난하지 않고 자신의 의사를 전달하므로 상대방은 방어적이지 않게 되고 따라서 의사소통이 원활해진다.

'나 전달법' 연습

너 메시지 : "당신은 당신 친구들 앞에서 나를 무시했어요. 어떻게 그럴 수가 있어요?"

나 메시지 : "나는 당신이 당신 친구들 앞에서 나를 흉볼 때 얼마나 마음이 아프고 슬펐는지 몰라요. 다음에는 그러지 말았으면 좋겠어요."

출처 : 아이비커리어. bolg.naver.com/ib

사랑하는 사람을 얼마나 알고 있나요?

애정지도 게임

1. 내 친한 친구 2명의 이름은?
2. 내가 가장 좋아하는 가수는?
3. 내가 가장 좋아하는 음악은?
4. 첫 데이트 할 때 내가 입고 있던 옷은?
5. 내가 지금 스트레스를 받고 있는 일은?
6. 내가 제일 좋아하는 친척은?
7. 내가 좋아하는 색깔은?
8. 나하고 가장 라이벌인 사람은?
9. 내가 좋아하는 저녁 시간을 보내는 방법은?
10. 내가 좋아하는 음식은?
11. 내가 가장 좋아하는 선물은?
12. 내가 괴로울 때 위로받고 싶은 방법은?
13. 내가 당신 이외에 가장 의지하는 사람은?
14. 내가 즐기는 스포츠는?
15. 괴로울 때 내가 가고 싶은 곳은?
16. 내가 가장 좋아하는 영화 장르는?
17. 내가 가장 좋아하는 TV 프로그램은?
18. 내가 이제까지 가장 창피하다고 생각한 때는?
19. 내가 가장 행복하게 생각하는 때는?
20. 둘이 사랑을 나눌 때 내가 좋아하는 시간대는?

15개 이상(애정상태 양호)
10개 이상(보통)
9개 이하(서로에게 부단한 노력 필요)

사랑하는 사람에 대해 애정지도를 그려봅시다. 방사선으로 그려보세요.

이제 상대방에 대해 많이 알게 되어 그가 이야기할 때 잘 들어주고 같이 웃어주고 같이 눈물 흘리며 그의 마음을 헤아려 줄 수 있을 것 같습니다. 내 사람은 이런 사람입니다.

4 연리지 부부

'연리지'란 서로 가까이 있는 두 나무가 자라면서 하나로 합쳐지는 현상을 일컫는 말이다. 처음에는 그저 가지끼리 맞닿아 있는 것처럼 보이지만 한 곳은 붙어 결국 한 나무로 자란다. 연리지 나무의 신기한 점은 합쳐지기 전의 성격과 기질을 고스란히 간직하고 있다는 점이다. 붙어서 한 나무로 자라면서도 흰 꽃을 피웠던 가지에는 흰 꽃이, 붉은 꽃이 피었던 가지에는 붉은 꽃이 그대로 피어난다. 제 각각인 나무들이 일단 한 몸이 되었으면서도 서로의 개성을 인정하고 조화롭게 사는 모습은 저절로 탄성이 나온다(우종영, 2001).

우리는 우연이 아니라 운명적 만남이라는 말을 자주 사용한다. 수많고 많은 사람들 중에 만난 두 사람은 필경 운명적 만남이 아닐 수 없다. 하지만 이런 운명적 만남도 노력 여하에 따라 관계의 질이 달라진다. 평강공주가 바보온달을 만난 것은 운명적일 수는 있어도 온달장군으로 바꾸어 놓은 것은 운명이 아니다. 만남이 운명일 뿐 만남의 결과도 운명일 수는 없다. 운명이 우리의 노력으로 바뀔 수도 있다는 사실은 부부관계에 매우 중요한 교훈이다(김용미 외, 2011).

특히 갈등이 깊어져 불만을 토로하는 부부는 자신과 배우자와의 관계에 대하여 모든 노력을 기울여 봤는데 안 되어 포기했다고 말한다. 이는 배우자를 자신에 맞도록 고쳐보려고 노력했다는 것이지 상대방에게 나를 맞춰보려고 노력했다는 것이 아니다.

부부를 동반자라고 표현하는데 동반자란 말 그대로 같이 가는 사람이다. 두 사람이 가장 친밀한 부부관계로 맺어졌다고 해서 두 사람이 같아질 수는 없다. 서로 한 발씩 묶고 달리는 경주에서처럼 어깨동무하여 서로의 속도를 적절히 조절하는 지혜와 노력으로 먼 인생의 길을 함께 동행할 수 있어야 동반자라 할 수 있을 것이다.

연리지(連理枝)

—황봉학

손 한번 맞닿은 죄로 당신을 사랑하기 시작하여
송두리째 나의 전부를 당신에게 걸었습니다.
이제 떼어놓으려 해도 떼어놓을 수 없는 당신과 나는
한 뿌리 한 줄기 한 잎사귀로 숨을 쉬는
연리지(連理枝)입니다.

단지 입술 한번 맞닿은 죄로 나의 가슴 전부를 당신으로 채워버려
당신 아닌 그 무엇도 받아들이지 못하는 나는
몸도 마음도 당신과 하나가 되어버려 당신에게만 나의 마음을 주는
연리지(連理枝)입니다.

이 몸 당신에게 주어버린 죄로 이제 한 몸뚱어리가 되어
당신에게서 피를 받고 나 또한 당신에게 피를 나누어 주는
어느 한 몸 죽더라도 그 고통 함께 느끼는
연리지(連理枝)입니다.

이 세상 따로 태어나 그 인연 어디에서 왔기에
두 몸이 만나 한 몸이 되었을까요?
이 몸 살아가는 이유가 당신이라 하렵니다.
당신의 체온으로 이 몸 살아가는 이 행복
진정 아름답다 하렵니다.

어떻게 하면 동반자적 부부로 살 수 있을까요?

* 혼자만의 시간을 매일 ( ) 시간 이상 갖게 해준다.
* 집 안 (   )에 공간을 마련해 준다.
* 정기적으로 함께 하는 시간을 갖는다.
예를 들어,

* 함께 나눌 수 있는 취미를 갖는다.
예를 들어,

* 상대방의 일에 간섭하지 않는다.
* 부부는 양쪽 부모로부터 독립한다.
* 모든 재산, 축의, 조의는 부부 공동 이름으로 한다.

* 가사를 합리적으로 분담한다.
예를 들어,

* 자녀양육(교육)에 있어서 합리적으로 분담한다.
예를 들어,

CHAPTER 11

부모 되기

1. 부모됨에 대한 다양한 선택
2. 자녀의 은혜
3. 부모의 역할
4. 부모역할의 특성
5. 임 신
6. 출 산
7. 입 양

11 부모 되기

우리는 부모자격증도 없이 부모가 된다. 인간관계에서 가장 가까운 모자(母子) 관계라 함은 분신(分身)관계이기에 그러하다. 대부분의 사람들은 결혼하면 그 다음 과업은 부모가 되는 일이라고 알고 있다. 결혼한 지 몇 개월이 지나면 "요즘 좋은 소식이 없느냐?"가 인사인 것처럼 결혼 후 바로 부모가 되는 것은 신체적으로나 정서적으로나 매우 자연스러운 일이다.

하지만 현대사회에서 부모가 된다는 것은 운명이 아닌 선택에 의한 결정이다. 그럼에도 불구하고 아직도 우리나라에서는 자녀를 낳지 못한다면 결혼을 할 수 없다거나 이혼 사유가 된다거나 결혼생활이 정상적으로 지속되기 어렵기도 하다. 이는 우리나라 사람들 인식에는 부모가 되는 것은 선택이 아니라 필수라는 생각이 자리하고 있기 때문이다.

1 부모됨에 대한 다양한 선택

1) 무자녀 가족

무자녀 가족이 점차 증가하는데 이러한 부부는 자녀 없이 결혼 만족감을 더 얻고자 하는 목적도 있고 자아실현을 더 하고자 하는 이유도 있다. 특히 어떤 부부들은 자녀로 인해 경제적 손실을 보지 않으려 하고 또 지나친 환경문제 때문에, 혹은 단순하게 아이를 좋아하지 않아서 등 무자녀 가족을 원하기도 한다.

2) 부모됨의 연기

점점 많은 부부들이 부모됨을 연기하고 있다. 과거에 비해 30대 이후에 자녀를 출산하는 비율이 증가하고 있다. 이런 임신 연기는 산모와 태아에게 모두 건강상 위험을 줄 수 있다는 연구도 있지만 최근의 연구에 의하여 40세까지는 위험이 적다는 보고도 있다. 임신 연기의 위험이 감소하는 것은 출산에 대한 의료기술이 향상되고 여성의 대부분이 건강하며 임신에 대한 준비를 잘하였기 때문이다.

부모됨의 연기는 부부로 하여금 신혼기에 독립적인 시간을 더 많이 가질 수 있기도 하지만 나이든 엄마는 일반적으로 계획적인 출산에 의해 짧은 터울로 자녀를 낳아 자녀출산으로 인한 과도한 부담을 줄이려고도 한다. 이러한 짧은 터울은 한 자녀가 독립성과 정체감을 성립하기 전에 다른 아이가 생기게 되므로 엄마의 건강과 자녀 교육적 측면에서 3년 정도의 터울을 가지는 것이 좋다고 전문가들은 권장한다.

부부들이 자녀를 늦게 갖는 이유는 아마도 부부간의 적응시간을 좀 더 가지고 자녀를 위해 정서적으로 조금이라도 더 안정된 환경을 창출하기 위함으로 보인다.

3) 한 자녀 가족

부부의 교육수준이 높아지고 결혼 후에도 직업을 계속 가지고 있는 여성이 늘어가며 생활비용이 증가함에 따라 가족당 자녀수가 감소되고 있는 현실이다. 이런 한 자녀를 가진 부부들은 시간의 여유를 좀 더 가질 수 있고 한 자녀에게 많은 투자를 하게 된다. 그러나 한 자녀로 자라면서 형제의 경험이 적고 협동이나 상호작용이 다른 아이들에 비해 부족하여 한 자녀 가족의 아이들이 인성과 사회적 문제를 더 많이 발생시키고 있는 연구가 증가하고 있다(미래가족연구회, 2011).

그런가 하면 한 자녀 가족의 아이들은 언어기술이 더 발달하고 학교생활에 잘 적응하며 다자녀 가족의 아이보다 독립심과 자신감이 높다는 연구도 있다(김용미 외, 2011).

2 자녀의 은혜

세상에는 여러 은혜가 있다. 부모님의 은혜, 선생님의 은혜, 친구의 은혜, 동료의 은혜 등 살아가면서 여러 분들의 은공을 입고 살아간다. 그중 자녀의 은혜는 말할 수 없이 큰 은혜인데도 우리는 가끔씩 망각하고 살아간다.

자녀를 낳고 키우는 일은 자연스럽기도 하지만 자녀라는 존재는 다양하면서도 나름대로 우위를 가릴 수 없는 중요한 가치를 지니는데, 무엇보다도 자녀는 부부의 유대를 강화시키는 역할을 담당한다. 어떤 경우, 결혼을 망설이는 커플 사이에 아기가 생겼다는 사실만으로도 부부가 될 것을 결심하기도 한다.

자녀는 또 가문을 이어주기도 한다. 그러기 때문에 예부터 자녀를 낳아줄 어머니를 구하는 것은 가문의 일대기에 가장 중요한 일이 아닐 수 없었다. 자녀를 출산함으로써 내가 이어온 가문이 자녀들과 그 자녀들로 대를 잇기도 하지만 부모들은 자녀를 통하여 자신이 이루지 못한 꿈을 이루거나 혹은 내가 하던 일들이 지속되기를 원한다.

부모들은 본인이 어렸을 적, 하지 못했던 일들을 자녀에게 해주려 노력한다. 집안 형편상 못했던 공부를 내 자식만큼은 다 마쳐 자녀를 통해 자신의 자아를 확장시키고자 한다.

자녀는 부모를 지켜주기도 한다. 현대인들은 자녀가 더 이상 부모들의 노후를 돌보아 줄 안식처라고 생각하지도 않고 경제적으로도 부양하지는 않지만 부모가 늙고 병들었을 때 옆에서 지켜줄 누군가가 있어야 한다는 심리적인 생각을 하는데 그 대상이 바로 자식이다.

자녀는 부모에게 즐거움의 원천이다. 어떤 이는 '아이사랑'이라는 시에서 '그날에 꽃이 피었다. 내 안에 눈부시도록 피어난 그 꽃은 내게 살아가는 이유가 되었었다. 나는 그 꽃에 어울리는 나비가 되고 싶다' 하면서 자라는 자녀를 보면서 생각지도 않았던 즐거움과 놀라운 기쁨으로 하루하루를 맞이하기도 한다. 자녀들이 커나가는 과정을 통해서 부모들은 신비로움을 느끼며, 그 무엇과도 바꿀 수 없는 재롱은 일상의 긴장을 풀어주고 가정에 활기를 띠게 해준다.

자녀는 부모에게 그 어떤 대상에서도 얻을 수 없는 다양한 욕구와 힘을 준다. 사회에 필요한 인물로 잘 키워야지 하는 책임과 아무리 몸이 망가져도 내색하지 않고 자녀를 돌볼 수 있는 에너지를 준다. 그 누구도 줄 수 없는 힘과 에너지를 자식에게서 얻어낸다.

그 외에 사회적인 측면에서도 자녀를 가지는 것은 중요한 일이다. 자녀를 가졌을 때 비로소 성인의 지위를 부여받게 되고 어른으로서의 책임 있는 존재라고 인정받는다. 자녀를 낳고 키우는 과정에서 부모들은 어려운 과업을 감당할 수 있는 능력을 학습하며 성장해 나간다.

또한 자녀의 출산은 국가적으로서도 매우 중요하다. 요즘은 아이를 가졌다고 하면 모두 '애국자'라고 할 만큼 건강한 사회의 중원에 필수적이다. 우리나라의 출산율 하락으로 노동력 부족현상이 가져오는 국가경쟁력을 떨어뜨리지 않게 하기 위해서 국가에서는 각종 육아 지원책을 내놓고 있다.

| 그림 11-1 | 엄마 생일 때 보낸 유아의 편지

3 부모의 역할

부모가 됨으로써 부부 둘만의 관계에서 부모자녀의 가족관계로 가족체계가 변화되고 그에 따라 생활 리듬과 부부의 역할이 부모의 역할로 재조정된다. 과거에는 아버지 역할과 어머니 역할이 엄격히 구분되어 '엄부자모(嚴父慈母)'로 표현되었지만 평등부부의 역할을 강조하는 현대사회에서는 아버지와 어머니의 역할이 점점 공유되고 혼합되는 경향이다.

1) 아버지 역할

아버지 역할의 중요성은 세계적으로 높아진 이혼율과 미혼모의 증가 등으로 약화되고 있다. 미국 대통령 버락 오바마(Barack Obama, 2011)는 그의 저서 '내 아버지로부터의 꿈' 서문에서 '21세기에 없어질 직업 중 하나가 아버지 역할'이라고 염려했다. 국내외에서 맞벌이 가족의 아버지들이 자녀양육에 참여하는 정도는 매우 낮고 자녀를 키우는 대부분의 역할은 아직도 어머니가 담당하고 있다.

아버지 역할의 연구에서 아버지가 자녀의 성장발달에 주는 영향은 다음과 같이 보고한다(정아란, 1992). 아버지는 동성인 아들의 성역할 습득과 남성성 발달에 기여하고 딸의 여성성 발달에 매우 중요한 영향을 미친다. 자녀의 도덕성과 인지능력 및 성취동기에도 영향을 미친다. 그뿐만 아니라 아버지의 자녀양육 참여는 어머니의 자녀양육 과중을 덜어주고 자녀와 친밀한 관계를 즐기게 되며, 자녀의 양성성 발달에도 긍정적 영향을 주기 때문에 바람직하다.

좋은 아버지가 되기 위해서는 우선 남성들이 아버지로서의 역할이 그 어떤 일보다 가장 중요한 역할이며 동시에 제일 큰 보상을 주는 일이라는 것을 깨달아야 한다. 아버지는 자녀가 자라는 동안 보살펴 주고, 관계를 맺고 필요한 것을 제공해 주어야 한다. 또한 아버지들은 배우자와 자녀를 위해서 안전한 환경을 만드는 일에도 노력해야 하며 어머니가 자녀를 키워놓고 느끼는 보람을 아버지도 똑같이 느낄 수 있도록 노력해야 한다(Cox, 1999).

| 그림 11-2 | 미국의 버락 오바마 대통령의 저서『내 아버지로부터의 꿈』

2) 어머니의 역할

부모라는 말에는 아버지와 어머니의 뜻이 함께 내포되어 있지만 동서양을 막론하고 부모하면 대부분 어머니를 먼저 떠올린다. 열 달 동안 본인의 몸에서 품어 이 세상에 내보내기 때문에 어머니와 자식 간의 관계는 그 어떤 것도 근접할 수 없는 숭고함과 노력이 담겨있다.

최규련(2011)은 어머니가 자녀를 임신하고 출산하는 과정에서 생물학적으로나 심리적으로 자녀와 밀접한 관계를 맺고 있기에 자녀의 신체적 및 심리적 욕구를 잘 충족시켜 줄 수 있고 이는 '모성본능'에 의한 자동적인 것이라 하였다. 그러나 모성본능이란 타고난 자질에 의해서라기보다는 사회화에 의해서 강화된다는 주장이 현대에 들어서 계속되고 있다.

현대의 기혼여성을 대상으로 한 연구(신경아, 2001)에서는 어머니의 역할에서 가장 힘들었던 점이 '어머니로서 어떻게 아이를 길러야 하는지 몰랐던 점'이라는 결과가 나왔다. 이는 '어머니가 되어서 어떻게…'라는 어머니에 대한 허구를 현실화하려는 노력이 어머니와 자녀를 위해서도 필요하다는 것을 의미한다.

어머니의 취업으로 가족 수입의 증가, 어머니의 높아진 자긍심, 그리고 융통성 있는 아버지와 어머니의 역할 수행이 자녀 발달에 긍정적인 역할을 수행한다면 우리는 어머니의 역할을 누가 어떻게 적절히 분담해야 하는가에 적극적인 관심을 기울일 필요가 있다. 어머니와 자녀 사이에만 형성된다고 믿었던 유대와 애착은 아버지와 다른 양육자와의 관계에서도 형성되고, 어머니의 취업 유무보다는 어머니의 관심 정도가 자녀 발달에는 더 결정적이며, 취업이 어머니를 경제적 · 심리적으로 안정되게 하여 어머니 역할 수행에도 더 긍정적이라는 연구들이 보고되고 있다(Scarr, 1985).

4 부모역할의 특성

1) 희 생

부모의 자식에 대한 사랑은 본능적이며 무조건적이기 때문에 부모는 출생에서부터 결혼에 이르기까지 혹은 그 이후까지 자식을 위한 일을 주저 없이 행한다. 신체적인 고통을 감수함은 물론, 물질적 · 정신적으로 부모가 지닌 모든 것을 자식에게 쏟으며 희생한다. 여기에는 아무런 조건이 없으며 다만 자식이 건강하고 사회적으로 무리 없이 행복하기를 바랄 뿐이다.

2) 어머니 역할에 더 비중

어머니 역할에 대한 사회적 기대가 아버지 역할보다 더 크고 가치가 있다고 여기기 때문에 어머니에게 더 많은 사회적 규범이 따르고 그 역할 또한 더 커지게 된다(미래가족연구회, 2011).

3) 연습이 아닌 실제 상황

부모와 자녀는 늘 생방송으로 만나며 녹화하여 재편집하거나 리허설을 하여 잘못되었다고 그 상황을 지워버릴 수 없다. 그러므로 부모역할은 그 어떤 역할보다 신중해야 하며 잘못하지 않도록 사전 준비가 철저해야 한다.

부모역할은 자녀를 대상으로 수행하는 것이기에 그 결과는 수정되거나 아무 일도 없었던 것처럼 지워버릴 수 없다.

4) 자녀의 발달에 따른 변화 요구

부모에 대한 자녀의 요구는 발달단계에 따라 신생아기, 영아기, 유아기, 청소년기 등의 발달단계에 따라 자녀의 요구가 달라지며 자녀의 요구에 맞추어 부모역할을 변화시켜야만 한다.

5) 중도에 포기 불가

부모가 되는 것은 경우에 따라서는 원치 않는 상황에서도 이루어지며, 그렇다고 해서 자녀가 어떤 상태일지라도 중도에 그만둘 수 없다.

5 임 신

1) 태교(胎敎)

태교란 임산부가 태아에게 좋은 영향을 주기 위하여 마음을 바르게 하고 언행을 삼가는 것을 말한다. 태교는 임신 전부터 시작되어야 한다. 임신 전 태교란 아빠와 엄마가 건강한 마음과 신체로 임신을 준비해서 건강한 정자와 난자를 생산하고, 건강한 수정란을 만들기 위한 과정이라고 할 수 있다. 이런 연유로 필자가 본 서에서 굳이 임신 전부터 태교를 강조하는 이유는 예비부모들이 건강한 몸으로 바람직한 생각하에 좋은 아이를 임신하기 바라는 간절한 바람에서이다.

의학적 연구에서는 임신한 것을 기쁘게 생각하지 않는 임산부는 기쁘게 생각

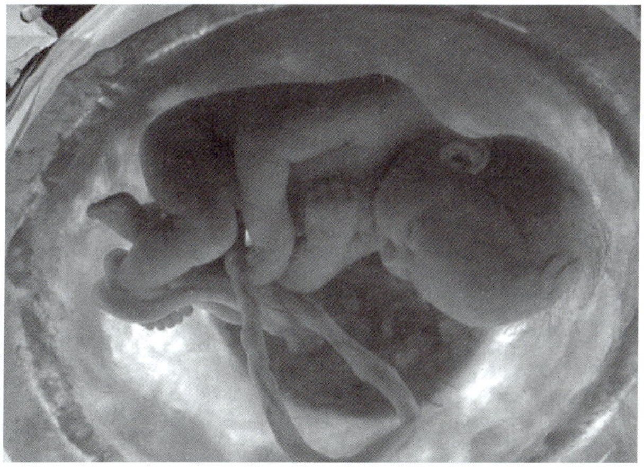

| 그림 11-3 | 자궁 속의 태아

하는 임산부보다 입덧이 더 심하며 구토가 심하였다는 결과를 얻어냈다. 또한 산모의 정신적 · 신체적 건강이 태아의 지능 형성에 어떠한 영향을 미치는지도 밝혀졌다. 임신부의 영양 중에서 단백질, 철분, 비타민이 부족한 산모에게서 태어난 아이는 지능지수가 아주 낮다는 사실도 밝혀졌으며, 비타민 결핍 산모에게서 태어난 아이는 정상적 아이보다 평균 지능지수가 3.7 정도 낮다는 연구보고도 있다.

(1) 임신 전 태교

① 계획 임신(가족계획)

살다 보면 계획 없이 아기를 갖게 되는 경우도 많다. 하지만, 아기를 가질 때 가급적 계획을 세워서 한다면 미리 엄마 아빠의 몸과 마음을 준비하여 태아에게 최상의 태내 환경을 만들어 줄 수 있고, 태아에게 위험한 일을 하지 않을 수 있다. 임신 사실을 모르고 태아에게 안 좋은 약을 먹었다거나, 방사선 촬영 등을 했을 경우 태아에게 좋지 않을뿐더러 임신 사실을 뒤늦게 알게 되어 임신 기간

내내 불안해하는 것은, 엄마는 물론 아기의 정서에도 나쁜 영향을 미치게 된다.

최근에는 여성들의 사회 활동이 활발하여 결혼하는 시점이 늦어지고 출산 시기 또한 많이 늦어지지만, 평소 몸과 마음의 관리를 철저히 하면서 계획 임신을 한다면 늦어지는 출산 연령이 예전만큼 크게 문제되지는 않는다.

② 부부의 마음가짐

엄마 아빠가 된다는 것은 커다란 축복이다. 하지만, 아기에 대한 무한한 책임도 갖게 된다. 건강하고 총명한 아기를 갖기 위해서는 임신하기 전부터 예비 엄마 아빠의 마음가짐이 중요하다.

아기는 언제 가질 건지, 고쳐야 할 음식습관 또는 생활습관은 어떤 게 있는지, 경제적인 계획은 어떻게 세울 건지 등등… 특히, 엄마 아빠가 함께 임신, 출산, 육아 등에 대해 미리 공부를 하거나 다른 사람들의 경험담을 듣는 것도 많은 도움이 된다.

③ 태교의 적, 스트레스 없애기

임신 전, 엄마 아빠의 심한 스트레스는 체액이나 혈액이 산성으로 바뀌어 건강한 정자와 난자를 만들기 어려워지고 장애아를 출산한 확률이 높다. 기분 좋고 편안한 음악을 듣는다거나, 가벼운 운동을 한다거나, 엄마 아빠가 함께 취미생활을 한다거나… 스트레스를 풀 수 있는 자신만의 노하우로 산모와 태아를 편안하고 행복하게 만들어야 한다.

(2) 아빠의 임신

2011년 5월 23일 국내의 한 TV 프로그램에서 〈아빠의 임신〉이라는 연구결과를 다큐멘터리 프로그램으로 방영한 적이 있다. 갈수록 불임과 장애아 출산이 많아지는 원인에 아버지가 영향을 미치고 있다는 결과였다. 건강한 정자와 건강한 난자가 합쳐서 수정란이 만들어지는데 보통 난자는 배란된 후 8시간이 지나면 노화된다. 노화된 난자는 건강하지 못한 아기를 만들 확률이 높기 때문에 '잉태 시의 태교'로서 아빠가 건강하고 마음이 편안할 때 튼튼한 태아가 수정되는 것을 의학적으로 증명한 프로그램이었다. 아빠의 정자는 이미 90일 전부터 만들어지고 있으며 임신 전 아빠가 태교하지 않으면 음주, 비만, 흡연, 스트레스, 환경호르몬의 DNA가 그대로 정자로 태아에게 대물림한다는 것이다. '콩 심은 데 콩 나고 팥 심은 데 팥 난다'는 속담 그대로다.

이는 소학의 전통태교에서 '스승의 10년 교육보다 10개월의 태중교육이 더 중요하고, 태중교육 10개월보다 잉태할 때의 부친의 몸과 마음가짐이 더 중요하다'는 관점과 정확히 맥락을 같이 한다.

(3) 임신 후 태교

임부가 정서적으로 불안하거나 화를 내면 아드레날린이 많이 발생하여 태아에게 영향을 미친다. 임부의 감정과 신체의 변화는 여러 호르몬의 작용으로 태아에게 전달되며 태아 역시 호르몬을 통하여 엄마에게 자신의 의사를 전달한다는 것이 밝혀졌다.

임부가 놀라거나 화를 내면 심장박동에 영향을 주어 태아가 흥분하여 신체의 균형이 깨진다. 이러한 흥분상태가 반복되면 태아의 성격형성에 나쁜 영향을 미치며 임신 중에 폭력물이나 공포물의 영화 역시 태아에게 나쁜 영향을 줄 수 있다.

(4) 현대인에게 맞는 태교 10가지

■ 태담 태교

"아기에게 쓴 편지를 소리 내서 읽어주세요"

태담 태교는 배 속 아기와 대화를 통해 교감하는 일이다. 부드럽고 따뜻하게 사랑을 고백하는 소리에는 고유의 파장이 있어 듣는 사람의 마음을 안정시킨다. 프로이트 이론에 따르면, 배 속 아기가 가장 좋아하고 안정감을 느끼는 소리는 일정한 리듬으로 쿵쿵 뛰는 엄마의 심장 소리라고 한다. 늘 듣는 엄마의 목소리 또한 아기를 편안하게 하는 소리 중 하나일 것이다.

태담 편지는 엄마의 감각을 모두 동원해 아기에게 마음을 전달하는 데 무척 효과적이다. 많은 태교법의 장점을 두루 갖고 있는 게 바로 태담 편지다. 이런 과정을 통해 엄마는 아기에게 한 걸음 더 다가간다. 또한 다 쓴 편지를 소리 내어 읽어줌으로써 아기와 충분히 교감하게 된다.

■ 자연 태교

"자연의 풍요로움을 만끽하세요"

엄마의 눈으로 푸른 숲을 보면, 태아는 느낌 언어로 푸른 숲을 상상한다. 이는 훗날 아이의 성품과 자연을 대하는 태도에도 영향을 준다. 태아는 눈이 아닌 뇌에서 자연색을 느낀다. 엄마가 밝다고 느끼면 그 느낌은 뇌의 호르몬 작용에 변화를 주고, 이런 변화가 곧 태아에게 전달되어 태아도 밝다고 느낀다. 엄마가 정서적으로 풍부해지면 아기의 감성도 발달할 뿐만 아니라 또 자연이 내뿜는 피톤치드, 음이온은 아기의 뇌 발달은 물론이고 신체 발달도 돕는다.

■ 음악 태교

"노래를 불러주세요"

좋은 음악은 뇌 활동을 활발하게 하고 호르몬을 조절하며 불쾌감을 없애준다. 또 심장박동, 혈압, 체온에도 긍정적 영향을 미치며 근육의 긴장을 풀어주고, 신체 움직임과 조절 능력을 높여준다. 음악은 태아에게 두뇌 인지력과 감성 발달에 도움을 준다. 그뿐만 아니라 음악의 리듬을 통해 스스로 신체를 움직이는 운동 능력을 키워준다. 태아의 감각 중 가장 먼저 발달하는 것이 청각이다. 청각은 뇌 발달 요인 중 가장 많은 부분을 차지한다. 태아의 청각은 임신 6주부터 발달해 5개월이 되면 어른과 비슷한 청각을 갖는다. 이 무렵 청각을 자극하면 뇌파가 호르몬 분비를 촉진해 뇌 발육을 돕는다. 직접 노래를 불러주는 것도 좋다. 아기는 엄마의 목소리에 가장 익숙하게 반응한다. 자장가, 동요, 가곡 등은 운율이 단조롭고 부드러워 태교에 특히 좋다.

■ 피부 태교

"배를 많이 만져주세요."

태아에게 피부는 제2의 뇌라고 할 수 있다. 피부 태교가 중요한 것은 피부 자극이 곧 두뇌 자극으로 이어져 뇌 발달을 돕기 때문이다. 이 때문에 피부를 자극하는 것은 뇌를 자극하는 것과 똑같다. 임신 10주가 지나면 대부분의 태아는 손가락을 빨기 시작한다. 이는 태아가 엄마의 자극에 반응해 손가락을 빠는 것으로 자신의 피부를 자극하는 것이다. 태아가 손가락을 물고 늘어지는 힘이 생겼을 뿐 아니라, 태아의 입에 피부 감각이 생겼다는 증거이기도 하다.

이 밖에 태아는 양수를 먹고 내뱉는 운동과 엄마 배를 발로 차면서 몸 전체로 자극을 전달하기도 한다. 그래서 모든 태아는 임신 초기에 피부의 감각을 느끼기 시작해 임신 10주가 지나면 어른과 동일한 느낌을 갖는다. 배 속에 있는 태아의 피부를 자극하는 방법은 외부에서 엄마의 배를 쓰다듬거나 마사지를 해주는 것만으로도 충분하다.

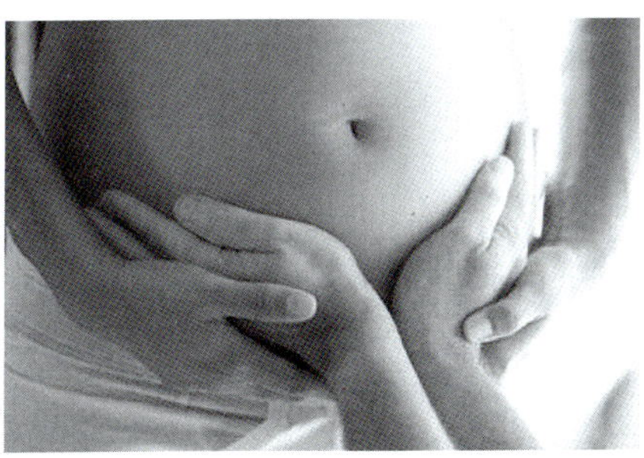

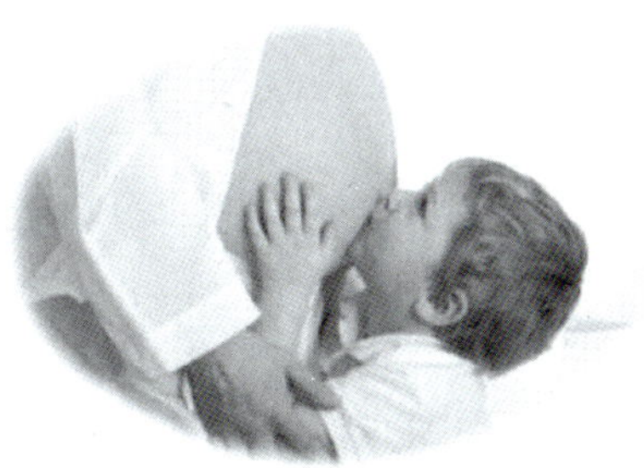

| 그림 11-4 | 외부에서 엄마의 배를 쓰다듬어 태아와 교감을 나누는 피부 태교

■ 운동 태교

"먹지만 말고 운동도 하세요"

임부는 배 속의 태아가 잘못될까봐 지나치게 몸을 사리고 임신 중에는 몸을 전혀 사용하지 않는다. 하지만 이로 인해 운동량이 부족해지고 왕성한 식욕으로 먹기만 한다면 비만이 되기 쉽다. 임신 중 비만은 임신중독증, 고혈압, 부종 등 온갖 질병의 원인이 된다. 운동은 엄마가 기분 좋은 정도로 하되 숨이 차지 않도록 가볍게 하는 것이 좋다. 자신의 몸 상태를 살펴가며 운동하되 운동 중이라도 피로감이 느껴지면 바로 휴식을 취한다. 특히 임신부에게는 수영이 좋다. 수영은 물의 의학적 효과를 잘 살린 운동으로 무리한 운동을 하기 어려운 임신부에게 더할 나위 없이 좋은 운동이다. 단, 안정기에 접어든 임신 3개월 이후에 시작하는 게 좋다.

■ 음식 태교

"맛있는 음식으로 행복한 마음 가져요"

음식 태교는 태아의 건강과 직결된다. 임신 중 엄마의 식단은 아기의 평생 건강을 좌우하게 된다.

태아의 미각은 3개월이면 완성되고, 8개월에는 양수에 섞인 맛이 어떤 것인지를 구분할 수가 있다. 엄마가 다양한 맛을 경험함으로써 아기에게 풍부한 맛 정보를 주게 되고, 엄마의 영양 상태는 태아가 3개월에 접어들면 태아의 두뇌 세포 발달에 큰 영향을 미친다. 또 이 시기부터 태반이 단단해지고 아기에게 필요한 영양이 본격적으로 보내진다.

음식은 양보다는 질이 중요하며 다양한 음식을 골고루 섭취하고, 음식을 먹을 때 잊지 말아야 할 것은 기분 좋게, 행복한 마음으로 먹는 것이다.

| 그림 11-5 | 임신 중 임부에게 좋은 음식

■ 향기 태교

"좋은 향기를 자주 맡아보세요."

태아는 자궁 안에서 냄새도 기억한다. 아기는 엄마의 후각을 통해 냄새를 맡고 그 향기에 대한 감정을 느낀다. 맛있는 음식을 먹기 전에 가볍게 냄새를 들이마신다거나, 꽃밭에 핀 화사한 꽃향기를 맡을 때에도 항상 아기가 함께하고 있다는 사실을 기억하자. 입덧이 심할 때는 레몬이나 오렌지, 페퍼민트 향을 맡으면 도움이 된다고 하나 사람마다 다르다. 기분이 우울할 때는 장미나 프리지어 향, 감기 기운이 있을 때는 라벤더 향이 좋다. 맑은 공기를 마시며 걷는 삼림욕, 공원 산책, 화분 가꾸기 등도 후각을 자극하는 좋은 태교가 될 수 있다.

| 그림 11-6 | 진하지 않은 자연의 향이 좋다

■ 미술 태교

"작품감상, 그리기 다 좋아요"

미술 태교는 시각, 촉각 등 여러 감각에 자극을 주며, 아이의 감각발달에 큰 도움이 된다. 무턱대고 그림을 그린다고 미술 태교가 되는 것이 아니라 엄마와 태아가 모두 느낄 수 있어야 한다. 편한 마음으로 미술작품을 보러 다녀도 되고 좋은 영화를 보는 것도 도움이 된다. 남편과 함께 태어날 아이를 상상하면서 같이 그림을 그려 보는 것은 어떨까? 엄마가 좋아하는 색으로 그리거나 색칠하면 눈으로만 감상하는 것보다 더 효과적이다. 좋은 그림, 아름다운 글로 이루어진 그림책을 읽는 것도 좋다.

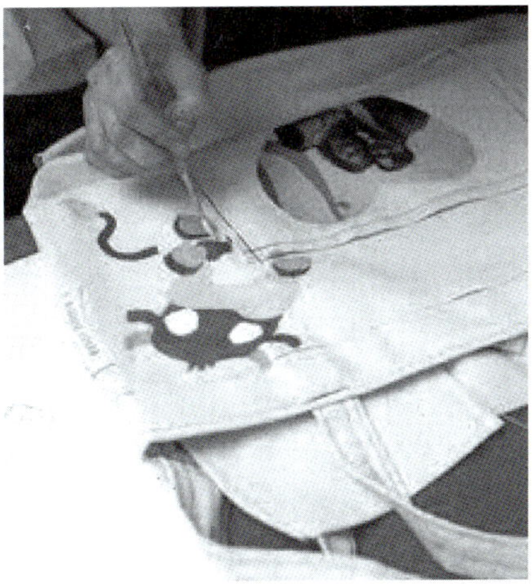

| 그림 11-7 | 부부의 사진을 이용하여 작품 만드는 미술 태교

■ 명상 태교

"잡념을 없애고 엄마의 사랑을 전달해요"

엄마의 마음이 편안해야 아기도 편안하다. 명상이라고 어렵게 생각할 필요는 없다. 명상 태교는 마음을 비우고 집중력을 높여 임신으로 불안해진 심신에 안정을 갖게 해주는 데 도움이 된다. 편안한 마음으로 앉아 휴식을 취하면서 적당한 물건을 선택하여 집중을 한다. 하루에 15분씩 조용히 눈을 감고 마음을 집중하는 것부터 시작하여, 호흡은 친천히 길게 내쉬며 모든 잡념을 없애고 양손으로 배를 감싸 태아에게 엄마의 기운을 느낄 수 있도록 한다. 명상 멘트를 적어누고 남편이 읽어주는 것도 명상 태교의 좋은 방법이다.

원래 명상은 반가부좌가 좋으나 임부는 책상다리를 해도 좋다. 배에 힘이 들어가면 태반이 딱딱해지고 태아가 움직이기 힘들게 되므로 등을 곧게 세우고 몸에 힘을 빼 편안한 자세를 유지한다. 매일 명상을 하고 난 후 명상을 하면서 느꼈던 체험을 기록해 보면 자신의 감정을 조절할 수 있게 된다.

| 그림 11-8 | 임부의 명상자세

■ 웃음 태교

"많이 웃으세요"

웃으면 복이 온다고 했다. 웃음도 유전된다. 앞에서 소개한 9가지 다양한 태교법의 목적은 결국 하나, 임신부의 마음을 즐겁고 행복하게 하는 것이다. 그 바탕에 바로 '웃음'이 있다. 웃음은 몸과 마음의 긴장을 풀고 두려움을 없애며 낙천적인 사고를 하게 한다. 웃음은 질병에 대한 저항력을 길러줄 뿐 아니라 비만인 임신부의 체중 조절에도 효과적인 운동법이다.

임신 중 자주 웃으면 입덧, 임신부 우울증, 임신중독증 등 각종 임신 트러블도 긍정적으로 이겨낼 수 있다. 웃음 태교를 꾸준히 실시하면 스트레스 호르몬 분비를 줄여 임신 기간이 즐거워지는 것은 물론, 엄마의 웃음소리와 행복한 감정이 태아의 두뇌를 고루 자극해 똑똑하고 성격이 밝은 아이로 자란다.

2) 태내 발달과정

수정 후 출산까지의 280일 동안 태아는 어머니 몸 안에서 자라게 되는데 이 기간을 발아기, 배아기, 그리고 태아기로 나누어 설명하고자 한다.

(1) 발아기(수정부터 2주 사이)

수정된 난자는 계속적으로 세포분열을 하면서 나팔관 아래쪽으로 내려가 약 3~4일 후에 자궁에 도착하여 액체로 가득한 공 모양의 미분화 배아세포의 형태로 하루나 이틀 정도 자궁 안에서 떠돌아다니다가 자궁벽의 융모의 도움을 받아 영양을 공급받아 7일 후 수정란이 착상한다. 미분화 배아세포는 착상이 준비될 때까지 150개 정도의 세포를 갖게 되며 자궁 내에 완전히 착상된 세포 덩어리를 배아라 부른다(최민수, 2001). 생리적으로 성숙된 하나의 난자와 정자가 결합하면 수정이 되고, 수정이 된 후에는 난자의 외막이 단단하게 변하여 다른 정자 진입을 방지한다.

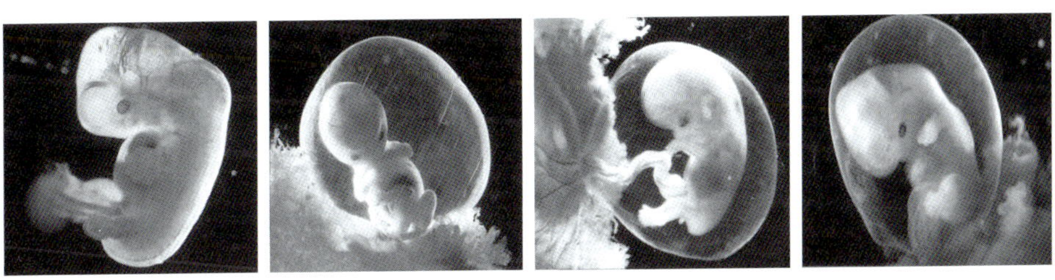

| 그림 11-9 | 발아기 동안의 변화 모습

출처 : 이원영 · 김정미(2011). 대학생을 위한 예비부모교육. p. 224.

(2) 배아기(약 2~8주)

이 기간 동안에서는 신체기관과 신경계가 형성되는데 사람의 형태를 갖추게 되며 무게는 약 0.9g, 키는 약 2.5cm 정도가 된다. 대체로 임신 6주 전후가 되면 월경의 정지, 유방의 변화, 입덧 발현의 가벼운 구토, 후각과 미각의 변화, 37.2~37.8℃ 정도의 가벼운 체온 상승, 전신 권태감 및 피로감, 현기증, 다량의 황체호르몬의 분비로 인한 대하(帶下) 및 침액의 증대 등과 같은 자가 증상이 생긴다. 그런 사람에 따라서는 이런 임신의 증상을 알지 못하고 그냥 지나치는 경우도 있다.

(3) 태아기(3개월~출산)

이 시기에는 배아기에 형성된 각 기관의 구조가 더욱 정교해지고 기능이 보다 원활해지는 등 빠른 발달을 보인다(YTN & Digital YTN, 2011. 12. 16).

임신 기간 동안 임부의 체중은 늘어나는데 대체로 12kg에서 16kg 정도 늘어났을 때를 정상이라고 한다. 태아의 출생 시 체중은 모체의 임신 중의 체중 증가와 밀접한 관계가 있는데 임신 10주까지는 태아의 각종 중요 장기가 형성되는 시기이므로 이 기간에 영양섭취가 부족하면 태아의 발육상태가 불량해지고 기형의 발생빈도가 증가하며 신생아 사망률도 높아지므로 충분한 영양섭취를 해야 한다. 그러나 지나친 체중 증가는 임신중독증, 임신성 당뇨, 제왕절개 가능성, 분만 시 출혈과다나 지연분만 등의 부작용을 가져올 수도 있다.

3) 건강한 태내 발달

건강한 자녀를 가지려면 부부가 많은 인내와 노력을 하여야 한다. 어떤 아이가 나올까 매우 궁금하기도 하지만 가장 큰 소망은 우리 아이가 건강하게 태어나기를 바라는 것이다. 앞에서 강조한 임신 전부터의 태교로써 태아가 건강하게 자랄 수 있도록 다음과 같은 점을 주의해야 한다.

(1) 정서 상태

임부와 태아는 태반에서의 혈액체계에 의해 상호 의존되어 있기 때문에 임부의 정서 상태는 곧 태아 상태가 된다. 즉, 임부의 심한 공포와 불안 경험은 아드레날린을 분비하게 되며 이는 태반을 통해 태아에게 전달되어 정서적 충격 또는 태반의 혈액공급을 일시적으로 차단시키고 태아에게 산소결핍을 유발시킨다. 이러한 상태가 반복되면 태아의 신체발육에 지장을 주고 출생 후 잘 울고, 잘 놀라는 등 정서적으로 불안정을 보일 수 있다.

(2) 영양 상태

수정에서 출산까지 태아의 정상적인 발달을 위해서 태아의 성장에 필요한 모든 영양분은 모체가 섭취하는 영양상태가 태아 발달에 결정적인 영향을 미친다. 특히 임신 초기의 영양 결핍은 뇌와 신경계의 발달에 지장을 초래한다. 따라서 모체의 영양이 부족하면 유산과 사산의 가능성이 높고, 발육이 늦으며 신체적으로 기형이 될 확률이 높다.

(3) 질병

임부가 앓고 있는 여러 가지 질병은 태반을 통해 태아에 전이되거나 출생 시에 태반을 통해 감염될 수 있다. 최근 들어 후천성 면역결핍증에 감염되어 있는 모체로부터 감염되어 태어난 영아의 수가 점차 증가하는 추세다(김용미 외,

2011).

특히 임신 첫 4개월 이내에 풍진에 걸린 임신부에게서 태어난 아이는 시각과 청각의 결함, 정신지체, 중추신경계 손상, 심장 결함, 성장지체와 같은 결함을 나타낼 확률이 높아, 사춘기 이전에 있는 모든 여아들은 풍진 예방주사를 접종해야 풍진으로부터 보호받을 수 있다(최민수, 2001).

(4) 약물

■ 호르몬제

임신 직전이나 임신이 된 후에 자신도 모르는 사이에 피임약을 복용하면 태아에게 해를 끼칠 수 있다. 피임약 복용 후 임신이 된 태아 가운데 자연 유산된 34명의 태아 중 16명(48%)이 염색체 이상으로 발견되었고 피임약을 복용하지 않은 자연 유산된 227명의 태아 중 50명(22%)에게서 염색체 이상이 발견되었다(YTN & Digital YTN, 2011. 12. 16).

■ 카페인

커피, 콜라, 초콜릿 등의 일상적인 음식과 음료 속에 들어있는 카페인이 임부와 태아에게 미치는 연구에서 임신한 쥐에게 하루에 강한 커피 20잔 정도의 많은 카페인을 강제로 먹였을 때 새끼에게 기형이 나타났다. 많은 양의 커피를 먹을 리 없는 임부에게 카페인이 미치는 영향에 대해 아직까지 얼마만큼 해롭다는 결론을 내리기는 어렵지만 적어도 임부가 카페인이 든 음식을 섭취하고 잠을 못 이룬다면 각성제와 흡사하므로 좋을 리 만무하다.

■ 흡연

흡연하는 여성의 경우 자연유산과 사산이 많고 출생 직후 아기가 사망하는 경우가 많다. 그뿐만 아니라 간접흡연 또한 임부에 영향을 미친다.

■ 음주

임신 중 과도하게 음주한 임부의 아기는 출생 시 몸무게가 적고 키가 작으며 그 후에도 정상적으로 성장하지 못하는 알코올 증후군에 걸릴 가능성이 높다. 최근 연구에 의하면 적당량 마시는 사교적인 음주조차도 태아에게 해로운 영향을 미친다는 연구가 계속 나오는데 임신 첫 3개월 동안에 기형을 초래하고 그 다음 3~6개월에는 발달지체의 원인이 된다는 것이다.

■ 방사선 노출

임신 이전의 방사선 투과도 생식세포의 염색체를 변화시킴으로써 유해한 영향을 줄 수 있다. 임신 직후 수정란이 착상되기 이전에 방사선에 노출된 접합자는 죽게 되며, 착상 이후의 방사선 노출은 성장을 지연시키거나 기형을 일으키고 출생 직후 사망하는 경우가 많다.

6 출 산

출산은 분만 또는 해산이라고 하는데 자궁강 내에 있던 태아와 태반 등이 산도를 통해 모체 밖으로 배출되는 현상을 말한다.

1) 출산 예정일

출산일은 최종 월경일을 기준으로 최종 월경을 시작할 날부터 280일을 더하여 산출하며, 예정일을 전후하여 2주간의 분만은 정산분만으로 본다. 아래와 같이 계산하면 분만예정일을 쉽게 알 수 있다.

월 (월경시작 월 +9)
일 (월경시작 일 +7)

2) 출산 준비

출산예정일이 가까워지면 대부분의 가족들이 달력에 동그라미를 쳐놓고 출산예정일을 기다린다. 하지만 예정일 당일에 해산하는 임부는 전체의 1/20 정도에 지나지 않는다. 나머지 대부분의 여성들은 출산예정일 전후 10일 안에 아기를 낳게 된다(Cox, 1999). 따라서 예정일이 가까워지면 언제라도 아기를 낳을 수 있다는 몸과 마음, 그리고 환경의 준비를 하고 있어야 한다.

임신 마지막 달이 되면 임부는 어디서 어떤 방식으로 아기를 낳을 것인가 미리 결정하고 이에 따른 준비를 해야 한다. 또한 산후조리의 장소와 방법을 결정하고 미리 연락을 취해두어야 한다. 만일 형제나 자매 아이가 있는 경우라면 아이들을 어디서 누가 돌보게 할 것인지 미리 상의해서 결정해 둔다. 산후조리를 집에서 할 경우에는 상관없지만 친정이나 다른 집, 혹은 산후 조리원을 이용할 경우 큰아이를 돌봐줄 사람이 필요하다.

다음으로 출산 후 아기에게 필요한 물품을 준비해 둔다. 출산예정일에 못 미쳐 출산 징조가 나타날 수 있기 때문에 임신 8개월 정도가 되면 미리 준비하여 챙겨두는 것이 좋다. 출산 시 병원에 들고 갈 가방, 진찰증, 아기수첩, 연락처, 아기 배내옷, 기저귀, 싸개, 우유병, 우유, 산모용품으로 속옷과 퇴원 시 입을 옷을 넣어둔다. 경우에 따라서 병원에서 사용할 슬리퍼, 물주전자, 물컵, 체온계 등을 미리 챙겨놓으면 추가로 구입해야 하는 번거로움을 피할 수 있다.

3) 분만과정

분만과정은 크게 세 단계로 구분된다.

(1) 분만 1기 : 규칙적인 통증 단계

분만을 알리는 통증이 시작되는데 임부가 느끼는 진통은 초산일 경우 평균 12시간에서 24시간 계속된다. 초기진통은 10분 간격이다가 점차 2, 3분 간격으로 강해지고 길어진다. 이 단계에서 자궁수축은 자궁의 입구라 할 수 있는 자궁경부로 아기의 머리가 통과할 수 있을 만큼 넓혀주게 된다. 이때가 분만의 시작이다. 분만 1기 동안 의료진은 자궁문이 얼마나 열렸는지, 아이가 얼마나 내려왔는지 틈틈이 내진한다.

(2) 분만 2기 : 아기의 몸이 나오는 단계

자궁문이 완전히 열려 양수가 터진 후, 아기가 산도로 내려오기 시작한다. 아기가 질 입구까지 내려온 후 분만대로 옮겨 힘주기를 하면 1시간 이내에 아기가 머리부터 나온다. 아기 머리가 완전히 나왔을 때는 힘을 빼야 하는데 호흡하면서 기다리면 아기는 어깨와 몸을 돌려 스스로 자연스럽게 나온다.

(3) 분만 3기 : 탯줄과 태반이 나오는 단계

아기가 몸 밖으로 나왔어도 태반과 탯줄은 임부의 몸 안에 남아 있다가 출산 후 태반이 떨어지기 위해 약한 후진통이 있다. 탯줄과 태반이 임부의 몸 밖으로 모두 나오면 아기 입속에 있는 이물질을 제거하고 소독된 가위로 아기의 배꼽과 분리시키면 완전히 분만이 끝난다.

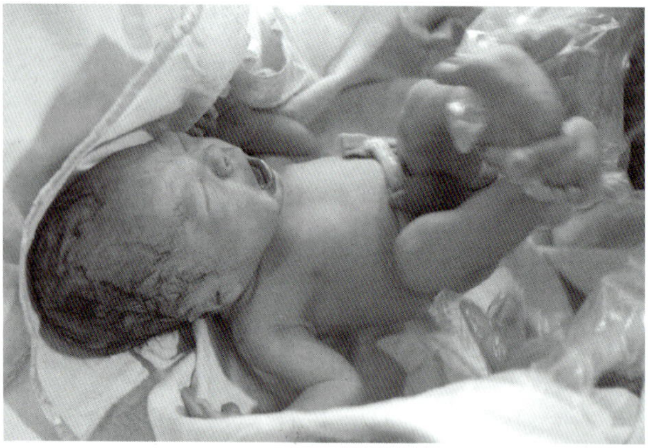

| 그림 11-10 | 탯줄을 갓 자른 신생아

4) 다양한 분만법

임부와 태아의 상태에 따라서 분만의 어려움에도 차이가 있다. 분만을 수월하게 하는 경산이라 하더라도 난산과 비교했을 때 수월한 것이지 아이를 출산하는 과정이 수월할 수는 없다. 힘든 분만과정을 조금이라도 쉽게 해주는 다양한 분만방법이 소개되고 있는데 그중 우리나라에서도 잘 알려진 방법을 소개하고자 한다.

(1) 라마즈 분만

대체분만법 중 가장 잘 알려진 라마즈 분만법은 1952년 러시아에서 라마즈(F. Lamaze) 박사가 정신예방적 출산 교육을 관찰한 후 호흡조절을 통하여 통증 없는 분만법을 발표한 것이 시초다. 그 후 1965년 프랑스에서 라마즈 방법을 도입하여 실시하였다.

현재 시행되고 있는 라마즈 출산 교육은 부부가 함께 참여하는 가족 중심의 출산법으로 즐거웠던 일을 떠올리는 연상법, 우리 몸 전체의 긴장을 풀어주는 이완법, 그리고 분만의 경과에 따라 호흡을 조절하는 호흡법으로 이 세 요소가 합쳐져야 효과가 크다.

그래서 라마즈 분만법은 반드시 남편과 함께 교육을 실시하며 교육 과정은 각 병원마다 조금 차이가 있으나 이 세 가지의 방법과 가족이 함께 참여한다는 개념은 일치하는 것 같다. 아무리 좋은 방법도 당사자의 노력 없이는 결과가 없다.

(2) 소프롤로지 분만

소프롤로지(Sophrology)는 임신과 출산을 긍정적으로 받아들이는 정신훈련을 통해 통증을 획기적으로 줄이는 분만법이다. 임신 중 훈련을 통해 통증을 줄인다는 것은 '라마즈 분만법'과 일치하나 복식호흡을 하고 임산부 혼자서 해낸다는 점이 라마즈와 다르다. 소프롤로지는 모성 확립을 목표로 자기 수양을 통해 분만과 통증을 조절하는 임산부의 능력을 키우는 것이다.

(3) 수중분만

수중분만은 고대 이집트의 전설에 등장할 정도로 오랜 역사를 가지고 있다. 현대의 수중분만은 1803년 프랑스에서 처음 시도되었고, 러시아, 프랑스, 영국 등 주로 유럽에서 많이 하고 있다. 특히 영국은 29개 국립병원에서 수중분만 시설을 갖추고 있어 수중분만이 가장 활발하게 이루어지고 있는 나라다. 물속에서 낳으면 아기 입이나 기도로 물이 들어가 숨이 막히지 않을까 걱정되지만 신생아는 물 밖에서 태어나더라도 잠시 동안 폐호흡을 하지 않는다. 태어나서 6~8분까지 탯줄을 통해 산소를 공급받기 때문에 물속에서 태어나더라도 문제없다. 물속에서는 임산부가 부력으로 인해 쪼그린 자세를 취하기가 쉽고 분만자세에 따라 골반이 벌어지는 정도가 결정되는데, 앉은 자세에서 골반이 가장 잘 벌어지며 힘을 주기도 쉽다. 실제로 옛날에는 밭을 매다가 아기를 낳거나 화장실에서 아기를 낳는 경우가 적지 않았고, 외국에서는 특수의자에 앉아서 아기를 낳는 좌식분만도 이루어지고 있다.

수중분만의 장점은 엄마가 물속에서 편안함을 느낄 수 있고 감각자극이 감소되어, 신체가 이완될 뿐 아니라 정신적으로도 편안해져 분만에 대한 두려움을 덜어준다는 것이다. 누워서 출산하는 고정된 자세로 분만을 하는 것보다 골반이 잘 벌어지는 쪼그리는 자세를 취하기 편하기 때문에 진통하고 분만하는 시간이 짧아질 뿐 아니라 스트레스 관련 호르몬 분비가 감소하여 혈압 상승도 억제된다. 물속에서는 회음부의 탄성이 커지기 때문에 기존 분만법에서 사용하는 회음절개술이 필요 없다.

아기에게 좋은 점은 양수 속에서 양수와 똑같은 따뜻한 물로의 이동이기 때문에 환경변화에 대한 충격이 적다. 태아가 엄마의 배 속에서 세상으로 나올 때 받는 스트레스는 임산부가 아이를 낳을 때 받는 스트레스의 10배 이상이라고 한다. 엄마의 고통 이상으로 태아도 큰 고통을 받으며 세상에 나오게 되는데 태아가 탄생 시 스트레스를 받는 가장 큰 이유는 환경의 변화 때문이다. 양수에서 살던 태아가 전혀 다른 세상과 만나면서 스트레스를 받게 되는 것이다. 이런 면에서 수중분만은 태아가 전혀 환경의 변화를 겪지 않으므로 탄생의 스트레스도 훨씬 줄어든다. 따뜻한 물속에서의 편안함은 신생아 각 장기를 활발하게 조직화시켜 준다. 태아는 물속에서 대부분 눈을 뜬 상태로 사방을 둘러보고, 편안하게 사지를 움직이기 시작한다. 또한 물은 쇼크를 완화시켜 주고 빛과 소리의 자극도 기존 분만 시보다 훨씬 완화되며 엄마와의 피부 접촉도 수분 때문에 더욱 부드러워진다. 분만을 '가족의 축제'로 만드는 환경이라고 말할 수 있다.

그러나 단점이 없는 것이 아니다. 수중 분만 시 가장 염려가 되는 것이 태아의 감염이다. 물의 상태가 청결하지 못하거나 엄마가 분만 시 배출하는 이물질들에 의해 태아가 병균에 감염될 위험이 있다. 미국에서는 간간이 태아의 감염이 보고되고 있다. 그러나 수중분만을 활발히 시행하고 있는 유럽에서는 감염의 위험은 철저한 준비로 막을 수 있으며, 이러한 단점보다는 위에 열거한 장점이 훨씬 많다고 주장한다.

(4) 르봐이예 분만

프랑스의 의사 프레드릭 르봐이예(Fréderik Leboyer)는 1953년부터 10,000여 명의 신생아 탄생을 지켜보면서 의문점을 가지게 되었다고 한다. "태아는 태어날 때 행복한가?", "스트레스는 받지 않는가?" 등 태아 입장에서 생각해 보았다. 아이가 어머니의 어두운 자궁에서 나오자마자 강력한 빛, 태어나자마자 다리를 거꾸로 들고 엉덩이를 때리는 폭력, 어머니와 3일 동안 떨어져 지내게 하는 어처구니없는 이별 등을 없애고 아이 입장에서 '폭력 없는 탄생'을 지켜주고자 하였다(인권분만연구회, www.humandelivery.co.kr/happy280_01.htm).

- 분만실의 조명을 최소화한다.

어둡던 자궁 안에서 막 나온 태아의 시력을 강렬한 조명으로부터 보호하고 안정감을 준다.

- 분만에 임하는 의료신은 조용히 속삭인다.

아기들이 자궁 속에 있을 때 어머니의 몸에서 나는 소리처럼 아기의 첫 순간을 흐트러뜨리지 않도록 해야 한다.

- 태어나는 즉시 어머니 품에 안겨준다.

어머니의 따뜻하고 부드러운 살결은 아기에게 최고의 휴식처를 제공한다. 어머니가 침묵으로 아기에게 말하며 어루만짐으로써 아기를 진정시킨다.

• 분만 5분 후에 탯줄을 자른다.

산소를 공급받았으나 자궁 밖으로 나오면서 폐호흡을 하기 시작한다. 탯줄을 자르지 않으면 신생아는 탯줄에 의한 호흡과 폐호흡을 함으로써 이중 호흡을 통해 보다 안전한 산소공급을 받게 되고 서서히 폐호흡에 적응하게 된다. 따라서 탯줄의 맥박이 있는 4~5분간 탯줄을 자르지 않고 기다린다. 그동안 아기는 어머니의 배 위에서 심장박동을 들으며 새로운 세상 속에서 호흡법으로 적응되어 간다.

• 신생아를 물에서 놀게 한다.

탯줄을 자른 후 체중계나 딱딱한 아기 침대로 보내지 않고 다시 목욕물 속으로 보내 자신의 몸에 가해지는 중력의 부담에 대한 적응을 시킨다. 물속에 들어간 아기는 눈을 뜨고 손을 움직여 허공을 한번 더듬어 보다가 완전히 느슨해지면 천천히 건져 올린다. 자궁 속의 양수라는 따뜻하고 부드러운 곳에서 새처럼 가볍게 유영하며 지내던 환경에서 서서히 적응하도록 돕는다.

(5) 부부분만, 가족분만

옛날에는 부엌뿐 아니라 분만하는 과정에도 남편을 금기시했다. TV나 영화에서도 남편이 분만실 밖에서 서성이거나 줄담배를 피우고 있는 초조한 모습을 자주 설정하고는 한다. 그러나 최근에는 부부분만이 활발히 전개되고 남성의 역할이나 이를 바라보는 사회적 시각이 달라졌다. 임신 주체는 남편과 임산부인데도 대부분의 임산부는 아무도 없는 낯선 환경에 둘러싸여 혼자 아이를 낳는다. 이럴 때 분만통증은 더 커지고 공포스럽지 않을 수 없다.

이에 비해 친숙하고 가장 사랑하는 남편 혹은 어머니의 따뜻한 시선과 위로를 받으며 손이라도 잡으면서 함께 분만실에서 땀을 흘리면 산모의 통증은 반으로 줄게 되고 남편이 함께 분만의 고통을 느껴 분만한 자식에 대한 아빠의 애착이 훨씬 더 크다는 연구 결과가 증가하고 있다.

5) 이상분만

(1) 제왕절개

임부가 산고를 느끼면서 자연분만을 하는 것이 가장 이상적이지만 어떤 상황에서는 제왕절개가 바람직할 때도 있다. 가장 흔한 경우는 지나치게 천천히 진통이 진행될 때, 머리보다 다리나 엉덩이가 먼저 나올 위험이 있을 때, 아이의 머리가 너무 커서 산모의 골반을 통과할 수 없을 때, 임부가 병이 났을 때, 고령초산으로 산도가 단단할 때, 아기에게 문제가 생겼을 때, 산모의 질에서 출혈이 심할 때 등은 제왕절개가 바람직하다.

제왕절개는 중대수술이기 때문에 산모의 회복이 정상분만보다 훨씬 더 오래 걸리고, 어떤 식으로든 마취를 하기 때문에 산모나 아기에게 더 큰 위험이 따를 수 있다.

(2) 체중 미달아

미숙아라도 불리는 아기들은 보통 37주 전에 태어난 아기를 말한다. 또 37주 이후에 태어났어도 체중이 2.0kg에 미달하면 지항력이 약하여 감염되기 쉽고 체온을 유지하기 어려우며 흔히 호흡기가 약하여 사망할 확률이 높기 때문에 인큐베이터 속에 보호해야 한다. 인큐베이터는 세균이 없고 온도가 잘 조절되며 안전하고 건강하게 자랄 수 있도록 되어 있어 6개월 후의 발달검사에서 정상분만한 아이들보다 훨씬 체력발달이 우수했던 것으로 나타났다.

(3) 분만 시 치명상

일부 극소수의 아기들은 출산도의 통과가 일생에서 가장 힘든 여정이고, 뇌손상으로 오래 남는 상처를 남길 수도 있다. 출산 과정에서의 무산소증, 기계로 인한 손상, 신생아 질병, 감염으로 고생하는 신생아들은 정신적 지체나 행동상의 문제를 초래하기도 하고 경우에 따라서는 영구적인 뇌손상을 입기도 한다. 신생아의 사망원인 중에서 가장 높은 비율은 영아의 폐 확장 실패이고, 두 번째는 출산으로 인한 뇌손상으로 알려져 있다.

6) 산후조리

산모가 아기를 낳고 4~6주 동안 산후조리를 하는 것을 산욕기라고도 한다. 이 기간 동안 산모는 몸이 원래 상태로 회복되어야 한다. 최근에는 산후 몸조리를 위한 산모 전문조리원을 이용하기도 하는 등 다양해지고 있다. 산모는 어떤 방법으로든 이 기간 동안 산후 조리를 잘해야 평생의 건강을 보장받을 수 있다.

나라마다 산후조리법은 다르지만 예로부터 전해 내려오는 우리나라 전통 산후 조리법은 다음과 같다.

- 관절 부분을 드러내고 바람을 쐬지 않는다.
- 노폐물을 몸 바깥으로 내보내기 위해 이불을 덮고 땀을 낸다.
- 적어도 하루에 한 번씩 깊은 낮잠을 자서 아이 때문에 밤에 잠 못 자는 것에 대한 휴식을 취한다.
- 미역국이나 미지근한 보리차를 많이 마셔 노폐물을 배출시킨다.
- 무릎을 세우고 베개를 높게 베면 어혈을 푸는 데 도움이 된다.
- 약해진 이를 보호하기 위하여 딱딱한 음식을 먹지 않는다.

7) 모유 수유

모유는 자연이 선물한 최고의 식품이다. 모유는 유아가 생후 첫 16주 동안 생명을 지탱할 수 있는 모든 것이 포함되어 있다(이원영 · 김정미, 2011). 모유에는 질병을 막아주는 항체까지 포함되어 있어 모유를 먹고 자란 아기는 분유를 먹은 아기보다 귀와 호흡기 질환 및 발진, 알레르기 등의 질병에 덜 걸린다. 아이에게 모유를 먹인 산모는 유방암에 걸릴 확률이 낮아지며 산후 체중감소가 빨라지고 피임효과도 있다.

모유를 구성하는 효소 · 지방산 · 단백질의 혼합물은 너무 복잡해 지금까지 아무도 복제해 내지 못하고 있다. 모유는 아기에게만 좋은 것이 아니라 어머니의 비만 방지, 우울증 감소, 정서 안정에도 도움이 크다.

모유기증 절차

모유은행과 건강상담 → 모유기증 확인서와 혈액검사 사본 제출 → 집에서 젖을 짜서 냉동실 보관 → 모유은행에 연락 → 택배 수거

국내 모유은행 현황

▼이름	▼인터넷 사이트	▼연락처
동서신의학병원 모유은행	neo.khmc.or.kr	02-400-7000
한국모유수유협회 사랑나눔 모유은행	www.mmbkorea.com	02-537-1490
다산한의원(인천)	www.hani4u.com	031-818-7582
인정병원	www.injunghp.co.kr	02-309-0909
제일산부인과(전북)	www.jeilobgy.com	063-840-7500

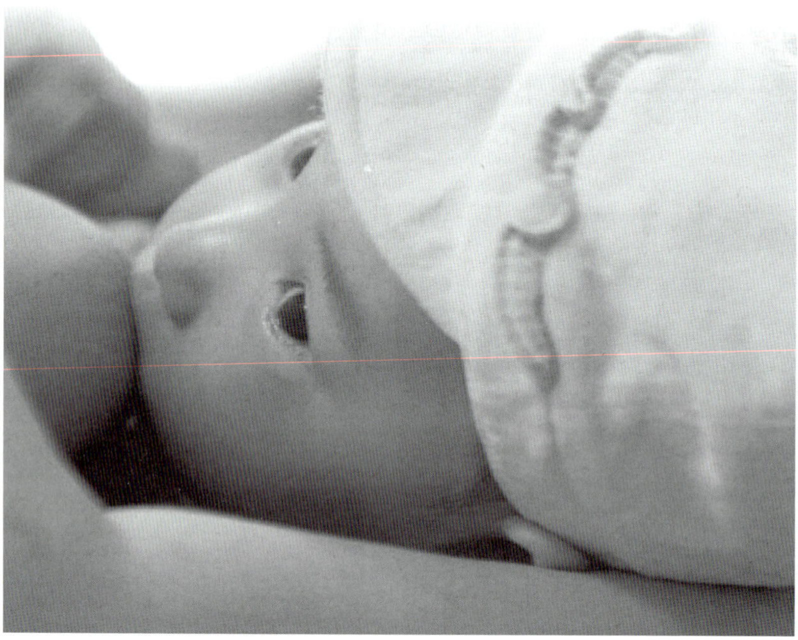

7 입 양

입양은 생물학적인 과정을 통해서가 아니라 법적 · 사회적 관계에 의해 입양부모와 입양아동 간의 친자 관계를 맺는 것이다. 다시 말해서 입양촉진 및 절차에 관한 특례법에 따라 부모와 입양아동으로 구성된 가족이다. 우리나라 난임부부의 약 60%가 입양을 통해 사랑하는 자녀를 얻게 되어 상실을 치유하고 정체성을 회복하며 평범한 부모자식 관계를 맺고 있다.

그러나 반드시 난임이기 때문에 입양을 하는 것만은 아니다. 예를 들어, 연예계의 신애라 · 차인표 부부나 정혜영 · 션 부부처럼 자신들의 자녀가 있음에도 입양을 하여 더욱 행복한 가정을 꾸리고 있는 가정들이 늘고 있다.

보건복지부 통계(2018)에 의하면 2008년 이전까지는 국외입양이 전체 입양의 70%를 차지하고 있었으나 2009년 이후부터 국내입양이 국외입양을 계속 추월하여 2018년에는 국내 55.5%, 국외 44.5%로 11% 이상을 앞서고 있다. 정부에서는 2019년 2월에 '아이가 행복한 환경조성'을 혁신적 포용국가의 핵심과제로 설정하여 국내입양에 대한 공적 책임을 강화하고 있다. 국내에서 입양을 알선하는 기관은 모두 25곳이고 입양가정 지원책으로 18세 미만까지 모든 입양아동에 월 10만 원 양육수당, 입양수수료 200만 원, 공무원 입양휴가제 등 지원책을 이어가고 있다. 비밀입양과 공개입양, 각각 장단점을 알아보면 다음과 같다.

1) 비밀입양

(1) 장점

무엇보다도 부모가 불임이라는 사회적 낙인으로부터 보호를 받을 수 있으며 입양에 대한 편견으로부터 자유로울 수 있다. 또한 아이가 입양아라는 사실을 잊고 지내게 되고 마치 내가 낳은 자식처럼 키우고 싶은 입양부모들의 욕구로 비밀입양을 선택하고 있다.

(2) 단점

부모가 입양사실을 비밀로 한다는 자체가 입양아동은 입양이 수치스럽고 부끄러운 일이라고 생각하게 될 염려가 있고 입양아임을 숨기고 싶어 한다. 또한 입양아동이 성장하면서 갑자기 입양사실을 알게 되었을 때 혼란에 빠지게 되고 입양부모가 자신을 낳아준 부모라고 생각하며 지내다가 심각한 충격으로 부모에 대한 신뢰감을 상실하게 된다. 비밀입양을 했을 때는 아동을 양육하는 과정에서 문제가 생겼을 경우 문제를 털어놓고 상담하거나 해결할 통로가 없다는 것도 크나큰 단점이다.

2) 공개입양

(1) 장점

아동이 어려서부터 자신의 입양사실을 자연스럽게 받아들이고 가족들과 입양에 대해 자연스럽게 이야기하는 분위기 속에서 성장하므로 입양되었다는 것이 수치스럽거나 부끄럽지 않고 부모와 자식 간에 신뢰감이 손상되지 않는다. 또 입양부모 자조집단 및 공동체에 참여하여 아동발육에 대한 많은 정보를 공유할 수 있고 가족과 친구들에게 자신 있게 입양 사실을 알리므로 조언과 축하는 물론, 아동에게 생기는 정신적 및 의료적 문제 치료에도 지원을 받을 수 있다.

(2) 단점

입양사실로 인해 아동이 불이익을 받을까 염려되고 아동이 입양사실을 어떻게 받아들일지 걱정된다. 또한 주위의 시선이 불편할 수 있으며 주위 사람들의 편견이 두려울 때도 있다.

"엄마가 우리 엄마여서 좋아요"

연예계 대표 잉꼬부부 차인표 · 신애라도 아들과 입양한 두 딸을 키우고 있다. 최근 SBS '미운 우리 새끼'에서 신애라는 공개 입양을 선택한 이유에 대해 "어차피 숨길 수도 없다"고 말했다. 그는 "입양 이야기, 낳아준 엄마 이야기, 입양이 얼마나 아름다운 건지, 그리고 입양 때문에 얼마나 내가 행복한지 주입식 교육을 했다. 그래서 아이들이 아무렇지도 않아 한다"고 했다. 또한 "얼마 전 딸에게 편지를 받았다. 나도 기억을 못 했는데 '오늘은 특별한 날이다. 14년 전 내가 우리 집에 처음 온 날'이라고 편지를 써줬다. 내가 애들 앞에서 원래 잘 우는데 엉엉 울었다"고 털어놓았다. 그러면서 "딸이 '엄마, 날 입양해 줘서 너무 고맙고 가끔은 엄마한테서 태어났어도 좋겠다는 생각이 들지만 이제는 상관없다'고 썼다. '엄마를 제일 사랑하고 엄마가 우리 엄마여서 좋고 우리 가족에 내가 입양돼서 너무 좋다. 내가 입양이 안 됐다면 어디서 어떻게 크고 있을지 모른다. 이건 기적'이라고 했다"며 감동을 안겼다.

출처 : 부산일보 디지털편성부(2019. 1. 6).

12 CHAPTER

아이와 함께 성장하는 부모

1. 영아기의 부모 자격
2. 유아기의 부모 자격

12 아이와 함께 성장하는 부모

앞에서도 언급하였다시피 우리는 부모자격증이나 면허증도 없이 어느 날부터 부모가 되어 평생 시행착오를 연발하면서 부모의 과업을 이어가게 된다. 때에 따라서는 알면서도 자신의 기분대로 혹은 자신의 생각대로 강요하고 다그치며 무면허 부모노릇을 하다가 세월이 지나고 나면 그때서야 '내가 왜 그랬을까? 더 잘할 수 있었는데…' 하고 후회를 한다.

그도 그럴 것이 부모의 자격이란 생애 주기별로 각기 다르고, 서로 연관성은 갖지만 과업이 다르고 광범위하여 눈을 감는 날까지 자식에게 부모의 역할을 충분하게 수행하지 못하였음을 후회하며, 그저 자식이 잘 되는 것이 부모의 소원이자 목표가 되고 있다.

이에 본 장에서는 생애 주기의 부모역할 중 가장 어렵다는 영아기와 유아기의 부모가 갖추어야 할 덕목들을 알아보고자 한다.

1 영아기의 부모 자격

애착으로 자녀에게 신뢰감을 주는 부모

갓 태어난 아기는 신생아기를 거쳐 영아기에 들어선다. 영아기는 출생부터 만

2세까지를 말한다. 이 시기는 다시 영아기(infant, 0~1세)와 걸음마기(toddler, 1~2세)로 나눈다. 영아기의 아이들은 의사소통이 원활하지 못하고 자신의 몸을 스스로 조절하거나 움직일 수 없으므로 부모에게 전적으로 의지한다. 이 시기에 아기들은 부모로부터의 애착으로 일생 동안 가장 중요한 신뢰감을 배우게 된다.

1) 애 착

존 보울비(John Bowlby)의 애착이론은 영아기의 부모가 반드시 유념해야 할 이론이다. 애착이란 한 사람이 다른 사람에게 사랑받는다고 느끼고, 또 다른 사람을 사랑하고 싶은 느낌이 드는 마음을 말한다. 이는 정서적 유대관계이다.

(1) 애착의 개념

갓 태어난 아기는 처음에 누구에게 애착을 느껴야 할지도 모르고 사랑을 줄 어른을 선택할 능력도 없다. 그냥 그 부모에게 태어나거나 입양된 운명이다. 부모가 사너를 시랑하고 예뻐해 주면 아기는 시간이 지나면서 점점 애착을 형성하게 된다. 자기를 사려 깊게 돌봐주고 배고픔을 해결해 주며, 젖은 기저귀를 갈아 줄 뿐 아니라 시시때때로 이야기를 걸어주고, 울 때는 안아주는 어른에게 점점 애착을 느끼기 시작한다.

(2) 애착의 분류

① 안정 애착

사랑받고 싶은 대상, 즉 아기가 사랑받고 있다고 느껴지는 대상이 지속적으로 곁에 가까이에 있으면서 함께 놀아주기도 하고, 자기에게 관심을 보여주기도 하며, 마음 편히 해주면 아기는 지속적으로 사랑받고 있다고 느낀다. 이처럼 영유아기의 자녀가 안정 애착을 느낀다면 바로 성공적인 양육이다.

보울비에 따르면 애착은 유전에 의해 결정되는 것이 아니라 부모 또는 양육자에 의해 결정된다. 아기는 주변에 조부모 등 다른 양육자가 있어도 부모, 그중에서도 어머니를 더 찾는다. 보육 전문가가 하루 종일 아무리 아이를 전문적으로 잘 돌보고 사랑한다 해도 부모가 귀가하면 무조건 부모에게로 달려간다. 마치 해를 바라보는 해바라기처럼 자신을 낳아 기르는 부모를 향한 애정을 갖고 있다. 이런 아기에게 부모가 지속적으로 사랑을 주고 아기가 이런 부모의 사랑을 느끼게 되면 안정 애착이 형성되는 것이다.

② 불안정 애착

이와 반대의 개념은 불안정 애착이다. 부모는 자신이 아기를 위해 모든 것을 희생하고 사랑하고 있다고 생각하지만 아기는 그렇게 여기지 않는 것이다. 예를 들어, 아이를 사랑한다면서 이제 겨우 걸음마하는 아이에게 아이의 능력에 넘치는 조기교육으로 영어단어나 구구단을 요구한다면 자녀는 부모와 소통이 되지 않는다. 아이가 원하는 것에는 반응하지 않고 끊임없이 아이에게 원하기만 하면 아이는 부모와 거리감을 느껴 불안정 애착을 형성한다.

불안정 애착은 다시 세 가지로 나눌 수 있다.

■ 불안정—회피적 애착

아이가 자신은 부모 또는 부모 대리인으로부터 사랑을 지속적으로 받지 못한다고 생각하는 상태다. 불안정—회피적 애착을 느끼는 아이는 어머니나 양육자로부터 사랑을 못 받으며, 그로 인하여 늘 불안함과 두려움을 가지고 있다. 상대방으로부터 거절당할까 두려워 미연에 자신의 애착 필요성을 최소화하려고 노력하고, 부모 또는 양육자와 거리를 둔다.

■ 불안정—양가적 애착

불안정—양가적 애착을 느끼는 아이들은 보호자로부터 사랑을 받을 수 있다는 확신이 없기 때문에 보호자를 회피하거나 싫어하면서도 어느 때는 부모나 양육자에게 집착을 보이며 매달리는 것을 말한다.

■ 불안정—혼란적 애착

불안정—혼란적 애착은 불안정—비조직적 애착이라고도 하는데 아이가 부모 도는 양육자에게 애착을 느끼지는 않지만 떨어질 수도 없어 감정적 혼란을 느끼는 상태를 말한다.

이렇게 애착을 느끼지 못하는 아이는 부모나 양육자를 믿을 수 없어 불안감을 느끼거나 보호자에게 회피감정을 갖고 다른 사람으로부터 상처받지 않기 위해 자신을 방어하는 형태로 나타난다. 상대방에게 과도하게 매달리거나 분노를 느껴 욕을 하거나 때리기도 하고 끊임없이 사랑을 받고 싶어 부모에게 다가가려고 시도한다.

일관성 있는 애정과 보살핌을 받고 자란 아이는 세상과 사람들에 대해 신뢰감과 긍정적인 정서를 갖게 되지만, 그렇지 못한 아이는 불신으로 생애의 첫 단추를 끼우게 된다. 건강한 신뢰감을 형성하기 위해서는 의식주를 제공해 주는 것만으로는 부족하다. 아이의 정서적 필요를 채워주며, 언어적 · 비언어적으로 다양한 상호작용이 이루어져야 한다.

2) 영아기 부모의 양육 원칙

(1) 아기는 내 사랑과 돌봄을 필요로 하는 존재임을 안다

영유아기는 부모나 양육자를 힘들게 하는 시기다. 한밤중에 일어나 잠을 설치게 하고, 배고프다고 울며, 기저귀가 젖었다고 칭얼댄다. 그렇다고 아기의 말을 알아듣지도 못하기 때문에 우는 원인을 금방 알아낼 수도 없다. 그럴 때 다시는 아이를 낳지 않겠다느니, 아이를 때리거나, 원수 취급하고 학대하며 아이의 신호를 거부하는 부모가 있다. 영유아기의 아기는 내 도움과 사랑을 필요로 한다는 신념을 갖고 인내로 사랑을 주어야 한다. 그래야만 아기는 안정 애착을 형성할 수 있다.

만 1세에 들어서면 아이들의 손발이 좀 더 자유로워지며 자신의 자율성을 시험해 보고 싶은 욕구가 증가한다. 자신의 몸을 이동시키며 적극적 탐색활동이 늘어가므로 교육적이면서도 안전한 환경을 마련하는 것이 가장 중요하다. 대부분의 아이들 안전사고는 12개월 이후에 빈번하게 발생하며 이때 장애로 이어지는 사고가 생기기도 하므로 각별히 주의해야 한다.

(2) 아기의 행동에 신속하게 반응한다

아기가 울 때 그 이유를 파악해 해결해 주고, 안정을 취하도록 애쓰며 눈을 맞추어 가고 웃어주며 말을 걸고 아기를 사랑스러워하며 즐겁게 안아준다. 아기가 옹알이를 하거나 소리를 낼 때 '교차 형식의 맞춤형' 반응을 한다. 아기가 '옹알이를 하거나 발로 차는 행동을 할 때 이에 걸맞은 반응을 소리나 행동으로 보여줌으로써 부모가 반응하고 있다는 느낌을 갖도록 한다.

만 1~2세에는 언어능력과 이동능력이 가히 폭발적으로 발달하는 때이므로 아이에 맞게 요구를 인정해 주면서 행동통제를 할 수 있는 능력을 발달시킨다. 이 시기의 아이들에게 가장 많이 나오는 표현인 '싫어', '아니야', '내 거야' 등의 부정적 어휘는 자신이 부모와 독립된 존재임을 확인하는 현상이다. 다른 한편으로는 아이가 내적으로 결정하고 행동하기 위한 시간을 마련하여 반응하는 지연전술의 방어기제이기도 하다. 거절하는 아이에게 부모가 강한 반응을 보이기보다는 반응을 보이지 않고 무시하면 부정적 행동은 서서히 감소한다. 아이에게 선택권을 주어 싫다는 부정적인 말 대신 '할 거야', '하고 싶어', '좋아' 등의 긍정적인 표현을 배우게 하는 것이 좋다.

걸음마기에는 잠재적인 위험을 내포하고 있으므로 제한이 필요하다. 영아의 행동을 통제하는 목적은 영아가 스스로 자신의 행동을 통제해야 하는 때와 방법을 알도록 하는 것이므로, 과도한 통제로 자아존중감을 잃지 않도록 유의해야 한다. 가능하면 긍정적인 행동에 관심을 가지게 하여 통제의 횟수도 점차 줄어들게 배려해야 한다.

(3) 아기를 재미있게 해준다

아기들은 별일 아닌 것으로도 잘 웃고 즐거워한다. 아기의 겨드랑이를 살짝 간질이기나 배에 공기를 불어 넣듯 뿍뿍거려 주거나 다리를 마사지해 주는 등 상황에 맞춰 놀아주는 것을 통해 아기들은 자신을 사랑해 주는 것을 느낀다.

아기의 건강한 발달을 위해서는 운동 능력, 사회성, 인지 능력의 발달이 선행되어야 한다. 영아의 감각운동 능력을 촉진할 수 있는 자기 주도적인 기회와 독립심을 기를 수 있는 배려가 제공되어야 한다. 다양한 감각기관을 자극할 수 있는 놀잇감과 활동으로 부모와 직접적인 놀이를 통해 아기는 각종 발달을 이루어 간다.

(4) 아기에게 스킨십을 해준다

영유아기 아이들은 끊임없이 몸에 부딪쳐 오고 무릎에 앉으려 하며 등에 매달린다. 이럴 때 아이를 거부하지 말고 함께 뒹굴며 놀아 주는 것이 좋다.

(5) 어릴 때부터 자조기술을 익히도록 한다

연령이 어릴수록 식사하기, 옷 입고 벗기, 대소변 가르기 등의 자조기술(self help skill) 훈련을 먼저 해야 한다. 순서 기다리기, 놀잇감과 놀이시설 공유하기, 만족 지연시키기, 협동하기 등을 또래와 상호작용하면서 경험할 수 있어야 한다. 이 시기의 영아는 보통 200단어까지 구사할 수 있을 만큼 언어가 급속히 발달하는 시기이므로 부모가 아이에게 말을 많이 걸어주며 아이가 하는 말을 잘 듣고 다시 반복해서 분명히 발음해 주고 이야기해 주는 것이 좋다.

2 유아기의 부모 자격

자녀와 놀아주는 부모

1) 유아의 발달단계에 알맞게 놀이

아이들이 민들레 한 송이에 얼마나 신기해하며 빠져드는지, 개미 한 마리에 얼마나 집중하고 몰두하는지 누구나 한 번은 본 적이 있을 것이다. 시간 가는 줄 모르고 오로지 꽃 한 송이에만 빠져 있는 그 순간의 집중력과 안정감은 그 무엇으로도 깨뜨릴 수 없을 만큼 단단한 것이다. 놀이터에서 모래성을 만들고 다시 부술 때 아이는 자신의 모든 감각을 동원하며 성취감을 맛보았고 또 긴장감을 완전히 풀어내며 마음속의 스트레스를 씻어내는 후련함을 느낄 수 있는 것이다.

부모는 어린 자녀와 노는 것이 생각보다 쉽지 않다. 우선 노는 것이 무가치한 일이며 그 시간에 뭔가 공부해야 한다는 잘못된 인식 때문이다. 또한 함께 놀더라도 유아 발달에 대한 이해가 부족해 어떤 놀잇감으로 어떻게 놀아주어야 하는지 몰라서이기도 하다.

아이는 놀이를 하면서 어른 사회에서 일어나는 일들을 모방함으로써 사람들이 살아가는 방법을 터득한다. 놀이를 하는 동안 상황에 대처하는 방법과 어려운 상황을 헤쳐 나가는 용기와 정의감을 배운다. 놀이에서 무궁무진한 창의력을 키우고 친구를 배려하고 협상하고 규칙을 지키는 사회적 기술을 습득한다. 놀면서 색 이름도 배우고 크기나 물질의 성질과 원리도 습득한다.

놀이는 한 가지 형태로만 이루어지는 것이 아니라 점차 다양한 놀이로 발전되고 유아가 성장함에 따라 놀잇감도 달라져야 한다.

2) 생활 속에서의 놀이

유아에게는 주위의 모든 물건이 다 놀잇감이다. 실제로 유아들은 상품화된 소꿉놀이 기구보다 주방 싱크대에서 찾아낸 냄비나 프라이팬을 가지고 더 잘 논다. 중요한 것은 유아가 안전하게 놀 수 있는 적절한 환경과 재료들, 그것이 유아에게 가치로운 것임을 알고 지지해 주는 부모의 사려 깊은 배려와 태도다(이원영 외, 2011).

수많은 놀잇감 중에서 어떤 놀잇감을 아이에게 주어야 하는가는 많은 부모들의 고민거리다. 더구나 요즘 아이들의 주변에는 안전을 해치는 놀잇감, 비교육적인 놀잇감, 지나치게 비싼 놀잇감이 범람하고 있어 많은 문제점이 야기되고 있다.

유아의 놀잇감을 고를 때는 기능적인 면과 교육적인 면을 모두 고려해야 한다.

(1) 안전하고 위험하지 않아야 한다

놀잇감은 독성이 없는 것이어야 하며, 청결을 유지할 수 있도록 세척이 가능한 것이 좋다. 쉽게 깨지거나 변형되지 않는 재질이며 모서리는 날카롭지 않은 것으로 만 3세 미만 영아의 놀잇감은 지나치게 작은 부품이 아니어야 한다.

(2) 크기나 무게가 아이에게 적합해야 한다

놀잇감을 가지고 놀다가 곧잘 입으로 가져가는 아이들에게 이물질 흡입 안전사고가 자주 발생한다. 따라서 나이 어린 동생이 형, 누나와 함께 가지고 놀 때에 항상 관찰을 잘 하여 위험한 일이 발생하지 않도록 주의하여야 한다.

(3) 다양한 자극을 주는 놀잇감이 좋다

오감각을 다양하게 사용하여 놀 수 있되 아이의 지적 호기심을 유발하고 탐색활동을 자극할 수 있으면 좋다. 한 가지 용도로 단순하게 노는 것보다는 다양한 용도로 사용되는 놀잇감이 창의력과 사고력에 도움이 된다.

(4) 아이의 흥미와 개성에 맞는 것이 좋다

부모의 흥미, 기대, 선호도를 기준으로 아이의 놀잇감을 선택하여 부모가 강력하게 놀기를 권유해 봤자 아이들에게는 흥미롭지 않다. 아이의 흥미를 잘 읽어주는 부모의 관심이 필요하다.

(5) 성역할을 고정화하지 않는 놀잇감이 좋다

남자아이는 자동차, 여자아이는 인형이라는 고정관념을 가지고 놀잇감을 선택하는 일은 피해야 한다. 남자아이나 여자아이 누구나 인형이나 자동차, 로봇, 공을 함께 가지고 놀 수 있다. 이 성 고정관념은 나중에 직업의식과 진로에도 영향을 미치게 되므로 성역할을 고정화시키지 않는 부모의 사고가 무엇보다 중요하다 하겠다.

| 그림 12-1 | 성역할을 고정하지 않고 남자아이도 소꿉놀이를, 여자아이도 블록놀이를 고루 하는 것이 좋다

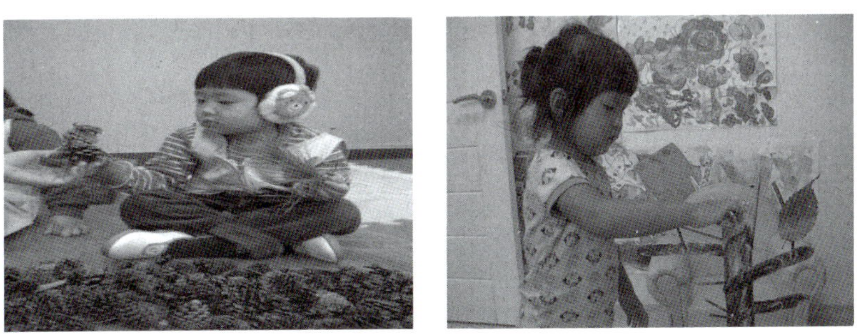

| 그림 12-2 | 자연물 놀잇감도 훌륭한 놀잇감이 된다

(6) 자연물 놀잇감도 좋다

자연물은 매우 단순하지만 유아들이 상상력을 자극하고 창의력을 동원해서 놀 수 있는 훌륭한 놀잇감이다. 나무토막, 나무 그루터기, 나뭇잎, 견과류(호두, 밤), 씨앗, 양털, 조개껍데기, 솔방울 등 완제품의 놀잇감보다 아이들의 활동을 자극시킨다.

3) 함께 노는 방법

유아기 아이의 놀이에서 부모의 역할은 매우 중요하다. 유아기 새로운 물건이나 놀잇감을 탐색하고 사람과의 관계를 맺어가는 데 부모는 특히 중요하다. 부모와 애착관계가 안정적일수록 유아는 놀이에 몰두하는 시간이 길고 상상놀이를 더 잘할 수 있다. 부모가 옆에 있는 것만으로 놀이가 활발해지는 것은 아니다. 부모가 자녀의 놀이 상황에 관심을 가지고 질문해 주고 격려해 줄 때 놀이가 더 활발해진다.

그러나 유아의 놀이가 끝나기도 전에 새로운 놀이 행동을 하도록 하거나 부모가 직접 놀이를 해보이거나 놀잇감을 제시해 주는 등의 행동은 오히려 아이의 자발성을 해친다. 아이를 가르치려 하기보다 아이가 원하는 방식대로 움직여 주는 것이 좋다(이원형 외, 2011).

(1) 안정감을 느끼게 해준다

가능한 한 유아들과 이야기를 많이 나눈다. 자신감이 없어 친구와 함께 놀지 못하는 유아는 말을 시키려 해도 잘 하지 않을 수 있으나 계속 그 유아가 관심을 가지고 있는 것에 대해 부모가 관심을 가지고 이야기를 하면 어느새 말을 하게 된다. 놀이하다가 어려움을 겪을 때 알맞은 방법으로 도와주면 신뢰감을 갖게 되는데 이 신뢰감은 곧이어 또래친구들을 신뢰하는 마음으로 바뀐다. 사회성이 발달하게 하려면 정서적 안정감을 갖게 해야 하는 이유가 여기에 있다.

(2) 강요하지 않는다

놀이가 자녀의 여러 발달을 돕는다고 해서 흥미를 보이지 않는 활동에 억지로 자녀가 참여하도록 강요해서는 안된다. 공부에 대한 혐오감을 한번 가지게 되면 돌이키는 것이 어렵듯이 놀이에도 한번 질리면 그 놀이에 참여하는 것을 기피하게 된다. 놀이는 어디까지나 자발적으로 참여하는 즐거운 활동이어야 그 가치가 있다.

(3) 유아가 친숙한 것부터 시작하여 새로운 것으로 넓혀간다

친숙한 물건을 가지고 놀다가 새로운 물건을 가지고 놀아보고, 친숙한 노래를 부르다가 새로운 노래를 배우게 되고, 친숙한 사람을 자주 만나다가 낯선 사람을 서서히 만나는 것이 정서적으로 안정되고 적응이 잘되며 어렵게 생각하지 않는다.

(4) 놀이상황에서의 자녀의 특징을 기록해 본다

아이들은 자신이 알고 있는 지식의 크기만큼 놀이 활동을 해나간다. 놀이를 통해 자신의 인지적, 정서적, 사회적, 도덕적 특성을 나타낸다. 자녀와 놀 때 자녀의 특징을 잘 기록해 두었다가 어떤 점을 중심으로 자녀를 도울 것인가를 차근차근 살펴보는 것도 중요하다. 잘 모르는 개념들은 어떻게 도와야 좋을까 전문가의 도움을 받을 수도 있을 것이다.

(5) 적절한 순간에 적절한 방법으로 칭찬과 격려를 해준다

유아의 놀이를 관찰하면서 부모는 인정을 해줘야 한다. 나무토막으로 30분 이상 몰입해서 노는 경우, 물감의 색깔을 집중해서 골고루 칠해 멋진 그림을 그린 경우 무엇인가 그 아이가 행한 만큼 인정 · 칭찬 · 격려를 해주면 그 방향으로 더 많이 즐기며 인정받으려 할 것이다. 유아들은 놀며 모든 것을 배운다. 유아의 놀이를 세심하게 관찰하여 함께 도와 잘 놀아주어야 하는 이유도 여기에 있다.

(6) 다른 아이와 비교하지 않는다

아이들은 모두 다르다. 우리 어른들도 어느 한 사람 같은 사람이 없듯이 아이들도 키도, 몸무게도, 성향도, 개성도, 인지도, 발달 정도도, 자라온 양육환경에 따라 느낌도, 생각도 모두 다르다. 그런데도 부모는 여러 명의 유아가 함께 있다 보면 자꾸 비교하려는 마음이 생긴다.

아이들은 비교당하는 것을 제일 싫어한다. 사실 부모가 비교하여 말하지 않아도 자신이 다른 친구보다 잘하는 것은 무엇이고 잘 못하는 것은 무엇인지 잘 알고 속상하다. 그런데 그 마음을 더 아프게 하는 부모가 되어서는 안 될 것이다.

4) 조기 사교육에 흔들리지 않기

최근 교육의 상업화에 따라 무분별한 조기 사교육용 교재가 판매되고 여러 교육자들의 이름을 딴 프로그램이 도입되면서 부모들의 잘못된 인식과 맞물린 조기 사교육의 열풍은 우리 사회에 여러 가지 병폐를 만들어 내기 시작하였고, 특히 유아들에게 큰 피해를 입히고 있다. 유아기에는 세상을 살아가는 데 가장 기본적인 능력, 즉 감정 및 충동 조절 능력, 타인의 감정을 이해하는 능력, 인내심을 배우는 시기다. 하지만 과도한 조기 사교육으로 이런 것을 배울 기회가 없고, 욕구를 발산하지 못한 채 경쟁만 하다보면 결국 공격적이거나 소심한 아이로 변할 가능성이 높아진다.

공부의 중압감으로 병원을 찾는 아이들의 연령대가 빠른 속도로 낮아지고, 지능적 뇌는 과도하게 혹사당하고 있다. 그러나 감정과 본능의 뇌는 억눌려 아이들은 비정상 통로를 통해 감정적 충족감을 얻으려고 하며 이는 청소년 비행으로 이어진다.

과중한 조기 학습 부담은 심한 스트레스로 과잉학습장애 증후군, 과잉 언어증이나 각종 스트레스 증세로 나타나 부적응아를 만들고 있다.

아이를 훌륭하게 키우려면
프렌디(Friend+Daddy) 가 되어라

몇 년 전, 아빠와 아이가 함께 여행을 떠나는 '아빠. 어디 가?'라는 TV 예능 프로그램이 인기였다. 시청자들은 아빠와의 스킨십을 통해 성장하는 네 가족의 아이들을 보면서 아빠의 양육태도가 모두 다름을 알 수 있었다.

아이는 엄마와 아빠에게 서로 다른 영향을 받는다. 엄마에게 수로 인지외 언어발달에 자극을 받는다면 아빠와는 신체놀이를 하면서 사회성을 형성해 간다. 아빠와 많은 시간을 보낸 아이일수록 지능지수가 높고 사회적으로 출세할 가능성이 크다는 연구가 있지만 요즘 아빠들은 잦은 야근과 휴일근무로 여의치가 않다.

좌절은 금지다. 아이와 함께 보내는 시간이 짧더라도 알차게 보내면 된다는 연구를 주목해야 한다. 벨라 킹 미국 펜실베이니아 주립대 교수는 많은 시간을 아이와 싸우면서 보내기보다는 짧더라도 프렌디가 된다면 자녀의 인성, 학업 성취도, 성 정체성, 사회성, 행동발달에 도움이 된다는 연구 결과를 내놓았다. 이는 동성부부, 입양부부에도 차이가 없었다고 한다.

출처 : 동아일보(2019. 4. 26).

아이와 놀아줄 수 있는 나만의 특별한 놀이는 어떤 것이 있을까요?

13 CHAPTER

아름다운 가정 만들기

1. 밥상머리 조백(早白)교육
2. 숲으로 가자
3. 책 읽는 가족
4. 함께 봉사하는 시간 갖기
5. 자기절제력을 키워주자

13 아름다운 가정 만들기

이 장에서는 부모가 되어 자녀들과 함께 아름다운 가정을 만들기 위해 가족끼리 할 수 있는 가장 중요한 다섯 가지 실천 덕목을 소개하고자 한다.

1 밥상머리 조백(早白)교육

예부터 아이에게 가장 중요한 교육은 밥상머리에서 이루어졌다. 조백교육이란 '모든 행동을 내키는 대로 하지 않고 사려 깊게 처신할 수 있도록 가르치는 일'이다. 맛있는 반찬이라고 함부로 손대지 아니하고 할아버지가 손자의 숟가락에 굴비를 발라 얹어주면 먹으면서 아무리 맛있는 것이 있어도 어른이 먼저 잡수시는 것을 모범적으로 보여주시는 것부터 밥상은 가정교육의 현장이었다.

그러나 오늘날에는 조백이라는 낱말 자체가 잊혀져 가고 있다. 현대 사회의 가족은 함께 밥 한 끼 먹는 것도 쉽지 않다. 아버지가 퇴근하기 전에 아이들은 먼저 식사를 끝내고 일찍 잠자리에 들어야 하고, 아침에 아이들이 자고 있는 모습을 보면서 아버지는 출근을 하게 되며 방과 후에 아이들은 편의점에서 저녁을 때우며 학원에서 학원으로 이동하는 경우도 있다. 누구든지 가족과 함께 보내는 시간에 대한 갈망은 같을 것이다. 또 가족이 함께 식사를 하는 시간은 다음과 같이 과학적으로 증명된 가장 중요하고도 효과적인 행복습관이다.

1) 식탁 대화는 학력을 높인다

식탁에서 나누는 대화는 사고력을 키우는 시작이다. 가족과 함께 식사를 하면 자연스럽게 대화가 이루어지고 그 커뮤니케이션이 큰 교육적 효과를 발휘하는 것이다. 아이는 밥상머리에서 가족과 대화를 나누며 사고력과 어휘력, 예절과 인성을 키운다. 평소 아이와 대화도 하지 않고 아이의 이야기를 듣는 둥 마는 둥 하며 잘 응해주지도 않으며 가끔 얼굴을 마주할 때면 잔소리만 늘어놓는 식이라면 가정교육이 제대로 이루어질 리 만무하다. 가족이 오순도순 둘러앉아 아침, 저녁 식사를 함께 하는 것의 의미는 매우 크다. 밥을 먹으면 스트레스를 줄여주는 옥시토신이라는 호르몬이 분비되어 정서적 안정과 행복을 느끼게 된다. 이런 상태에서 밥상머리 대화를 나누면 훌륭한 조기교육이 된다. 아이는 독서를 할 때보다 10배 많은 어휘를 밥상머리에서 습득한다는 연구 결과도 있다. 가족과 함께 밥을 먹는 아이가 공부를 잘할 확률은 그렇지 않은 아이의 2배라고 한다. 아이의 미래를 좌우하는 비결은 엄마 아빠, 할아버지 할머니와 함께 둘러앉아 식사를 하며 대화를 나누는 밥상머리에 있다.

밥상에 모이는 것을 즐겁게 생각해야 하는데 식사시간마다 부모가 "너는 요즘 왜 그러니?", "방이 그게 뭐니?" 등 화를 내거나 꾸중하는 시간으로 이용한다면 밥상머리 교육은 제로가 아닌 마이너스 효과를 가져온다.

아이의 이야기를 들을 때는 "그렇구나", "정말?" 하고 맞장구를 치면서 주의깊게 들어준다. 아이는 자신의 이야기에 부모가 적극적으로 반응을 보이면 좋아한다. 그런 반응을 보고 부모가 자신의 존재를 인정하고 받아준다고 느끼기 때문이다. 다양한 어휘를 의식적으로 사용한다. 밥상머리에서는 다양한 대화가 오가고 여러 사람이 말을 하기 때문에 자연스럽게 많은 단어가 쏟아진다. 밥상머리 교육의 효과를 좀 더 높이고 싶다면 식사 도중 의식적으로라도 다양한 어휘를 사용하는 것이 좋다. 가족이 대화 속에서 자연스럽게 많은 어휘를 쓰면 아이의 어휘력은 저절로 향상된다. 적절한 타이밍에 질문하고 의견을 말한다.

어떤 일이 있어도 아침식사는 온 가족이 함께 한다

자랑스러운 어머니가 있다.

미국으로 건너가 여섯 남매를 낳아 그들 모두를 예일대와 하버드대 등 명문대에 보냈다. 그녀의 남편과 두 아들은 '지난 100년간 미국에 가장 큰 공헌을 한 100인'에 선정되었다.

그 어머니의 이름은 늘 아이를 업고 공부했다는 전혜성 박사이다.

클린턴 대통령 시절, 인권 담당 차관보를 지냈고, 현재 버락 오바마 행정부 국무부 법률 고문을 맡고 있는 고홍주 씨의 어머니로 미국에서도 잘 알려져 있다. 그런데 이 가정에는 독특한 원칙이 하나 있다.

'어떤 일이 있어도 아침식사는 온 가족이 함께 한다'라는 것이다.

아침식사 시간은 새벽 6시 30분이었다. 부부는 단 한 번도 그 원칙에 예외를 허용한 적이 없었다.

일종의 불문율이었던 셈이다. 설사 아이들이 밤을 새워 공부를 했더라도 아침식사는 반드시 함께 해야만 했다. 국내 언론과의 인터뷰에서 고홍주 씨는 가족의 아침식사 문화에 대해 이렇게 말했다.

"아침식사는 늘 즐거웠습니다.

다양한 주제로 토론을 할 수 있었으니까요.

학교 얘기부터 진로 문제, 인생 고민에 이르기까지 허심탄회하게 털어놓고 식구들의 조언을 얻었습니다.

아마도 우리는 그런 식탁 토론을 통해 가족의 소중함을 알았고, 인생을 어떻게 현명하게 살아야 할지 깨달았던 것 같습니다."

출처 : 연준혁(2010). 사소한 차이. 위즈덤하우스.

2) 주말만이라도 온 가족이 함께 밥상에 앉는다

밥상머리 교육은 온 가족이 시간을 맞춰 함께 밥상에 앉는 것부터 시작된다. 가정의 상황에 따라 매일 가족이 모두 모여 함께 식사를 할 수 없는 경우도 있다. 그럴 때는 가족 중 누군가 한 명이라도 아이와 함께 식사를 하도록 한다. 엄마 아빠가 모두 시간을 내기 힘들다면 할아버지나 할머니가 함께 식사하는 것도 좋은 방법이다. 전문가들은 최소 일주일에 다섯 번 이상 가족이 함께 식사를 해야 6개월 후 본격적인 효과가 나타난다고 말하는데, 일단 주말과 휴일만이라도 아이와 함께 식사를 하도록 하자.

3) 밥상머리에서 식탁의 예절을 배운다

TV는 밥상머리 교육의 가장 큰 적이다. TV를 틀어놓고 식사를 하다 보면 과식하기 쉽고, 이는 곧 비만으로 이어지며 아이에게 나쁜 식습관을 물려주게 된다. TV를 켜면 자연스럽게 가족 간의 대화가 단절되고 함께 식사하는 의미가 없어진다. TV 보는 아이를 제시간에 밥상에 앉히기 위해서 식사하기 최소 30분 전에는 TV를 끄도록 한다. 밥 먹는 자리를 정해 그 자리에서만 먹인다.

아이는 집중할 수 있는 시간이 짧아 한자리에 오래 앉아 있지 못하지만, 돌아다니면서 뭔가를 먹으려는 아이의 버릇을 바로잡기 위해서는 식탁이나 밥상에 아이가 앉는 위치를 정해두는 것이 좋다. 우선 밥상 근처의 장난감을 치워 아이의 관심이 다른 데로 향하지 않도록 하고, 식탁 의자를 따로 마련하면 아이를 밥상 앞으로 부르는 데 도움이 된다. 정해진 장소뿐 아니라 매일 정해진 시간에 식사를 하는 것도 중요하다. 바른 테이블 매너를 가르친다.

어른보다 먼저 밥상 앞에 앉아서 기다리고, 어른이 숟가락을 들 때까지 기다리는 식사 예절은 아이의 인내력과 자제력을 키우는 데 많은 도움이 된다. 밥을

다 먹었더라도 어른이 다 먹기 전에 먼저 자리에서 일어나지 않도록 주의시키고, 식사를 다 끝냈더라도 어른이 다 먹기 전에는 숟가락과 젓가락을 식탁에 내려놓지 말고 그릇에 걸쳐놓아야 한다는 것도 알려준다. 아이가 식사 준비 과정에 식탁을 닦는다거나, 수저 놓기 등 함께 참여하게 하고 다 먹고 난 후 자신의 밥그릇을 싱크대에 넣고 가도록 한다.

만 3세 이전에는 엄마가 요리할 때 옆에서 식재료를 가지고 놀게 하면 저절로 오감 교육이 이루어진다. 만 3세 이후에는 좀 더 다양한 놀이를 할 수 있다. 엄마가 요리를 할 때 아이가 함께 참여하면 아이에게 음식의 소중함을 일깨워 주는 것은 물론 표현력과 창의력, 언어 능력 등을 기르는 데 효과적이다.

식사 전후 서로에게 감사 인사를 나눈다. 온 가족이 밥상에 앉으면 식사를 시작하기 전에 "잘 먹겠습니다" 같은 감사 인사를 나누어 아이에게 음식의 소중함을 깨닫게 하고 식사를 준비한 부모에게 감사하는 마음을 갖도록 하는 데 도움이 된다. 이때 엄마 아빠도 서로에게 감사 인사를 나눈다. 아이의 말에 귀 기울인다.

4) 아이의 경제 교육을 밥상머리에서 시작한다

아이에게 가정의 살림 규모와 수입 · 지출의 흐름을 알려주는 것이 경제 교육의 출발점이다. 가정에서 벌어지는 수많은 경제 활동은 그 자체가 아이에게 생생한 경제 교과서가 되기 때문이다. 가정 경제는 부모의 책임이니 아이는 몰라도 된다는 생각이 아이를 '가정 경제의 방관자'로 만든다. 밥상머리에 온 가족이 모여 지혜를 모아 가정의 경제 문제를 의논하고 협의해 보자. 이런 가족 재무 회의를 통해 가정 경제에 직접 참여하다 보면, 아이는 사고 싶은 물건이 생기더라도 꼭 필요한지 다시 한번 생각하게 되고 그것을 사기 위해 저축을 한다. 밥상머리에서 하는 가족 재무 회의는 이처럼 가정의 화목과 아이의 경제 교육까지 챙길 수 있는 일석이조 효과를 기대할 수 있다.

5) 가족식사시간은 업무 약속만큼이나 중요하다

부모 스스로 가족 식사를 업무 약속만큼이나 중요한 일과의 축으로 놓아두는 것이 무엇보다 중요하다. 어른이 먼저 가족 식사시간을 중요하게 생각할 때 아이들도 그 시간의 소중함을 깨닫고 지키게 된다.

2 숲으로 가자

1) 자연의 소중함을 아는 아이가 인간도 소중함을 안다

아이들과 놀아주고 싶은데 마땅히 놀아줄 것이 없어서 어떻게 놀아주어야 할지 주말이 되면 걱정된다는 어느 아빠의 얘기를 들은 적 있다. 왜 장난감만 생각하는가? 왜 놀이동산만 떠올리는가?

이제는 숲으로 가자. 아이들의 손을 잡고 숲으로 가자. 숲에는 나무만 있는 것이 아니다. 사계절이 있고 그 안에서 벌어지는 생명의 탄생과 소멸, 부활의 과정이 역동적이고 감동적으로 전개된다. 숲속에 사는 생명들의 작은 움직임에서부터 마침내 숲이 이루어 내는 거대한 하모니까지 인간보다 더 치열하게 생존과 번식을 위해 노력하는 생명들의 교훈을 아이들에게 만나게 해줄 수 있다.

나뭇잎 사이로 비치는 햇살의 역할, 눈앞의 시원한 물줄기에 발을 적시고, 새소리를 들으며 자란 아이들이 무슨 생각을 하며 자랄 것 같은가? 하늘이 안 보일 정도로 무성한 잎들이 헐거워지고 가을 준비에 빨갛게 물들어 가는 숲에서 친구를 왕따시켜 괴롭힐 생각을 할 것 같은가? 얼어붙었던 계곡의 물들이 녹으면서 봄이 시작되는 모습을 지켜보며 부모에게 거짓말을 해서 가출할 것을 꿈꿀 것

같은가? 철마다 피어나는 야생화를 보며 누구를 짓밟아 올라 잘되리라 다짐할 생각을 할 것 같은가?

2) 숲은 자연이 선사한 무료병원이다

가끔 아이들과 산에 오르는 부모들을 만나면 안타까운 생각이 든다. 숲을 느끼게 하는 것이 아니고 정상에 오르기 위해 땅바닥만 바라보며 빨리 정상에 도착하는 산악인 훈련을 하는 것을 목격한다. 반드시 정상에 오르지 않아도 된다. 산꼭대기가 아닌 산등성이 아래쪽 나무가 우거진 숲으로 들어가 보기를 권한다. 자연이 만들어 준 무료병원, 누구에게나 열려 있는 치유의 공간인 숲에서 천천히 하루를 보내보자.

(1) 나무의 피톤치드가 세균을 죽이고 만성 질환을 낫게 한다

나무의 향기와 수액에 포함된 피톤치드는 테르펜계 물질로 소염제, 소독제, 완화 효과를 낸다. 숲속에서 지속적으로 삼림욕을 한 아이들의 아토피가 호전되는 사례는 피톤치드가 알레르기를 일으키는 균을 막아내기 때문이다. 삼림욕을 할 때 느끼는 향긋한 냄새는 피톤치드의 주성분인 테르펜이 공기 중으로 휘발하면서 나는 것인데, 이 테르펜이 스트레스 호르몬인 코르티솔의 분비를 감소시켜 심리적으로 안정을 준다(차윤정, 2004).

(2) 숲의 사진만 봐도 혈압을 낮추고 면역력을 높인다

일본의 연구(일본 북해도 대학 연구센터, 2012)에 따르면 숲에 있을 때는 뇌의 전두엽이 안정 상태를 유지했으며, 혈압과 스트레스 호르몬 농도도 낮아지고 면역

글로불린 A의 농도는 높아진다고 한다. 시냇물이 흐르는 것 같은 숲의 소리를 들려주거나, 고화질 TV로 숲의 모습을 보여주었을 때에도 비슷한 결과가 나타난다.

'생로병사의 비밀'이라는 TV 프로그램에서 신원섭 교수는 국립의료원, 충북대 의과대학과 함께 숲이 사람을 어떻게 치유하는지 알아보는 실험을 진행하였다. 우울증 증세를 보이는 남녀 15명을 선발해 광릉 숲에서 2박 3일 동안 삼림욕을 하게 한 뒤 혈압과 심장 박동 수, 말초 혈류량, 뇌파 등을 주기적으로 측정하는 것이었다. 참가한 사람들은 명상, 운동을 하기도 하고 노래를 부르거나 그림을 그리기도 하였다. 특별히 강제된 프로그램은 없고, 나무 껴안기, 눈을 가리고 숲을 만져보기, 맨발로 걷기, 숲속에서 영화 '아름다운 비행' 보기 등 치료와는 다소 거리가 멀어 보이는 활동만 한다. 이 실험은 놀라운 결과치를 보여주었다. 환자들의 우울증 수준이 심한 우울 상태(우울 척도로 25점)에서 가벼운 우울 상태(11점)로 낮아지고 스트레스와 관계있는 호르몬인 코르티솔도 현저하게 줄었다. 신 교수는 앞으로 차근차근 기초 데이터를 모아서 우울증이나 고혈압 환자를 위한 산림 치료 방법을 개발할 계획이다. 그때까지 숲이 사람을 어떻게 바꾸어 놓는가 하는 탐구와 실험은 계속될 예정이라 한다.

(3) 숲으로 공간만 바꿔도 정신 치료 효과가 증가한다

ADHD(Attention Deficit Hyperactivity Disorder, 주의력결핍-과잉행동장애) 아이들은 특히 숲에서의 놀이가 치료가 된다. 공격성이 줄어들고 자연에 몰입하면서 안정된 성격으로 달라져 간다.

"오늘처럼 즐거워하는 모습은 처음 봐요." 아들의 모습을 보며 숲 치료 프로그램에 따라온 어머니의 얼굴이 환해진다. 자살 소동만 3차례 벌였을 정도로 심하게 정신 질환을 앓았던 아들이었다. 처음 숲 치료 프로그램에 온 아들의 모습은 낯설 정도로 밝다. 대구 수성구 보건센터에서는 2010년 3월 말부터 2주에 한 번씩 정신 분열, 우울증, 양극성 장애 등을 앓고 있는 환자들을 대상으로 숲 치료 프로그램을 진행하고 있다. 처음 숲 치료 프로그램을 시작하게 된 계기는 대구 달성군에 위치한 '루소의 숲' 주인인 김동일 교수(대구산업대학 유아교육학과 명예교수)의 제안이었다. 자신이 가꾼 아름다운 숲을 사람들과 함께 공유하고 싶다는 마음을 보건소에 전달한 것이다. 보건소에서 정신 장애인들의 치료를 맡고 있는 윤재섭 소장(한국여가연구소)은 평소 숲이 가진 치유의 효과에 대해 관심이 많았고, 이 두 사람의 마음이 맞아 '숲 치료 프로그램'이 진행되고 있다.

같은 치료 프로그램도 숲에서 하면 2배의 효과를 가져온다는 연구도 있다.

대구 수성구 정신보건센터에서 진행하는 프로그램은 정신 장애인들에게 하는 치료 프로그램을 숲에서 하고 있다. 일반적인 정신 치료인 미술 치료(나무 목걸이 만들기), 음악 치료(오카리나 불기), 원예 치료(야생화 심기)와 몸을 단련시켜 주는 스트레칭, 트레킹 등을 병행한다. 숲 치료 프로그램 팀장에 의하면 보건소 프로그램실에서 똑같은 치료를 할 때에 비해 환자들의 반응이 2배는 더 적극적이었다고 한다. 같은 치료법이지만 숲이라는 공간만 바뀌어도 치료의 효과가 극대화되는 것이다. 또한 숲 그대로를 느끼고 받아들이도록 하기 위해 프로그램도 숲의 상태에 따라 항상 달라진다.

숲을 그대로 받아들이는 것이 바로 치료의 시작이기 때문이다. 날씨가 좋은 날은 맨발로 걷기를 하고 비가 오는 날이면 다 같이 앉아 비 오는 숲의 소리를 듣는다. 숲의 정신적 치유 효과가 점차 확대되고 있다.

3) 숲에서 모든 학습이 가능하다

숲에서는 몸과 마음으로 할 수 있는 활동이 끝없이 많다. 앞 사람과의 간격을 유지하면서 천천히 걸어가는 것부터 안전에 대한 학습이다. 그런가 하면 숲의 나무 생존법 생각하기, 언 땅의 생물들이 살아남는 방법, 기생과 공생, 여름

내 데워놓았던 온기를 밀어내는 바람의 역할, 눈이 많이 오면 풍년이 든다는 과학적인 근거, 겨울에도 죽지 않고 봄을 준비하고 있는 나무, 더 높은 나무 끝에 있는 새집, 나무들의 자리싸움에서 스스로 의문을 갖고 스스로 탐구하고 해답을 찾아내며 심오한 학습의 깊이를 더해간다. 겨울철에 벌레들은 어떻게 지낼까? 왜 벌레들이 떡갈나무 나뭇잎과 떡갈나무 구멍 사이로 모두 들어갔을까? 여름에 올 때는 모기가 많았는데 왜 겨울에는 모기가 없을까? 왜 숲 바닥에서 가장 먼저 풀들이 피어나고 그 다음으로 중간 높이 식물, 맨 마지막에 숲의 덮개를 이루는 큰 나무들이 잎을 틔우게 될까? 등 숲의 질서 속에서 IQ나 EQ 또는 SQ의 발달뿐만 아니라, 국 · 영 · 수 · 과학 · 예술 모든 학습의 통합교육이 이루어진다.

| 그림 13-1 | 눈 속에서 나무가 살아 있다는 것을 알고 경이로워하는 아이들

얘들아! 숲에서 놀자

봄날이 간다. 봄꽃이 진다. 언제까지가 봄이고 언제부터 여름인지 봄이 쉬익 지나간다. 도종환은 '차례차례 피는 꽃'에서 산수유 꽃이 핀다고 진달래가 피지 않고 진달래가 핀다고 해서 철쭉이 덩달아 피지 않으니 먼저 핀 꽃들을 시기하지 말며 나중에 피는 꽃들을 무시하지 말라 하였지만 그도 이제 시를 다시 써야 할 성싶다. 자연의 징후들이 심상치 않다. 신록이 피어나는 시기가 점점 앞당겨지고 있다. 벚꽃의 개화 시기가 2주 이상 앞당겨지고, 이른 봄 진달래가 피고 난 후 늦봄에 철쭉이 피어났는데 진달래와 철쭉, 심지어는 초여름을 알리는 조팝나무까지 함께 피고 꽃과 잎이 뒤섞여 피고 있다.

꽃이 혼돈스러워하니 동시에 곤충들의 교잡이 무질서해진다. 섣불리 개화한 식물은 미처 잠에서 깨어나지 못한 곤충들로 인해 꽃가루받이를 못해 꽃은 씨앗을 맺지 못하고 만다. 서로 간의 유전적 정보교환이 어려워져 강한 종이 출현하기 어렵고 급기야 제한된 유전적 결합에 의해 도태종이 빈번해진다. 신록의 빠른 생장은 부드러운 잎을 먹고 살아가야 하는 애벌레들의 생활사를 비껴간다. 애벌레가 깨어날 때쯤 이미 잎은 딱딱하고 질겨져 먹을 수 없게 된다.

해마다 반복되는 빛의 법령에 의해 생물들은 열을 축적하여 생육 가능한 일정 온도가 되면 겨울에서 깨어날 준비를 한다. 그런데 높아지는 지구의 고온현상은 생물 간의 상호견제를 무너뜨리고 식물들은 고온의 환경에 맞추어 생체시계를 작동시킨다. 한겨울에도 따뜻하여 개나리가 봄인 줄 착각하고 피어났다가 멈춰있기도 하고 모기가 죽지 못한다. 꽃들은 씨앗을 맺지 못하며 애벌레가 나비가 되지 못하는 심각성을 나타난다. 생물들이 적응하기에는 변화의 속도가 너무 빨라 흐름을 놓쳐버린 생물들이 여기저기 생태계의 구멍을 만들고 대재앙의 불씨를 당기고 있다.

고장 난 시계는 유아교육계에 더욱 염려스럽다. 우리나라 말을 제대로 할 수 없어도 영어부터 해야 하고 아직 바르게 걷기도 힘든 아이들이 발레를 배우고 태권도를 배운다. 구구단이나 심지어는 십구십구단을 외우게 하는 조기교육 열풍에 아이들은 하루에 두세 군데 학원을 전전하며 만신창이가 되어가고 있다.

이러한 최근 시점에 유아교육 현장을 서서히 파고드는 프로그램이 있다. 조기영어교육도 아니고 영재교육도 아니다. 숲 체험교육 프로그램이다. 유아교육계의 자꾸만 빨라지는 고장 난 시계를 고치려는 움직임이다. 자꾸 빨라지는 고장 난 시계에 맞춰가느라 병들어 가는 아이들을 살리려는 노력이다. 살아가면서 행복과 기쁨만 있는 것이 아니듯 모든 일을 빨리빨리 해야만 하는 것이 아니라 천천히 고통을 참고 견디며 느리게 살아가는 방법을 배우게 하려는 움직임이다.

숲은 그저 도시락만 까먹고 노는 곳이 아니다. 겨울을 이기고 투쟁하며 공존하는 숲의 세계에서 부단히 참고 서로 도우면서 자연의 질서에 순응하는 느림의 교육현장이다. 가녀린 풀도 되어보고 덤불도 큰 나무도 되어보고 곤충과 동물의 입장도 되어보면서 해마다 반복되는 자연의 질서를 깨닫게 해줄 수 있는 곳이다.

숲을 사랑하는 아이들은 알게 될 것이다. 숲을 느끼면서 정확한 시계를 보는 방법을 배웠다고. 얘들아! 이제 숲에서 놀자.

출처 : 정아란(2008. 5). 송원대학 신문 칼럼.

4) 숲에서 무엇을 하고 놀 것인가?

부모가 먼저 풀과 나무, 벌레와 친구가 되어야 한다. 말로는 자연을 사랑하자 하면서 벌레를 보면 '어머나' 하고 소스라치게 놀란다거나 미끄러지면 '엄마!' 하고 엄살을 떨면 아이들이 자연에 다가가기 힘들게 된다.

부모가 먼저 자연에 가깝게 나가가야 하며 자연의 일부가 되어가기를 노력해야 한다. 미끄러지고 옷이 젖거나 흙이 묻어도 자연스러운 현상으로 여겨야 한다. 그러기 위해서는 숲에 갈 때 가장 활발하고 언제나 뒹굴 수 있는 복장이어야 한다.

인공적인 놀잇감 없이도 자연 속에서 놀이를 만들어 놀 수 있는 모습을 보여야 하고, 아이들이 원하는 것을 그 자리에서 융통성 있게 발휘할 수 있어야 한다. 식물도감이나 야생화 책 한 권을 들고 숲에 올라 찾아보는 것도 좋으나 다음과 같은 점을 생각해 보자.

- 숲에 있는 모든 것이 놀잇감이다. 나무, 풀, 흙, 하늘, 바람과 친근하게 노

는 방법으로 찾자.

- 내가 특별히 아껴줄 나의 나무를 한 그루 정하여 이름을 붙인다.
- 실내의 것을 가지고 와서 숲에서도 놀아보자.
- 숲의 것을 이용해서 집에서도 놀아보자.
- 숲에 자주 오고 싶은 생각이 들도록 자유롭게 놀게 하자.
- 숲에서의 안전규칙과 약속을 지키도록 한다.
- 숲을 보호하고 즐기는 자연보호 수칙을 지킨다.

| 그림 13-2 | 나뭇잎과 돌멩이로 간단한 단어 연상하기

| 그림 13-3 | 협동하여 흔들림이 적게 하여 나무와 나무 사이 건너기

| 그림 13-4 | 커다란 플라타너스 가면놀이

| 그림 13-5 | 숲을 주제로 한 동화 듣기

| 그림 13-6 | '떡갈나무호텔' 속편 이야기 전시회

| 그림 13-7 | 나무마다 다른 옷을 입고 있는 수피의 특징을 알게 된 아이들

3 책 읽는 가족

여가 스타일의 변화로 독서인구가 해마다 감소함에 따라 책을 구입하는 인구 또한 줄고 있고, 2019년 통계청은 2018년 5월부터 2019년 5월까지 1년 동안 만 13살 이상 국민 가운데 책을 한 권도 읽지 않는 독서인구가 50%를 넘어섰다고 발표했다. 그런가 하면 전자책 이용자는 해마다 꾸준히 증가하고 있다고 하였다(SBS 뉴스, 2019. 11. 25). 그런 가운데 다행인 것은 미래의 꿈나무인 초등학생의 한 학기 독서량이 2018년보다 2019년에는 2권 정도 증가하여 1인당 29.5권의 책을 읽은 것으로 나타났다는 것이다.

빌게이츠(Bill Gates, 2006)는 말했다. '오늘의 나를 있게 한 것은 우리 마을 도서관이었다'고. 다른 무엇도 아닌 한 권의 책이 그를 세계인의 부호로 만들었다고 하였다. 이렇듯 성공하는 사람들의 배경에는 언제나 책이 있었다. 독서의 중요성에 대해서라면 여기서 다시 강조할 필요는 없겠다. 선진국에서는 유아기부터 초등학교 저학년까지 어떤 교과목보다도 책 읽기를 중요시한다. 국어능력이 풍부해야 다른 교과목을 이해할 수 있기 때문이다. 1순위가 독서이고 무엇이든 그 다음이다.

1) 독서의 첫걸음은 '듣는 독서', 책 읽어주기부터

우리나라 아이가 잠자리에 들 때 날마다 동화를 들려준 아이는 책 읽기를 훨씬 빨리 시작하고 독서를 즐긴다는 연구가 있다. 어려서부터 이야기의 즐거움을 맛본 아이들이 스스로 그 즐거움을 찾게 된다. 엄마가 책을 읽어주면 감정의 교류가 일어나 더욱 좋다. 아이들은 엄마의 사랑이 담긴 목소리와 따뜻한 체온 속에서 행복을 느낀다. 그리고 책을 읽어주는 엄마와의 친밀감은 책 자체에 대한 친밀감으로 이어져, 자연스레 책에 흥미를 갖게 한다. 엄마의 사랑을 확인함으로써 아이가 심리적 안정감을 느끼는 것은 물론 즐겁게 독서하는 습관을 갖게 한다.

아이가 책을 가깝게 느끼도록 하기 위해서는 독서를 생활의 일부로 받아들이도록 해야 하며, 가장 좋은 방법은 부모가 매일 규칙적으로 책을 읽어주는 것이다. 책 읽어주기는 아이의 두뇌 발달과 언어 발달에도 효과가 있다. 2~4세의 아이들은 스펀지가 물을 빨아들이듯 언어를 흡수하는데, 이때 다양한 책을 읽어주는 것은 어휘력을 길러줄 뿐 아니라 듣기와 말하기 연습을 가능하게 한다. 아이의 어휘력과 문장력은 엄마 목소리로 이야기를 들을 때 가장 증대된다는 연구결과도 있다.

미국 소아과학회는 공식적인 육아지침서에 '자녀에게 규칙적으로 책 읽어주기'라는 항목을 포함시키고 있다. 학회 회장인 로버트 한니만(Robert Hannemann) 박사는 아이가 만 6개월이 되는 시점부터 최소한 10세가 될 때까지 부모가 매일 책을 읽어줘야 한다고 주장한다.

글을 모르는 어린 아이뿐만 아니라 읽기에 능숙한 고학년에게도 소리 내어 책 읽어주기는 효과적이다. 사춘기를 겪고 있는 청소년기에 유년시절의 행복한 기억을 떠올려 정서적 · 심리적으로 안정을 찾을 수 있다. 어린 시절에 엄마와 함께 책을 읽었던 기억은 어른이 되었을 때까지 남게 된다. 또한 자극적이고 쉬운 읽을거리, 만화 등에 집중하는 아이에게 재미있고 가치 있는 읽을거리를 읽어줌으로써 호기심을 자극시켜 다양한 읽기의 범위를 넓혀줄 수 있다.

2012년 입시에서 연세대 치과대학 수시모집 합격, 서울대 수시 최연소 합격한 15세 배형규 군은 초등학교 때부터 손에서 책을 놓지 않고 닥치는 대로 읽었다고 한다. 어머니 이지란(43 · 주부) 씨는 "호기심이 정말 많아 한 번 책을 읽으면 그 내용을 갖고 끝없이 질문했다"며 "두 권 이상의 책을 서로 연결해 질문하기도 했다. 예를 들어, 같은 시대의 두 음악가의 이야기를 연관시켜 '왜 두 사람은 만난 적이 없느냐'는 등 남들은 생각하지 못할 질문을 했다"고 말했다. 어려서부터 영재로 소문났으며 중학교 1학년 때 중등부 수학 올림피아드에서 금상을 받았다. 중학교 1학년 과정만 마쳐도 서울과학고 입학이 가능하다는 얘기를 듣고 '시험 삼아' 응시했다가 2008년 합격했다. 친구들이 중학교 2학년에 올라갈 때 그는 고등학교에 진학했었는데 이 모든 것이 독서의 힘이라고 말하였다(cafe.daum.net/todayaja, 2012).

간혹 동화 테이프를 들려주거나 동영상으로 반복하여 보여주는데 부모가 책을 읽어주는 것이 가장 효과적이며 동영상으로 보며주면 그 화면이 연상되어 창의력이나 상상력에는 효과적이지 못하다. 글자를 알게 되는 시기에는 아이와 이어읽기를 하여 독서를 유도할 수 있고 학습으로 접근시킬 수 있다. 아이에게 동화를 들려줄 때는 단번에 다 읽어주는 것보다 뒷이야기를 생각해 보게 하여 다음날 나머지 부분을 읽어주기도 하면 궁금증이 나서 아이가 먼저 책을 들고 오는 등 책에 대한 호기심을 키울 수 있다.

2) '책 나무'를 키우자

| 그림 13-8 | 가족이 함께 키우는 책 나무

출처 : 세종특별시자치시 자원봉사센터, blog.naver.com.

'책 나무 키우기'란 읽은 책의 제목을 적어 나무에 매달아 놓거나 벽에 커다란 나무 그림을 그려 그곳에 제목을 한 개씩 붙이면 된다. 같은 방법으로 '덕담 나무', '영어단어 나무', '착한 일 나무' 등 다른 용도로도 이용할 수 있을 것이다. '책 나무 키우기'는 기본 배경이 되는 나무만 그럴싸하게 꾸며놓으면 그 다음에는 쉽다.

아이들의 독서량과 발달단계에 따라 책 나무는 변해간다. 예를 들어, 처음에는 책 제목만 썼던 것이 나중에 나무이름이 『칠칠단의 비밀』이 되고, '칠칠단의 비밀(제목)/ 방정환 씀(저자)/ 사계절(출판사)/ 책을 읽고 하고 싶은 말 한 마디/ 자기 이름'을 쓰는 등 변화할 수 있다. 책을 읽고 하고 싶은 말 한 마디는 '재미있다', '순희야 힘내', '상호 형 고마워' 등 온 가족의 느낀 점을 쓰게 되면 굉장히 풍성한 나무가 될 것이다. 독후감을 쓰기보다는 보다 재미있는 방법으로 온 가족이 함께 장려하고 즐길 수 있을 것이다.

3) 단골도서관을 만들자

도서관을 가장 효과적으로 이용하는 방법은 수만 권의 장서를 내 책인 양 읽는 것이다. 요즘에는 다문화도서관, 어린이 영어도서관, 생태도서관까지 분화된 세계의 귀한 책들이 주위 도서관에 비치되어 있다. 그러나 누구나 눈독 들이는 책은 늘 '대출 중'이다. 헛수고하지 않으려면 도서관을 실속 있게 이용할 줄 알아야 한다.

우선 단골 도서관을 정하자. 아이와 함께 드나들려면 아이의 반응부터 살펴야 한다. 낯가림이 심한 아이는 도서관에서 더 움츠러든다. 우는 아이도 있다. 이런 아이에게는 딱딱한 분위기의 공공도서관보다 아담한 어린이 전문 서점이나 집에서 책을 읽도록 권한다.

둘째, 단골 도서관의 책 진열법을 익혀두자. 일반 열람실의 책은 한국십진분류법에 따라 진열하지만 어린이 열람실은 좀 다르다. 그림책만을 따로 모아 유아용 서가에 꽂은 도서관도 있다. 책 진열법에 익숙해지면 원하는 책을 쉽게 찾을 수 있다.

도서관은 어린이 책의 무료 견본시장이다. 아이가 좋아할 만한 책을 골라 빌려 읽은 후 아이의 의견을 듣는다. 아이가 갖고 싶어 하면 망설이지 말고 사자. 한 번 빌려본 책은 두 번 다시 안 빌리거나 절대로 사지 않는 부모도 많다. 같은 책을 여러 번 반복해서 읽는, 어린이의 독서 습관을 몰라서 저지르는 실수다. 최근의 아동문학 번역서 가운데는 배경 지식이 될 만한 화보와 설명을 너무 많이 넣은 책도 자주 눈에 띈다. 배경 지식이 책 읽기에 도움을 주지만 이런 책이 더 낫다고 잘라 말하기는 어렵다. 화보에 눈이 쏠려 읽기의 맥이 끊긴다.

도서관은 또 값비싼 전집을 손쉽게 읽을 수 있는 최고의 공간이다. 아이마다 개성이 다르고, 전집의 모든 책이 다 필요하지도 않다. 탐나는 전집은 도서관에 구입 신청을 한다.

역사물 전집은 대출 상위권에 포함된다. 스무 권쯤 되는 역사책을 다 읽히겠다고 석기시대부터 시대 순으로 3권씩 빌리는 부모도 있다. 역사책에 질리게 하는 지름길이다. 얇은 단행본 백과사전을 고를 때도 아이의 눈높이에 맞춰야 한다.

도서관 근처에 어린이가 좋아할 만한 장소가 있는지 살펴보자. 어른이 잘 가는 산에 숨겨진 단골 막걸리 집이 있듯이 도서관 근처에 아이들이 좋아하는 떡볶이 집이라든가 아이들에게 추억이 될 만한 장소가 필경 있을 것이다.

| 그림 13-9 | 서점에서 독서삼매경에 빠져 있는 아이들

■ 도서관 이용할 때 아이와 함께 지키기

- 도서관에서는 조용히 한다.
- 도서관 자료는 공동 소유이므로 소중히 다룬다.
- 도서관 안에서는 휴대전화를 자제한다.
- 도서관의 개관과 폐관 시간을 지킨다.
- 책을 빌리는 기간과 권수를 지킨다.
- 도서관 이용에 문제가 있으면 도서관에 적극 제안한다.
- 도서관에서 마련한 교육 프로그램에 적극 참여한다.
- 없는 책은 도서관 희망 비치도서에 한 권 이상 신청한다.

◇ 독서 후 아이와 함께 할 수 있는 놀이

1. 주제가 만들기
2. 역할극 하기
3. 인터뷰하기
4. 시로 표현하기
5. 상장 쓰기
6. 만화 그리기
7. 주인공에게 편지 쓰기
8. 화가 되어보기
9. 서평하기
10. 속편 꾸미기
11. 단어 조사하기
12. 숨은 그림 만들기
13. 광고 만들기
14. 독서퀴즈 문제 제작
15. 퍼즐 만들기
16. 마인드 맵 활용

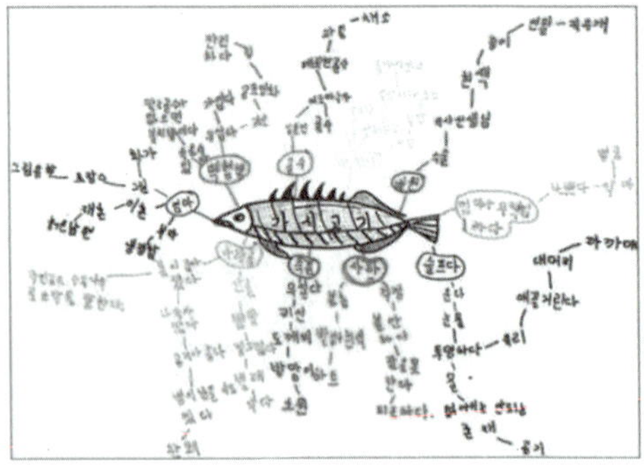

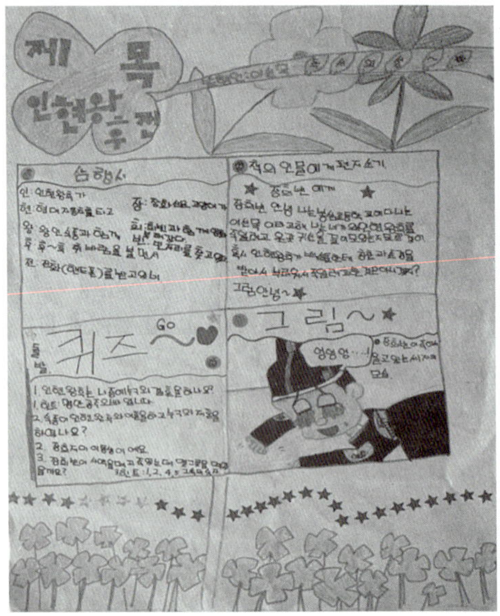

어렸을 때 읽었던 책 중 가장 소중했던 이 동화를 내 아이에게 읽어주고 싶어요.

♣ 동화 제목

♣ 이 동화가 내게 소중했던 까닭

♣ 아이에게 어떤 마음으로 들려주고 싶은가?

4 함께 봉사하는 시간 갖기

베풀 줄 아는 아이로 키우는 방법들은 많다. 기본은 남을 위해 자신의 시간과 가진 것을 나누는 즐거움을 느끼도록 하는 것이다. 어릴 때부터 부모와 함께 '나누는 기쁨'을 맛보도록 하자.

1) 아이들이 자원봉사 활동을 할 수 있도록 도와주자

원래 자원봉사(volunteer)라는 말은 라틴어의 볼런타스(voluntas)에서 유래하며, 이것은 인간의 자유의지, 마음속 깊이 우러나오는 의사라는 뜻이다. 즉, 의무감이 아닌 자발적으로 행하는 활동을 의미한다. 현대사회에서 자원봉사라는 말이 사용된 것은 제1차 세계대전 당시 자발적으로 병역을 지원하는 지원병을 가리켜 일컫게 되면서부터였는데, 이 말이 서서히 일반 시민들 사이에서 주로 '사회복지 분야에서 자발적인 활동을 하는 사람'을 자원봉사자(volunteer)라는 말로 부르면서 사용하게 되었다. 이 'volunteer'의 개념이 우리나라로 유입되면서 자원봉사는 自願 '스스로 원하여', 奉仕 '받들고 섬긴다'라는 의미로 보편적으로 이해되어져 왔다.

이런 자원봉사활동은 특별한 사람에 의해 이루어지는 특별한 활동이 아니며, 누구나 언제라도 어디서나 참여할 수 있는 것으로서 지역사회와 이웃의 문제를 자신의 일로 받아들여 스스로 해결하고자 하는 노력의 일환이다. 그리고 개인 및 가족의 이해를 넘어 다른 사람의 안녕과 복지, 나아가서 사회전반의 질을 향상시킨다고 보는 것이다.

아이들이 어릴 때부터 부모 따라 자원봉사하는 습관은 평생 인성의 재산이 될 수 있다.

2) 남을 위한 행동을 '집안 행사'로 만들자

빈곤층 가정의 아이들을 위해 크리스마스 선물을 마련하기 위해 1년 동안 저금했던 돼지저금통을 터는 날, 지구의 날에 공원 청소, 가족의 기일에 자선단체에 기부하기, 아이 돌날 고아원에서 함께 돌잔치 등 아름다운 자원봉사 활동을 해보는 것이 아이에게 뜻 깊은 경험이 되고, 그 어떤 것과도 바꿀 수 없는 소중한 행복이 될 것이다.

3) 아이가 남을 위로하고 다른 사람의 입장에 공감할 때 칭찬해 주자

때로는 조용히 남의 말을 잘 들어주고, 그 사람의 감정을 공유하며 남의 아픔과 슬픔을 위로해 주는 것도 큰 선물이 될 수 있다는 것을 가르쳐 주자.

4) 남에게 가르쳐 주고 멘토 역할을 하거나 돌봐줄 수 있는 기회를 주자

아이들은 자신이 힘들었던 일에 대해 힘들어하고 있는 다른 사람을 도와줄 때 많은 것을 배우게 된다. 원숭이를 이용한 실험에서도 증명이 되었는데 방치되고 고립되었던 탓에 사회성 기술이 매우 낮은 원숭이들에게 사회성 기술을 가르치는 유일한 방법은 아기 원숭이를 돌볼 기회를 주는 것이었다.

5) 다른 사람을 진심으로 축하할 줄 아는 긍정적 감정을 키워주자

친구가 대회에서 수상을 했을 때 그 친구의 장점을 칭찬해 주고 진심으로 축하해 줄 수 있는 마음을 가진다면 아이는 그 친구의 장점을 배워나갈 것이나 친구의 수상을 험담하고 질투하면 그 친구의 장점을 배우지 못하고 부정적인 감정만 키우게 된다.

가족의 생일이나 좋은 일이 생겼을 때 물질적인 선물이나 이벤트성 축하보다 "네가 태어난 날 무슨 일이 있었는지 아니? 네가 태어난 게 너무나 기뻤단다. 왜냐하면…"과 같은 이야기를 해보자. 이런 이야기는 수백 번 들어도 아이는 질리기는커녕 또 듣고 싶어 할 것이다.

아이들과 함께 할 수 있는 자원봉사는 어떤 것들이 있을까요?

션 · 정혜영 가족 연탄봉사활동

션은 "대한민국 온도 1도 올리기에 함께 해주신 분의 명단입니다. 신청해 주시고 기부해 주신 모든 분께 감사드린다"라는 글을 게재하였다.

이어서 션은 "우리 아이들과 함께 두 번째 연탄배달 봉사를 한 다음날 하음, 하랑, 하율이가 나에게 '아빠 팔이 이상하게 아파요'라고 했다. 3.65kg의 연탄 한 장씩을 들고 100미터 이상의 거리 언덕을 8번 정도 왔다 갔다 하며 8장을 날랐으니 그럴 만도 했다"고 아이들과의 나눔 활동에 나서 소감을 밝혔다.

션은 능숙하게 자원봉사를 준비하는 자녀들을 보며 아이들에게 봉사를 놀이처럼 생각하게 해주고 싶다고 하였다.

출처 : 다음 뉴스(2019. 1. 6). https://entertain.v.daum.net

5 자기절제력을 키워주자

수년 전 월터 미셀(Walter Mischel)은 일련의 실험을 실시했다. 바로 잘 알려진 마시멜로우 실험이다. 이 실험은 만 4살 된 아이들 앞에서 마시멜로우를 하나씩 놓고 실험자가 다시 방에 올 때까지 마시멜로우를 먹지 않으면 두 개를 주겠다고 일러놓고 방으로 나선 후 아이들의 모습을 관찰한 것이다.

아이들의 반응은 제각각이었다. 1분도 기다리지 못하고 먹은 아이도 있었지만 15분 동안 기어이 기다린 아이도 있었다. 이 실험은 큰 관심을 받았는데 참을성이 부족했던 아이들은 초등학교에 올라간 후 아이들을 괴롭히는 경우가 많았으며 학업성적이 비교적 낮았다. 10년 후에는 교사들과 학부모 사이에서 평가가 낮은 학생이 되었고 그 아이가 32세가 되어서는 약물과 알코올 문제를 겪고 있는 비율이 높았다. 반면, 잘 참았던 아이들은 대입 자격시험(SAT)에서 높은 점수를 받아 아이비리그 대학에 진학한 비율이 높았다.

이 실험의 결과가 의미하는 것은 크다. 여기에서 중요한 것은 마시멜로우를 먹지 않고 오래 참을 수 있었던 아이들은 부모의 양육법이 달랐다는 것이다. 그것은 아이에게 규칙과 한계를 알려주고 자신이 절제하는 자제력을 키워주는 부모의 양육법이었다.

자기 절제력은 성공과 행복의 열쇠이다. 유아기에 자신이 원하는 것이라도 참고 기다릴 수 있는 '만족지연 능력'은 참을성이 없는 아이들에 비해 청소년기의 지능과 학업 성취, 사회적 기술이 뛰어날 가능성이 높다는 것을 의미한다. 그 이유는 자기절제가 뇌의 학습 및 정보 처리과정을 활성화시키기 때문인데, 절제력이 강한 아이들이 좌절과 스트레스를 잘 견디며 책임감이 강한 것도 이 때문이다.

자기 절제는 단순히 뛰어난 학업 성취나 예의바른 식사태도에만 필요한 것이 아니다. 자제력이 있는 사람들은 많은 친구들과 더 좋은 관계를 가지며, 지역사회에서 잘 융화되고, 약물중독, 공격성, 폭력성, 문란한 성관계에서 절제력을 발휘하여 더 행복해질 수 있다는 것이다.

그러나 자기통제를 방해하는 또 다른 요인으로 아이들이 받는 스트레스를 들고 있다. 요즘 아이들은 전보다 훨씬 더 많은 스트레스에 노출되어 있다. 만성적인 스트레스를 받고 불안을 느끼면 추가적인 스트레스에 대처하는 능력이 약화되어 만족지연 능력을 떨어뜨리고 만다.

그렇다면 이런 사회 환경 속에서 아이들을 어떻게 보호하고 자제력을 키울 수 있을까?

1) 해서는 안 될 것의 기준을 설정해 주자

우선 부모는 아이에게 적절한 외부자극을 줌으로써 자기 규제력과 의지력을 키울 수 있는 기술과 방법을 익히도록 해야 한다. 전문가들은 아이들에게 해서는 안 될 것에 대한 정확한 한계와 기준을 설정해 주어야 한다고 이른다(크리스틴 카터, 이나경 역, 2011). 확고하면서도 상냥하며 아이의 생활에 관여하되 강압적이지 않은 부모들의 양육방식은 학업 외에 다양한 측면에서도 안정적이고 자신감이 훨씬 높았고 친구도 많았다.

2) 협박이나 체벌로 다스리지 말자

사랑스러운 아이에게 넘치는 사랑을 표현하라는 등의 말은 쉬워 보이지만 결코 쉽지만은 않다. 그러나 아이의 잘못된 행동에 대하여 때리거나 소리치기, 아프게 잡기, 폭언 등과 같은 위협적인 행동들은 효과가 없을 뿐 아니라 오히려 아이들에게 심각한 상처가 되고 만다.

부모가 폭력적일 경우, 아이가 자신의 행동과 감정을 다스리는 능력이 떨어지는 것은 더 말할 나위 없다. 더불어 청소년기에 반항, 문제 행동, 우울증과 불안에 시달릴 확률이 높아진다는 사실은 수많은 연구에서 증명되었다.

다시 얘기하자면, 아이를 통제하는 것이 아니라 규칙과 한계를 설정해 주는 것이다. 통제는 아이가 해야 되는 것이다. 집안의 규칙을 만들고 지키도록 하는 것이 바람직하고 부드러운 방법을 사용할수록 효과는 커진다고 연구자들은 끊임없이 지적한다.

행복한 가정을 위해 정할 수 있는 우리 집의 규칙을 정해 봅시다.

참고문헌

공미혜(2004). 성과 성 정치학. 한울아카데미.

과학동아(2004. 6) '러브 사이언스'.

곽영희(2015). 유아의 애착과 자아개념, 사회지능 간의 관계에 대한 경로분석. 배재대학교 대학원 박사학위논문.

구성애(1995). 구성애의 성교육. 석탑.

김명자 · 계선자 · 강기정 · 김연화 · 박미금 · 박수선 · 송말희 · 유지선 · 이미선(2011). 아는 만큼 행복한 결혼 건강한 가족. 양서원.

김미숙 · 김명자(1990). 도시부부의 결혼안정성 및 그 관련 변인 연구. 한국가정관리학회지, 8(1), 171-183.

김선욱(1997). 남녀평등의 이해. 한국여성개발원.

김세철 · 김원희 · 윤가현 · 채규민(2008). 성학. 군자출판사.

김수경 · 박혜민 · 진연주 · 소정현 · 김현연(2011). 결혼준비교육 프로그램. 신정.

김승호(2014). 혼전 동거에 관한 20~30대 미혼남녀 조사결과. 결혼정보회사 듀오.

김양희 · 이형실(1997). 결혼과 가족. 중앙대학교출판부.

김양희 · 전세경 · 문영소 · 이영세 · 김예리 · 김진희(2011). 결혼과 가족. 양서원.

김영희 · 김경미 · 조주영 · 황종귀(2015). 결혼과 가족. 양서원.

김예순 · 윤 진(1997). 청년기 갈등과 자기이해. 중앙적성출판사.

김용미(1996). 미혼 대학생의 혼전단계에서의 신체적 폭력 경험에 관한 실태조사연구 I. 한국가정관리학회지, 29, 187-197.

김용미 · 서선희 · 옥경희 · 정혜정(2011). 결혼과 가족의 의미. 양서원.

김이정(2009). 독신여성들의 여가체험 이해. 한국콘텐츠학회논문지, 9(1), 359-365.

김정옥 · 박경규 · 구향숙 · 한동희 · 류도희 · 전형미 · 이현해 · 이은경 · 정복희 · 김성희 · 김중술(1998). 사랑의 의미. 서울대학교출판부.
김종운 · 박성실(2011). 인간관계심리학. 학지사.
그림으로 웃고 삽시다. http://cafe.daum.net/gil2011
네이버 백과사전. 동거 2019. 2. 28. 인출.
노동고용부 홈페이지. http://www.moel.go.kr/index.do
라이니쉬, J., & 비즐러, R.(1990). 최신 킨제이 리포트. 이영식 역. 하사.
로버트 스텐버그 저, 류 소 역(2002). 사랑의 기술. 사군자.
매일경제(2016. 5. 7). http://news.mk.co.kr. 얼마나 연애하고 결혼해야 할까
미래가족연구회(2011). 결혼과 가족. 양서원.
박성연(1991). 인간발달 I. 교육과학사.
박소연 · 박소영(2018). 중년여성과 고령여성의 삶의 만족도에 영향을 미치는 생태체계적 결정요인과 우울증상에 관한 종단연구. 보건사회연구, 38. 한국보건사회연구원.
박정화(2008). 독서치료 프로그램이 초등학생의 자아개념 및 자기통제력에 미치는 영향. 성균관대학교 대학원 석사학위논문.
박충선 · 정미영(2013). 건강과 성. 학지사.
박혜인(1991). 한국 전통 혼례의 연속과 단절 : 자본주의 시장경제와 혼인. 또 하나의 문화.
버락 오바마 저, 이경식 역(2011). 내아버지로부터의 꿈. 랜덤하우스 코리아.
보건복지부(2017). 모자보건법.
부산여성사회교육원(2011). 여성학. 신정.
비즈조선(2019). 낙태실태조사. http://biz.chosun.com
빌 게이츠(2006). 오선희 역, 디지털 세상의 탐험가미래의 창을 열다. 씽크하우스.
소냐 르네 테일러(2019). 소녀들을 위한 내몸 안내서. 휴머니스트.
손직수(1982). 계녀서의 현대적 의의. 조선시대여성교육연구. 성균관대학교.
송인섭(1998). 인간의 자아개념탐구. 학지사.
______(2013). 자아개념. 학지사.
송진숙 · 권희경 · 김순기(2006). 결혼과 가족 그리고 부모됨. 창지사.
____________________(2009). 결혼과 가족 그리고 부모됨. 창지사.
숙명여자대학교 성평등상담소, 재인용(창지사, p.84)
신경아(2001). 가족의 변화와 모성의 재구성. ―모성 및 부성 그리고 변화하는 부모역할―. 2001년도 한국아동학회 춘계학술대회.
신용주 · 김혜수(2002). 새로운 부모교육. 형설출판사.
아시아 경제(2019. 1. 16). 프랑스의 동거문화.

아란샘. 책, 책, 책을 읽읍시다. http://cafe.daum.net/todayaja
안정남(1991). 자본주의 시장경제와 혼인. 또 하나의문화.
앨렌 피즈 · 바바라 피즈 공저, 이종인 역(2000). 말을 듣지 않는 남자, 지도를 읽지 못하는 여자. 가야넷.
여성가족부(2016). www.mogef.go.kr
여성을 위한 모임(1992). 7가지 여성콤플렉스. 현암사
옥선화 · 정민자 · 고선주(2008). 결혼과 가족(개정신판). 하우.
우애령(2011. 12. 1). 동아일보 문화칼럼 '결혼의 의미'.
우종영(2001). 나는 나무처럼 살고 싶다. 웅진싱크빅.
우해봉(2009). 교육이 초혼형성에 미치는 영향 : 결혼 연기 혹은 독신. 한국인구학회, 32(1), 25-50.
유영주 · 김경신 · 김순옥(1996). 가족관계학. 교문사.
유영주 · 김순옥 · 김경신(2002). 가족관계학. 교문사.
유영주 · 서동인 · 홍숙자 · 전영자 · 이정연 · 오윤자 · 이인수(2000). 현대 결혼과 가족. 신광.
윤가현(1998). 성문화와 심리. 학지사.
이기숙 · 공미혜 · 김득성 · 김은경 · 손태홍 · 오경희 · 전영주(2001). 결혼의 기술. 신정.
이기숙 · 김득성 · 공미혜 · 김은경 · 전영주 · 손태홍 · 오경희(2009). 결혼의 기술(개정판). 신정.
이미정(2008). 미혼모를 외면하는 한국의 현실. 여성신문(http://www.womennews.co.kr)
이여봉(2010). 21세기 여성과 남성. 신정.
이연승(2017). 예비부모교육. 공동체.
이연주(2008). 동거와 한국가족. 한국인구학회, 3(2), 77-100.
이영찬(2005). 성차와 성역할 사회화.(현대사회와 여성). 우리사회문화학회, 41-48.
이원영 · 김정미(2011). 대학생을 위한 예비부모교육. 학지사.
이자영 · 남숙경 · 이미경 · 이지희 · 이상민(2009). Rosenberg의 자아존중감척도. 한국심리학회지 : 상담 및 심리치료.
이정우 · 김명자 · 계선자(2003). 현대 결혼과 가족문화. 숙명여자대학교출판부.
이종란(2017). 부모자아개념과 유아자아개념 간의 관계 및 부모유아특성별 자아개념분석. 숭실대학교 대학원 석사학위논문.
이종인 역(2000). 말을 듣지 않는 남성, 지도를 읽지 못하는 여성.

이채윤(2012). 안철수의 서재. 푸른영토.

이춘아(1980). 아동문학에 나타난 남녀역할에 관한 연구. 고려대학교 대학원 석사학위논문.

이혜영 · 이혜림(2005). 행복한 가정 만들기. 훈민사.

인권분만연구회, http://www.humandelivery.co.kr/happy280_01.htm

예비맘과 아가들의 모임. http://cafe.daum.net/2005family

일본 북해도 대학 연구센터(2012). 봉화군 산림탄소순환마을 조성 방문조사활동. NPO 시모카와 삼림미래연구소와 공동 주관.

임정빈 · 정혜정(1997). 성역할과 여성. 학지사.

임혜경 · 이 현 · 안윤영 · 유정선(2017). 사랑과 결혼. 양서원.

장경동(2013). 행복한 결혼생활을 위한 지침서. EBS '부모'

장보임 · 임인숙(2002). 새로 보는 결혼과 가족. 신정.

장순아(2002). 양성평등교육이 초등학생의 성역할 태도에 미치는 효과. 아주대학교 교육대학원 석사학위논문.

장유화(2016). 중고등학생의 가정에서의 양성평등의식이 사회에서의 양성평등의식과 결혼가치관에 미치는 영향. 한국교원대학교 대학원 석사학위논문.

정기원 · 이상영(1992). 부부의 동질성이 결혼의 질에 미치는 영향, 한국보건사회연구원 편. 보건사회논집, 92-107.

정아란(1992. 5. 6). 부성실조가 유아의 성격에 미치는 영향. 광주시 교육연수원 신문.

______(2008). 애들아! 숲으로 가자. 송원대학교 신문 칼럼.

______(2012). 김동일의 '루소의 숲' 숲 방문기.

정현숙 외(2000). 직장인을 위한 성교육.

정현숙 · 유계숙(2001). 가족관계. 신정.

정현숙 · 유계숙 · 최연실(2003). 결혼학. 신정.

정현진(2014). 자존감유형에 따르는 대학생의 대인관계능력과 우울 및 불안의 차이. 숙명여자대학교 대학원 석사학위논문.

정형기의 '영구차 기사의 네번째 이야기'. http://lifon.co.kr

정혜숙(1995). 유아교육기관에서의 성역할 교수 · 학습과정 분석. 여성연구, 47, 39-64.

정효택(1994). 사랑의 유형과 그 심리학적 특성. 연세대학교 교육대학원 석사학위논문.

조 형(1988). 남성지배 문화의 극복과 인간다운 삶, 지배문화 남성문화, 또 하나의 문화. 청하.

조복희 · 정옥분 · 유가효(1995). 인간발달. 교문사.

조선닷컴(2014. 5. 13). 미혼남녀 59.2% "혼전 동거에 장점이 더 많다.
중앙일보(1997. 8. 2). 동양의 태교, 히포크라테스보다 먼저.
________(2001. 11. 9).
차윤정(2004). 숲의 생활사. 웅진닷컴.
채규만(2006). 성행동심리학. 학지사.
최규련(2011). 가족관계론. 공동체.
최민수(2001). 부모와 교사를 위한 영유아 건강과 안전. 학지사.
최혜경 · 신수진 · 강진경(2004). 사랑학. 교문사.
추영국 · 권혁찬 · 김병진 · 김주필 · 박 열 · 박홍대(2007). 신경향 성의 과학(제2판). 월드 사이언스.
취업포털 잡코리아(2010. 3. 8). 매일노동뉴스 편집부.
크리스틴 카터 저, 이나경 역(2011). 아이의 행복 키우기. 도서출판 물푸레.
통계청(2007).
한경미(2009). 취업주부의 가사노동시간에 관한 연구. 한국가정관리학회지, 7(2), 237.
한국어위키백과(1911). 브리태니커 백과사전(제11판)[Encyclopædia Britannica Eleventh Edition].
한국여성개발원(2002). 평등한 부부, 좋은 엄마, 2002년 10월호.
한국청소년 개발원(2009). 청소년심리학. 교육과학사.
한희선 · 김영주 · 이경하 · 임우연 · 태희원(2015). 여성 · 젠더 · 사회. 공동체.
허혜경 · 박인숙(2015). 현대사회와 젠더. 동문사.
홍나영 · 최혜경(2011. 4. 19). 서울 지역의 혼수 및예단 풍속에 관한연구. 동아일보.
힐다 허처슨(2002). 어머니가 결코 말할 수 없었던 성에 관한 모든 것. 명예의 전당.

KBS 1TV '생로병사의 비밀'.
KBS 2TV 비타민 제작팀(2005), p. 207.
KBS(2005. 3. 15). 감성과학다큐멘터리 '사랑'.
SBS TV(2019. 11. 25). 8시 뉴스.
tvn. 슈퍼정자의 비밀(2011. 5. 30).
tvn. 아빠의 임신(2011. 5. 23).
YTN & Digital YTN(2011. 12. 16).

Bandura, A.(1977). *Social Learning Theory*. Englewood Cliffs, N. J : Prentice-Hall.

Cox. F. D.(1999). *Human Intimacy : Marriage, the Family, and its Maeaning*(8th ed.). Belmont, CA : Wads worth Publishing Co.

David, H. Olson, John DeFrain & Amy, K. Olson(2007). 행복한 결혼 건강한 가족. 양서원.

Eagly, A. H., Ashmore, R. D., Makhijani, M. G., & Longo, L. C.(1991). What is beautiful is good, but...A meta-analytic review of research on the physical short form. *Journal of Social and Personal Relationships, 15*(2).

Frieze, et al.(1978).

Galvin, K. M., & Brommel, B, J. 저, 이재연 · 최영희 공역(1990). 의사소통과 가족관계. 형설출판사.

Greengerg, J. Bruess, C., & Mullen, K.(1993). Sexuality, p. 91.

Jorgensen, S. R.(1986). *Marriage and Family*. New York : MacMillan.

Knox, D., & Schacht, D.(1999). Marriage and the Family. Belmont. CA : Wadsworth Publishing Company, p. 14.

Konox F. D.(1979). *Human Intimacy : Marriage the Family, and Its Meaning*. Belment, CA : Wadsworth.

Lamann, M. A., & Ricdman, A.(1991). *Marriager and Families*. CA : Wadsworth Pub. Co.

Lerner(1978).

Morgan, E.(1987). *Pioneer Research of Strong, Healthy Family*. Washinton DC : Family Research Council of America.

Murstein, B. I.(1980). Mate selection in the 1970's. *Journal of Marriage and the Family*, 42.

Nye, F. I(1976). *Role Structure and Analysis of the Family*. Beverly Hills, CA : SAGA.

Olson, D. H., & Defrain, J.(1994). *Marriage and the Family : Diversity and Strengths*, Mayfield Pub. Co., p. 411.

Rathus, Nevid & Fichner-Rathus(1998). *Essential of Human Sexuality*, p. 59.

Reiss, I. L.(1971), Toward a Sociology of hetrosexual love relationship. *Marriage and Family Living, 22*, 139-145.

Reiss, J.(1980). *Premarital Sexual Standards in America*. New York : The Free Press.

Scarr, S.(1985). Mother care/other care. 어머니의 양육과 타인의 양육. 현은자 역. 양서원.

Sternberg, et al.(2001). 사랑의 심리학. 하우.

Sternberg, R. J.(1986), A triangular theory of love. *Psychological Review, 93*, 119–135.

Strong, B., & DeVault, C.(1978). *The Marriage and Family Experience*. West Pub. Co., p. 113.

________________(1994). *Human Sexuality. Mountain View*, CA : Mayfield.

Welten, W., & Lioyde, M. A.(1977). *Applied Psychology to Modem Life*, p. 254.

찾아보기

저/자/약/력

■ 정아란

성균관대학교 교육대학원 유아교육 전공(교육학 석사)
공주대학교 대학원 사범대 유아교육교육 전공(교육학 박사)
한국보육학회 이사, 열린유아교육학회 이사
광주광역시 보육정책위원장
광주광역시 교육청 교육과정 편성, 운영위원
한국 보육진흥원 평가인증 심의위원
現, 송원대학교 유아교육과 교수
–주요저서 : 아동건강 및 안전, 아동 안전관리, 유아교육개론(공저), 대학생을 위한 행복한 성과 결혼(공저), 아동복지론(공저), 학교현장실습

■ 유정희

한양대학교 교육대학원 일반사회교육 전공(교육학 석사)
서남대학교 대학원 사회복지전공(사회복지학 박사)
사단법인 틔움복지센터 자문위원
現, 송원대학교 사회복지학과 교수
–주요저서 : 여성학, 대학생을 위한 행복한 성과 결혼(공저)

양성평등을 위한
행복한 성과 결혼

| 공저자 | 정아란 · 유정희

| 1판 1쇄 | 발행 2019년 12월 30일

| 발행인 | 김동훈
| 발행처 | **공동체**

| 주소 | 경기도 고양시 일산동구 호수로 358-39 동문타워 I 905호(백석동)
| 전화 | 031)920-8305(대표)
| 팩스 | 031)920-8308
| e-mail | compub@naver.com
| 출판등록 | 2005년 10월 6일
| 등록번호 | 제396-2005-6호

| ISBN | 979-11-6105-545-9
정가 19,000원